U0172878

献给

费城 Philadelphia，以及

与我一起感受费城的 Eileen 和 Eli，

我的深爱

城市·生命力

七股力量
推动现代城市发展

Vitality of Modern City
Seven powers driving city growth

王 焱 著

中国城市出版社

出版说明

现代城市是社会现代化的结果，是城市和人现代性的表达。城市形象和经济发展是这个进程的一小部分。若要保证城市持续健康地成长，健全的现代体系是重要保障。

从1911年辛亥革命起义和1915年开始的新文化运动算起，我们已经在通往现代社会的轨道上奔驰了百年。在西方，通向现代社会的路更长。中世纪长夜的黎明之际，人们在信仰、文化、制度、技术等领域中摸索了三四个世纪，最终把目光汇聚到人性解放的共同方向上，现代城市成为各方努力的着力点。

费城是现代城市的一个重要起源点，本书作者回溯了费城在通往现代城市道路上的梦想、光荣和探索。

费城西部的宾夕法尼亚大学（University of Pennsylvania）是现代中国建筑师、城市规划师的摇篮：杨廷宝、梁思成、林徽因、陈植等中国现代建筑和城市设计领域的开山鼻祖都就学于宾大。随着他们回国职业生涯的开启，费城的教育训练、费城建设现代城市的经验也被带到了上海、南京、北京、重庆等中国城市，也影响了它们步入现代化道路的初始轨迹。

费城对美国和世界其他现代城市的影响同样深远。它不仅是美国的诞生地，也是现代城市体系的策源地之一。费城的奠基者——威廉·佩恩（William Penn）、本杰明·富兰克林（Benjamin Franklin）是那个时代的代表人物。那个时代的巨变在他们的思想上打上了深深烙印。这些烙印通过他们的思索投射在费城的大地上，形成了与同时期其他城市迥然不同的城市秩序。在费城，一批梦想实践者用现代价值搭建起现代家园，为后世留下了现代城市构建的法理。

因而，作者将费城称作现代城市的序言厅。

在过去30年城市化的大趋势中，作者参与了一个个城市的发展项目。在为社区和城市铺建通往未来轨道之时，作者有时也会比照费城前辈的工作，不得不赞叹17世纪规划者的预见力：300年的城市发展与先哲们蓝图之间的契合度令人叹为观止。也许是300年的演进，社会分工把规划任务限定在更具体、更描述性的范畴里，然而，从前同行的工作更具跨越性和综合性。那时规划者更注重寻求城市发展的诱发动因，这些动因是人们自身潜能的力量、是人们之间相互感染的力量、是人们共识的自我约束力量。

在现代进程中，这些力量催生了现代的城和人、人和城在现代进程中的融合，它们的韧性成就了现代城市顽强的生命力。

影响费城的9张地图

1492—1502年

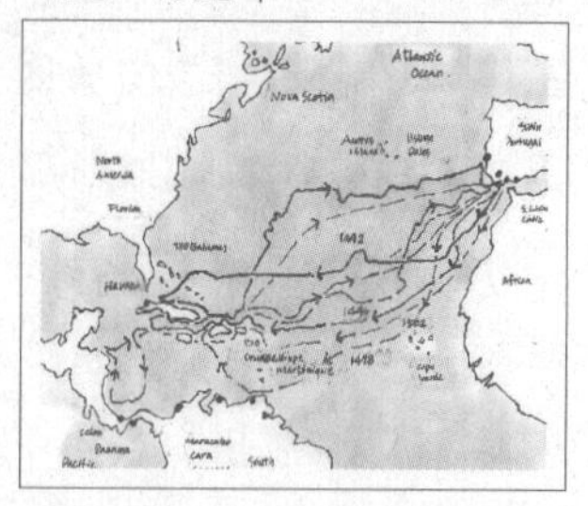

哥伦布4次跨过6000km的大西洋发现了新大陆（Columbu across Atlantic Ocean, found new continent）

1660年代

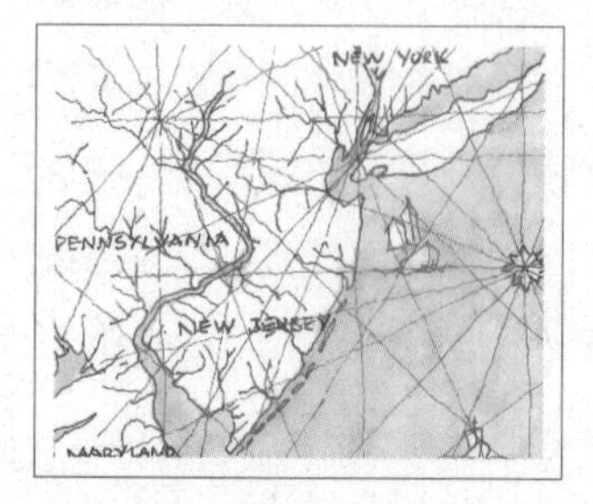

殖民者从特拉华河口溯流100km上岸，建立了费城（Colonist sailed up Delaware River 100 km from mouth）

1680年代

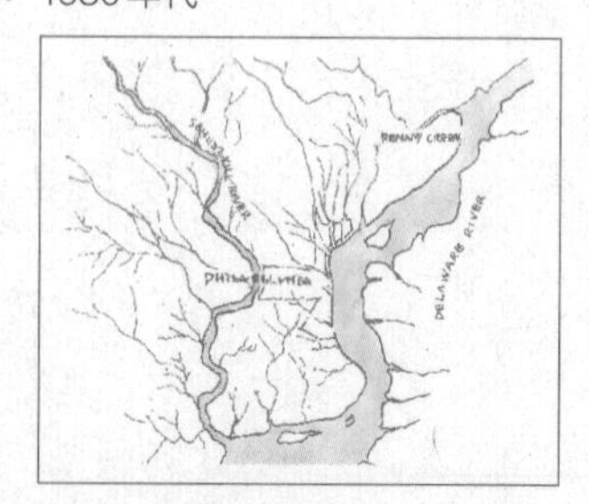

特拉华河与斯库伊克尔河最短距离2英里，定了城位（Shortest distance between 2 rivers, making place for city）

1700年代

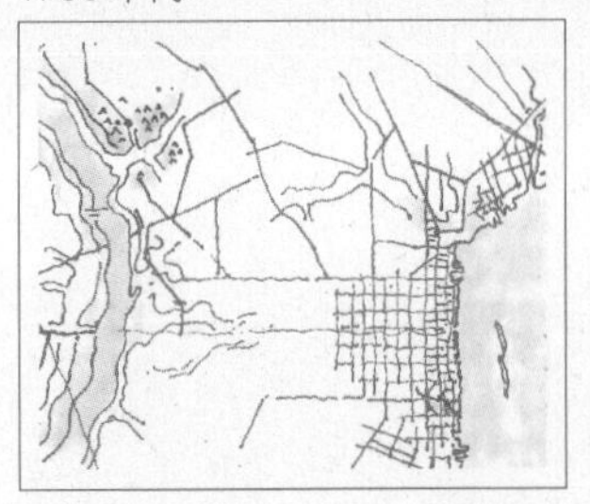

18世纪费城一直沿着特拉华河岸发展，进深仅7条街（Earlier of 18th century city grew along waterfront）

1683年

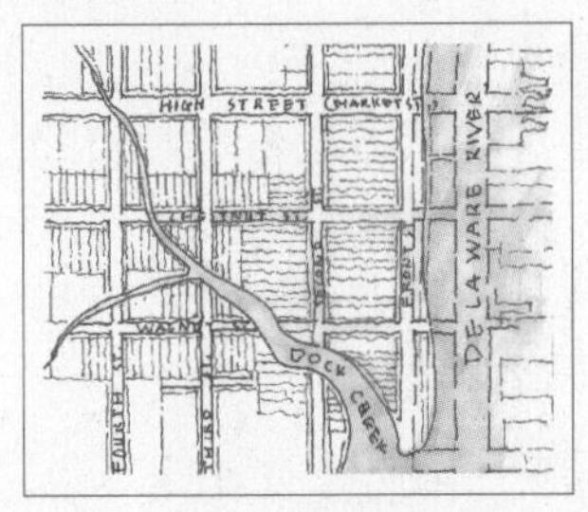

城市土地权属图，表明了地块面向码头的 趋 势（Parcel orientation to the river, prevailing business is trading）

1690年代

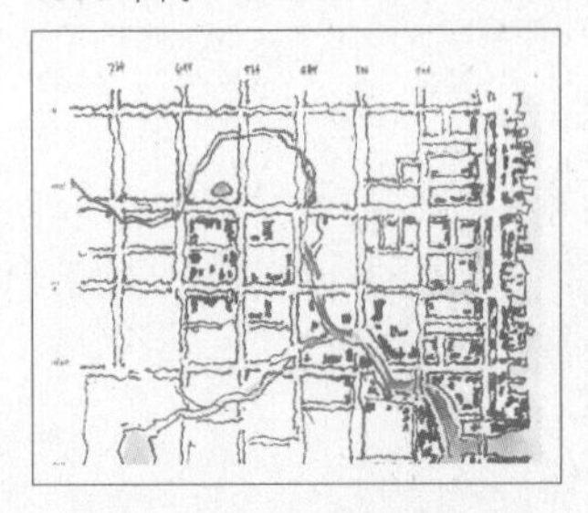

协会山社区两条水岸，特拉华河与码头溪的 两 岸（Two waterfront lines in Society neighborhood）

1903年

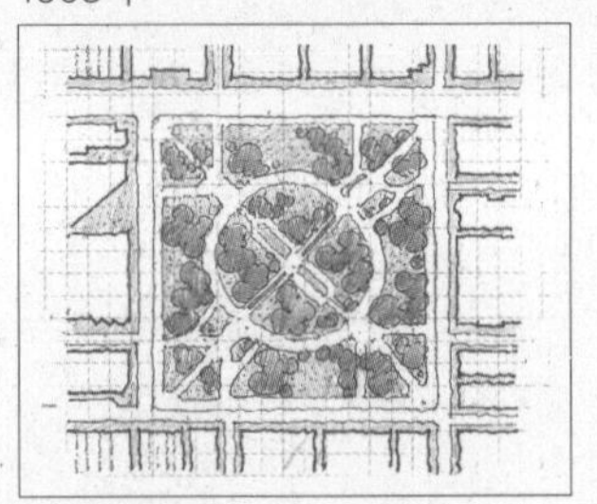

保罗为$4hm^2$的瑞顿郝斯绿地设计规划城市空间（Paul Cret designed for Rittenhouse Square）

1917年

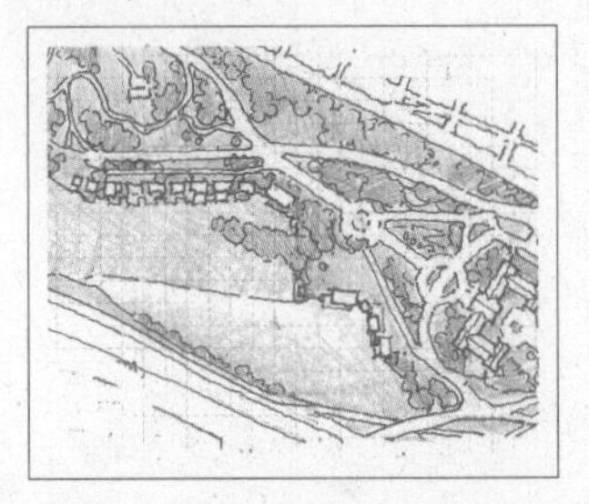

法国景观规划师规划的公园大道尽端的费城 艺 术 馆（French landscape designer planned Franklin Parkway）

1990年代

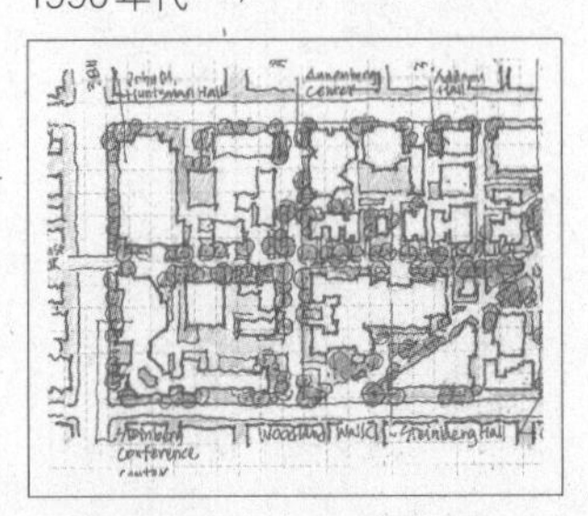

宾夕法尼亚大学校园，设计学院和大学 主 楼（Main gathering place on U. Pennsylvania campus）

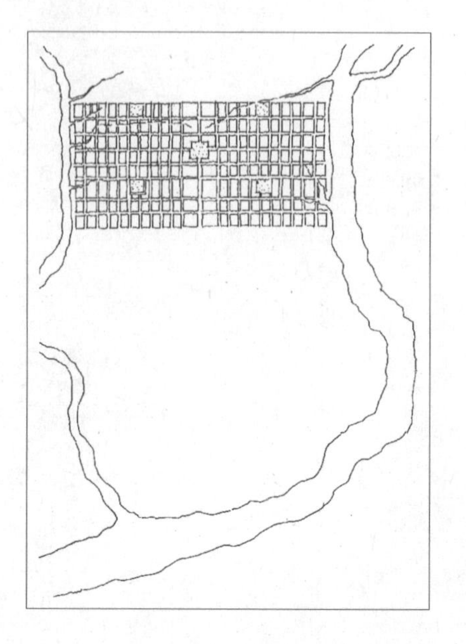

1682年 威廉·佩恩颁布
(Protraiture of the City of Philadelphia)
Ⅲ-k

1683年，佩恩在伦敦颁布了他的领地宾夕法尼亚首府费城的规划。这是一块位于特拉华河与斯库伊克尔河之间的土地，他的测绘师侯尔莫斯用几何逻辑规划了1英里×2英里的城市。城市中，佩恩借用了贵格会的“方形”平等概念，用方形绿地组织了四个社区，四个社区的中心是一块中心绿地

(William Penn issued Philadelphia Plan in 1682, Holmes, his surveyor, drew a 1 x 2 mile area between two rivers, where Penn borrow “Square” idea from Quaker to orginize community. By this, Penn set up prelude for modern city)

目录

序

关于城市生命力的论题，已引起越来越多有识之士的兴趣了。在城市学及城市规划学科领域，有不少大家曾对此开宗明义，而后不少新锐学者也为此奋力开拓，关注的论题不断深入，既有历史古城如何焕发活力、涅槃重生的；又有现代城市如何激发创新、独树一帜的。作为新锐学者的王焱先生则通过所著的《城市·生命力——七股力量推动现代城市发展》一书，对此进行了别开生面的有益探讨。

王焱先生毕业于学养深厚的清华大学建筑系，奠定了坚实的建筑设计功力。随后又远赴美国，在久负盛名的宾夕法尼亚大学攻读城市规划硕士，领受了先进的城市理论教育。之后，他有幸进入了驰名美国和国际的WRT、HOK、AECOM、Perkins&Will 等设计咨询公司任职，恰逢其时地参与了众多中外城镇规划设计工作。30年的职业生涯中，他坚持“业精于勤并巧於思”信念以及独立思考的精神，面对各类城镇、诸多挑战，没有掉以轻心、更没有随波逐流，而是将所学、所知、所感转化为理性分析和思索，努力克服某些片面唯权、唯上形式上的习惯思维和消极做派，探求尊重历史、符合民意、顺应自然、引领趋势，真正彰显城市生命力的规划之道。这成为他著书立说的源头活水。

在《城市·生命力》一书中，王先生以独特视角和真情实感，以流畅生动、贴近生活、富有哲理的文笔，以刻画逼真、达观自然、形神兼备的画笔，以经典案例——美国著名历史名城费城为主要剖析城市、并涉及众多中外名城名镇，卓有见地、深入浅出地将城市生命力概括为七种力量：亲和力、包容力、约束力、拓展力、持续力、感染力和内生力。

这七种力，既可以体悟感知，又可以引发联想；既有精神寄托，又有物质载体；既有大尺度城市区域宏观规划构想，又有小尺度街区邻里微观场所设计；既有纵向时间轴的延申，又有横向空间轴的拓展；既符合了社会经济发展必然规律，又顺应了自然环境的生态法则；既各具魅力，又相互融合。力量中有先知先觉者的深谋远虑，也离不开城市真正主人——各类人群的身体力行。

总之，通过深读这本书，使我们真正领略到城市生命力的内涵和要义。这就是：现代城市的生命力内因是什么、外因又是什么？内在动力与外部环境又是如何巧为因借、相辅相成的？其七种力是由哪些人以何种逻辑和行动导致的？在其形成过程中是以何种方式和形态展示的？城市规划设计如何去激发和弘扬城市的生命力？

由此，不难看出：城市不是某些权贵的私有财产、不能任由少数势力和资本恣意妄为；城市是人类的共同财富。人民，才是城市命运的主宰者。城市决策者及城市设计者只有更接地气、更承历史、更识时务、更亲自然，才能齐心合力创建出城市，才能使各类人群拥有既各得其所又多元共荣、既物质丰富又精神充实的城市文明，才能使现代城市不断激发出大爱、大智、大美的生命活力！

十分可贵的是：正当全球抗击新冠肺炎疫情的关键阶段，王焱先生却能平静自若地书写出如此精彩入理的城市生命力论著，其象征意义不言而喻。能够为本书写序实乃是我人生的一大幸事和乐事。多谢王焱先生的信任，多谢王焱先生奉献给广大读者这本充满真知灼见的好书。

谢谢！ 祝夏安！

金笠铭

2020年7月15日

自序

挑战中城市获得更强的生命力

这本书的开篇记述了2019年春节我留住上海的感受。节日中，平日人头涌动的街头变得行人稀少。这份冷清从另一面表明人气对城市的重要。

原想，大都市的节日是个冷静的视角——切入城市的硬核；不想，2020年春节，再次独困上海。新型冠状病毒疫情（2019-nCoV）大爆发，上亿人感染、几百万死亡的危机迫使政府采取强力手段控制人员往来、切断传染源的传播途径。这次的清冷不再是几座城市，疫情席卷到全球的城市，城市停摆了。

城市间，联络被掐断了。铁路航空、水运、公路长途运输班次大幅减少或取消，往年30亿人次的春运客流下降了80%。城市内，区域被隔离了。很多城市采取了“内防传播、外防扩散”的严苛措施，关闭社区、禁止聚众。节日期间各种活动全部取消，娱乐、商业、餐饮全部歇业。

城市和它的网络停摆意味着经济活动进入休克状态，这影响的不只是中国。当国际卫生组织（WHO）宣布PHEIC*后，华尔街股市、上海、深圳股市应声下跌。

新冠肺炎疫情提供的已不仅是视角，而是现实。它迫使我们接受：我们无法摆脱他人，他人是群居的伙伴；我们无法摆脱集体，集体是个体的屏障；我们无法摆脱城市，城市是我们的依托。

中世纪，欧洲有句谚语：城市的空气使人自由。人们对自由的追求把城市推入现代轨道，城市因此神奇。同样地，现代城市也能把人化育为现代人，在现代洗礼中感知自由的代价：自由的空气不再仅是上苍的恩赐，共同遵循的价值是自由的清新剂。

新冠肺炎疫情，在此意义上，是对现代城市的一次疫苗注射：通过构建健全的防疫系统，人们更加理解城市的本质：健康城市由每个个体的健康和共享健康体系构成；通过传递共享的抗疫物资，人们更

---

* PHEIC：Public health emergency of international concern（国际关注的突发公共卫生事件）。

清晰地看清城市需要补强的短板。

口罩 个人自律的警示灯

新型冠状病毒疫情爆发后，口罩成为全民必备的防护用品。无论是奋战前线的医生还是隔离在家的老幼。瞬间，口罩建立起个人防御准则。春运高峰中，人群涌向车站、机场、码头的检查口。一方面是提取私人信息的人脸识别哨卡，另一方面是身戴防护面具的人群，两者间的隔膜仅是片薄薄的口罩。

除去交通的集散点，城市大部分地带都是门可罗雀的场景。冷清的街道上时不时跳出一两条红色标语，宣传着“戴口罩总比带呼吸机好，躺家里总比躺ICU强”之类的抗疫口号。标语中，口罩成了大众的护身符。

事实上，口罩在警示城市健康体系：人人都应拥有同样的防御系统、相同的健康水，进而达到人际间的交往和信任得以维系。个体健康包括个人卫生，也包括个人自律。自律要求每个人追求个人自由的同时尊重他人自由。当城市成为相互尊重、人人自律的文明栖息地时，人们就可放心地摘掉口罩，呼吸城市中自由的空气。

衣裳 公共秩序的代言物

武汉封城之后，全球的各种物资涌向疫区。“岂曰无衣，与子同裳”*是日本援助物资中张贴的一句口号，它唤醒了久违的守望精神。在《诗经·秦风·无衣》的诗句中，衣裳比拟团队的共享精神；在数千年后的抗疫战中，衣裳成为驰援物资和互助精神的代言词。

武汉有一千多万人口，在世界城市排行榜上名列前40，它的大小在亚洲是常见规模、在世界其他地区属于特大型城市。在突发性灾难中，高度聚集的栖息地容易受到伤害。大灾中，人们特别依赖集体性的补救，例如“衣裳”的支援。这次救助已经超出了国家和文化的界限，自古有之的守望精神成为人类共同的财富。

大城市，除去需要特殊时期的互助体系，更要注重平日构建的健康生活秩序。人们共同遵守的栖息

---

*“岂曰无衣，与子同裳”出自《诗经》中的《秦风·无衣》。

0.0-01/001

疫情发生初期，社区里孩子们上学的队伍

(Pupil troop in 2019-nCoV pandemic time)

老师领着下学的孩子们。戴着口罩但依然牵手——既相互防备又相互依赖，单纯而复杂的群体。

秩序包括了城市的卫生健康体系、公众信息的公知保证、社区公正的司法体系等，它们的存在保证了栖息群体人人有“衣”，人人拥有可以信赖的集体价值。“衣裳”作为城市生活秩序的代言物，既可以帮助城市抵御破坏性的攻击，又可以降低城市灾难的发生概率。

现代城市的生活秩序标准需要全球的一致性，例如人们对城市卫生水准的期待是相同的。一致性的背后是现代城市公认的公共秩序。对于生活在一起的群体，人人遵守城市秩序，就像众人衣衫可以御寒防病一样，也可对灾害防患于未然。

口罩和“衣裳”都是实实在在的抗疫物资，是手机线上热热闹闹的爆款交易无法替代的。口罩和“衣裳”也是城市的现代性水平提示板，它告诫人们城市的文明进程不是虚拟的经济虚幻能够替换的。

胶囊 共同依仗的保护膜

宾夕法尼亚大学设计学院教授麦克哈格（Ian McHarg）也曾用过一个比拟符号——胶囊。有“生态规划之父”之称的麦克哈格不仅把城市看作是人们相互联系的栖息场所，还把栖息场所与整个星球环境联系起来，他用胶囊比拟我们与环境依存的关系。

借用宇航员从太空回望的视角，教授这样描述我们的星球：“从太空中俯视地球，地面上的草木和大海中的海藻把地球染成绿色。大气层的包裹下，地球像个美丽的绿色胶囊。靠近细看，看到了表面上的斑点，由城市和工厂发出的黑色、褐色、灰色触须。人们不禁会问：这难道只是人类的灾难、而不是地球的灾难吗？”

麦克哈格在《设计顺应自然》（*Design with Nature*）一书中强调：现代价值体系不能再以个人为中心建立，城市的价值体系应借鉴生态系统中的利他主义原则。如若城市继续沿着经济主导的利益和效率方向发展，城市将成为“大墓地”，甚至还会导致“绿色胶囊”的崩溃。

现代城市萌芽时期的17世纪，全球仅有不到3%的人居住在城市中；经过近200年的咿呀学步，19

世纪时这个数据提高到5.3%。当人类完成了工业革命，实现了亚当·斯密期待的社会精细分工后，城市化进程迅猛发展。今天已有55%的人居住在城市。对人类，现代城市的吸引力无法抗拒。

城市的聚集效应常常使人们只看到它引发的机遇，而忽视它带来的风险。

口罩、衣裳和胶囊，如三块醒木，从不同角度提示着城市的风险，它们也像尺规，戒规着人们应有的现代水准、价值体系和公守秩序。规范人们行为的过程提升了人们的现代意识，也使城市加速并入现代轨道。

危机和挑战不会剪灭城市。通过一次次的尝试和教训，人们夯实了现代城市的价值基础，而这些共同努力会使城市拥有更健全的免疫力。

2020年2月28日

上海 陕西南路

开篇

启航 · 驶向现代城市　由费城出发的航程

上海　黄浦江畔的温感计　　北京　紫禁城边的露台　　费城　社区绿地中的绿荫

城市的空气让人自由。
Stadt luft macht frei.

——德国中世纪谚语

我素描本的头两页，总有一张旅行单，记录我和这个本子在城市间的穿行。

十几年前有段时间，出差猛增，为了打发机场和航程上的时间，空中画室的想法油然而生：每次航程完成一幅城市素描，在画页的下方注明航程的日期、始发地、到达地、航班号以及座位号。画本开页没有目录，只是旅程记录。

画纸，在记述城市场景的同时，也像一叶扁舟，飘动在城市之间。画本，把每段航程连起来，记录下我在城市间穿梭的轨迹。

过去十几年是发展中地区大规模造城的时期。使命要求城市设计师发掘城市的特质，甚或为城市创造特质。画笔下，场所固有的气韵常常成为我设计的起点。十几年间，画本随我走过了数百座城市。这些城市选择了团队和我，被选择的潜台词是：一个城市的发展需要借鉴另一个城市的经验，设计团队是交流的载体。

“二战”后，稳定的世界格局为城市化在全球的蔓延提供了条件。

人们看到：现代城市是条通道，它能把人们迅速地带进现代生活。现代城市是人类共享的文明，建设现代城市成为跨越文化和地域共同的需求。

每个城市都要求设计团队为其勾画独特的蓝图，独特性成为既定的工作目标。对设计团队，每个项目几乎都有着同样的挑战时刻——当我们将现代生活的普遍逻辑投射在一块环境独特、历史长久的土地上时，就是矛盾和冲突呈现的时刻。寻求解答的过程是了解城市个性的认知旅程。城市设计的过程是开放的，它把城市管理者、邻里居民、对社区影响长久的机构、项目开发者、当地媒体等众多波及方纳入其中，城市特质必然成了设计者案头上显著的议题。

然而，城市的现代性往往被视为天经地义，被忽视。

城市间的奔波中，我间或自问：现代城市的现代性是何物。

城市的现代性中，自身成长的效率是得以其蔓延的重要原因，现代城市可以相互学习、借鉴甚至模仿。在现代城市中，拥有不同文化历史背景的人们都能融入现代生活中；在现代城市中，人们从来没有面对过如此丰富的自我创造环境；在现代城市中，大多数普通人的潜质和劳动得到了社会承认。

现代城市是人类社会一系列重大进步累计的成果：文艺复兴的曙光、大航海时代的机遇、宗教改革和宪政改革的洗礼等都为现代城市的萌生作了铺垫。

如同中世纪的德国谚语所说"城市的空气让人自由"，自由召唤着人们奔向城市，自由释放出人的能量和热情。但，城市空气的新鲜和纯净不再仅是上苍的恩赐，它还取决于民心共和意志的体现、民觉共识制度的展示、民意共守秩序的反应以及民智共创机制的激发——城市自由空气是合力的结果。

18世纪是城市发展的拐点。那时，各种新兴势力都把关注点放到了如何释放人自身的能量、如何构建新秩序吸纳这些能量，现代城市是一个必然的答案。

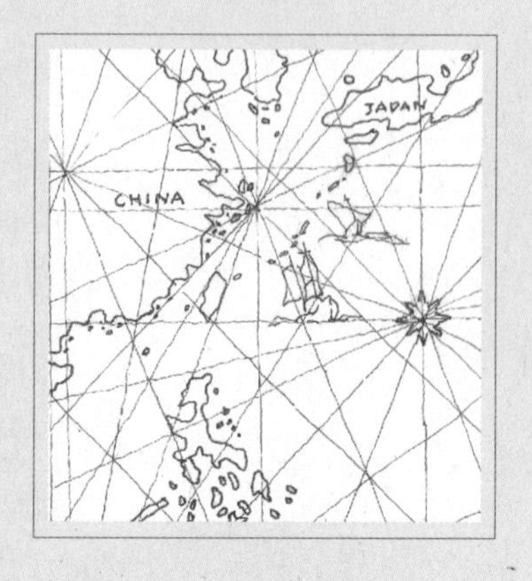

地理大发现时代·波特兰航海图
Ageof Exploration Portolan Chart

信息大爆炸在15世纪也发生过，远早于手机时代，史称地理大发现。海员用罗盘和波特兰海图在海洋中建立联系、确立方向。海图中的恒向线把人们指向了新世界。

波特兰在意大利语中指港口，波特兰海图的参照系是以自我为中心的恒向线网络，而不是今天的经纬线，它们好像互联网，它们为冒险的水手编织出一张安全网。

0.1 节

三处航标　职业航程上的启示

0.1A　城市温感计——2019年上海春节

有体温的城市（0.1A - 1）

被液化的城市（0.1A - 2）

0.1B　交往的舞台——2008年北京仲夏夜

派对上的世界之窗（0.1B - 1）

陌生人群的聚集地（0.1B - 2）

容纳偶然发生的容器（0.1B - 3）

0.1C　绿洲的养分——1999年费城深秋

共同合力形成的拱券（0.1C - 1）

纹理交织出的共享精神（0.1C - 2）

城市的现代性不仅是设计者思索的问题，也是人们驻留城市的原因。

设计者常常从一个城市到另一个城市、从一个时刻到另一个时刻比较分析城市的发展。其实，城市的变化每刻都在发生，即便没有规划师参与，城市也会沿着现代社会的大趋势发展。现代城市，犹如一艘巨轮，在现代航程上已经航驶了数百年。漫漫航程上，巨轮航行的力量来自浪潮，也源于自身，是社会发展大势与自身动力结合的成果。

在城市间传播现代密码的同时，城市设计者也在学习现代性赋予城市的意义。翻阅我的旅程素描，我发现它们不仅记录着我的城市旅程，更映射出数十年间对现代城市探问的路径。

数千张城市素描中，三幅的画面印象至深。在寻求城市现代性的茫茫航程中，它们像航标一样引导着方向：

2019年春节，上海内环线上稀疏的车流里，我见到了一幅有别于平日闹市的画面。冷却后的场景更催人静思现代城市热量的来源。

2008年仲夏，北京皇城根儿花家怡园酒店的露台上，一群来自全球八方的年轻设计师汇聚在紫禁城古老的天际线下。那一刻的强烈对比暗示着现代城市引力的来源。

1999年深秋，费城瑞顿郝斯绿地婆娑的树荫下，与我师父聊起路易斯·康的一段话：“你问砖要成为什么，砖说要作拱。”

脑海中时常回放的场景，或许，预示着现代城市基因的来源。

0.1A
城市温感计
——2019年上海春节

2019年春节，项目缩短了我的假期，早早地把我从费城招回上海。节日让我感受到了城市硬币的另一面。

初四傍晚下班，我从浦东到浦西穿过南浦大桥，汽车沿着引桥盘旋而下。车窗外，横竖交织的桥墩和桥身构成了一个个变幻的取景框。景框中，江景、城景交替出现，陆家嘴盛妆披挂的地标若隐若现。

猛然间，一支硕大的温度计跃入眼帘。这是个40层楼高、由烟囱改成的城市符号，它鲜红的温度标识令人过目难忘。

平日里，川流不息的车灯中，温度计传递着城市的热情和体温；而节日稀疏的车灯里，往日煽情的符号还原回温度计原本的属性——冷暖度的标尺。寒风中，夸张的温标孤零零地站在江边，像件被丢弃的大玩具。

显然，城市的体温需要人气维系。

有体温的城市（0.1A-1）

因闹产热、由热生闹，是城市热闹产生的原理。“闹”是人气，是人与人交往构成的活动；“热”就是城市释放的能量。黄浦江畔热电厂烟囱的翻新反映出城市观念的变革：百年历史的烧煤电厂迁往都市外围，更新后的厂房变为了人气颇高的上海当代艺术博物馆*。它的英文名字PSA（Power Station of Art），即艺术的能源站，好像更能表达更名的意图：“人”代替了“煤”成为城市最重要的热源。

*上海当代艺术博物馆是中国大陆第一家公立当代艺术博物馆，成立于2012年10月1日。由原南市发电厂改造而来，其粗粝不羁的工业建筑风格给艺术工作者提供了丰富的想象和创作可能。

望着车窗外渐远的城市标志，我突然感悟到：如此巨大的温度计实际上是个温感计，它孤独无畏地履行着使命：标示着温度，同时，固执地展示着城市的热情——呼唤人流回归的热情。

节日制造了城市潮汐。春运是中国节日特有的人潮流动，也是人类最壮观的迁徙。2019年持续40天的春运，全国旅客发送量达到29.8亿人次。上海、北京、广州、深圳等一线城市成为热门的迁出城市。近30亿人次的流量中，大部分是离城返乡的务工人流。春运中，城市的吸附效应展现得淋漓尽致。

与中世纪城市相比，现代城市不设城墙，欢迎人潮的涌入。城市认定了其价值源于人的劳动、人的生活，它们是城市取之不尽的燃料。现代社会为普通人铺设了通向城市的道路，促成了许多城市的诞生，进而形成了人与城之间的双向选择通道，选择又催化出更多的城市。

当下，近60%的人生活在城市，而城市仅占陆地面积的4%左右；数百年前，世界城市人口不到3%。从1900年至2000年的100年里，人们潮水般地涌入城市。过去70年，汹涌的城市化浪潮再次证实了现代城市的有效性：它吸纳了大多数人的劳动，并为多数人提供了安身立命的住所。

城市参数中，人口规模位居第一。拥有千万人口的大都市往往会带动周围城市群的发展，甚至成为一个区域或者国家的中心。比如多伦多，它是加拿大第一大都会城市，也是全国的经济中心；东京都市圈人口达到了惊人的3700万人，它的生产总值是整个韩国的两倍。另一种衡量城市的参数是产业集中度，即从事某种或几种行业的就业人员的集聚程度。美国湾区硅谷地带集聚了大量的高科技人才，成为全球高新产业的产出基地。多种族的交融度也是城市繁荣的重要动因。中国香港、英国伦敦、美国纽约等城市吸纳了全球不同种族的人才和文化，成为国际交流的中心城市。

0.1-01/002
城市温感计—上海原南市发电厂165m高的烟囱
（Urban thermometer：Shanghai 165m power plant chimney is renovated to a piece of pup artwork and urban landmark）

上海当代艺术博物馆的大烟囱，既是现代波普艺术品，也是城市人气标志的象征物。它暗示着现代城市逻辑的变迁：从城市中心轴线控制力向城市大众人气聚集力的转变。

无论从规模、专才、多元化哪个方面评价城市，人都是现代城市的核心资源，人才战略都是城市的头等战略。据说全球超过200万人的城市有130个，大大小小的城市数目过万。众多城市的涌现彻底改变了人与城之间的关系。城市开始在乎人，用自身的温度和温情感召人们留在城市。

城市的温度，和它散发出的活力与魅力，把人们从四面八方吸引到城市中。城市的温情，城市对人和群体的关爱，把驻足的人变成定居的人。

被液化的城市（0.1A－2）

城市与个体之间需要相互认同。过去，人与城的关系好像是固定的。人们常常认为城市好像拥有顽固的基因，它会带给人性格。比如北京人的官气、上海人的时髦、香港人的精明等。这如同人们演绎星座，说它赋予人终生相伴的秉性。现在，人们爱用“漂”字描述普通人在城市中的生活状态。“漂”的流行度超过了先前的“混”字，这暗示着人和城市之间的关系发生了根本性的变化。

首先，“漂”既表示动作也表示状态，“漂”表明了生活场所随时改变的可能性。其次，“漂”的动作主体渺小，而所在的场所浩大，多少表达出人在城市面前的无奈。最后，“漂”把城市喻为溶剂，它可以吸纳溶解个体，也能排斥过滤个体。“漂”暗含着个体对城市包容性的期待。

从个体视角中，城市有了全新定义：现代城市被“液体化”了、被“温度化”了。

“液体化”强化了流动性在城市中的意义。城墙代表的封闭和排他性失去了意义，液体含有的包容性成为人们最期待的城市属性。“温度化”则意味着城市存在的基础发生了根本性的改变，层级形制不再聚拢人气，众人集聚的热量成为城市持续发展的动力。

远古的埃及城市留给人们两件法器：金字塔和方尖碑。金字塔是法老们存放灵魂的器皿，而方尖碑则是法老们表达威严的权杖。方尖碑的顶部有个小金字塔造型，它往往以金、铜或其他金属包饰。当旭日东升找到尖头时，方尖碑会像耀眼的太阳一样熠熠发光。

金字塔太大，永久地留在了埃及。而不少方尖碑则被罗马的帝王们掠走，跨海搬运到伯罗奔尼撒半岛。不同时代的君主和教皇都愿意把它们当作权力标志竖立在宫殿和教堂前，炫耀他们的权威，标定宫殿在城市中的中心地位。树碑和立传甚至成为确立秩序的传统，被许多国家和城市仿效。

后来的城市，比如伦敦、巴黎、华盛顿，为权力服务的设计师们常常用建筑组群围合出轴线和序列烘托出方尖碑的中心地位。这种城市空间的创造和表述方式与自上而下的统治方式相关，居中的方尖碑用锚固时空的方式表达着权力的恒定。方尖碑上往往铭刻着彪炳史册的丰功和昭世的典律。不容置疑的权杖、秩序和城市逻辑由此形成。

城市发展的一段时间里，无论在埃及、中东、罗马，还是东方的中国，这种自上而下恒定式的城市秩序被广为接受。对今天依赖手机生活的人们，那种逻辑好像仅仅存留在观光导游的讲解词中。当下，很少人能想象足不出户、终生在一个城市中的生活。然而我们的上一代人中，绝大多数人一生只为一个单位、一个雇主、一座城市工作。城市秩序的巨变集中发生在过去30年的时间段里……

数月前，我又一次驶过黄浦江畔那只硕大的城市温感计。灯火辉煌的车流中，城市温感计神采奕奕地感应着热量、传递着热情。从前，城市用方尖碑表达中心和权威。今天，城市温感计不必在中心，

0.1-02/003
城市的权仗—罗马广场上的费拉尼米奥方尖碑
（Urban prestige，L’Oblisco Flaminio in Roma）

1589年，罗马教皇斯托五世要求建筑师多米尼克将25m高的埃及方尖碑立于教堂前的广场上。它与身后的两座教堂形成了强烈的中心轴线关系，借此标定教皇至尊的权力和他对城市的统治力。

它不是城市权杖的象征，它更直接地与庶民众生的日日操劳相沟通，是城市信心的标尺。确切地说，黄浦江畔的标志是上海的温感计——用温度模拟的城市热度。

现代城市认可普通人的劳作和生计，这改变了人与城的关系，成为现代城市的核心属性。

0.1B 交往的舞台 ——2008年北京仲夏夜

在画本素描里，我一般把自己置身其外，而北京傍晚的场景中，我却成了前景。紫禁城屋脊勾画出的天际线下，设计师们三三两两地站在画面中心。暮色里，天色从天边的橙红色、淡紫色向穹顶的青蓝色渐变。澄宇之下，剪影般的皇宫大殿坚实地矗立在天边，默述着恒久的历史。

那是2008年“北京—仲夏夜之梦”派对的场景。团队的年轻人把活动安排在一家酒店的露台上。凭栏西望，故宫错落有致的建筑群尽收眼底。面对壮景的设计师兴奋无比，他们来自五湖四海，不仅有北京、重庆、安徽、新疆、辽宁不同省市的，还有德国、瑞典、美国、泰国等不同国家的。十几个人的团队是个不折不扣的国际社区。

城市的魔力把素未谋面的人们吸引到一起。

那时的北京和上海都是大工地：北京在准备2008年奥运会，上海也在筹办随后的世博会。中国的主要城市成了全球的设计前线。火热的市场吸引了大型跨国设计公司。我当时工作的HOK（贺克公司）把我从美国派回中国，在北京和上海建立规划团队。

新世纪后，中国加速了与世界接轨的进程。2001年年底中国加入了世界贸易组织，成为其第143个成员，被纳入到全球频繁的经济交往中。“国际化”是那时的流行词，城市在迫使自己拥有现代性。现代意识影响到了方方面面：人们开始知道合作开始之前要有合同、房子是生活中巨大的购件、银行的钱可以借来用、因特网里有各种各样的信息、人们开始了5天工作2天周末……说来奇怪，法定工作时间少了，城市反而增长得快了。

现代化最早的变化不是城市天际线，而是人们的生活和工作：人们有了选择不同雇主、不同领域、不同城市的机会。城市中出现了许多外乡甚至外国人，户籍统计中的流动人口开始超过出生地人口。

派对上的世界之窗（0.1B－1）

北京仲夏派对上，规划团队里只有我和一位女景观师出生在北京，89%是非北京出生的设计师，其中还有28%的外国设计师。在故宫和景山的环抱之中，人们谈论着各种话题：重庆的小面、徽州的粉墙黛瓦、波罗的海清凉的海风、斯堪的纳维亚的家具设计……不同地域的新鲜话题成了跨越距离的桥梁。

谈笑间，全球的风光都汇聚到露台上，这里仿佛有了一扇世界之窗——城市的魔力在显灵。

罗杰是我的项目经理，他出生在关岛，父亲是美国人、母亲是菲律宾人。我们的话题是航海。我的知识范畴里，关岛是个遥远而荒漠的太平洋小岛。罗杰——加州大学伯克利分校地理系的毕业生——告诉我：550平方公里的关岛并不小，比北京朝阳区大，跟新加坡差不多大；关岛并不遥远，它是离中国最近的美国属地。

实际上，关岛是太平洋上的枢纽岛，它位于西太平洋第二岛链的核心，是日本、菲律宾和印度尼西亚构成C形的中心点。在我们不熟悉的日本、印尼、菲律宾、澳大利亚、新西兰的交往圈中，关岛是过往航线的焦点。在全球战略中，关岛是美国控制和辐射西太平洋的军事重镇。

罗杰的话覆盖了我的知识盲区，除了我们熟知的跨大西洋、太平洋海岸交往圈，世上还有其他圈子；除了经贸网络，还有军事网络。于是我推测每个人心里都有自己的中心城市，我问罗杰：什么原因让他来到北京？

罗杰说：他仰慕中国历史已久。比如中国人发明的罗盘，通过微小指针，告诉海员在浩瀚海域里的方位。罗杰从手机里找出一张哥伦布时代的波特兰航海图（Por-tolan Chart），地图中没有经纬线，海域上的交叉线是海员使用的“恒向线”。恒向线的交汇点是港口、海岛以及航标点；从交汇点出发，恒向线以罗盘的32个方位散开、指向远方。航海图表达了个体视角对世界的描绘。

“伟大的航海时代中，每个港口都是航线的中心，与今天的网络时代非常相似：每部手机都是信息中心，像海员的罗盘”。罗杰眼里，中国古老的发明与今天的苹果手机一样伟大。

接着，罗杰开始描述他心中的世界：“如果，把空间联系改为时间机会，每个城市在某个时期都有可能扮演重要角色，城市的角色也会轮替。战后东南亚、东亚的重心曾经是新加坡、马尼拉；而后是香港、台北，也许最近的二三十年里会是北京、上海。”

罗杰的城市交替论，给人一个新视角观察北京。如果北京在寻求这样的重心位置——许多机会的交点，那么，北京不仅要有意愿，而且，还需有许多罗杰这样的“小罗盘”，通过他们衔接到巨大的网络中。

北京那个仲夏夜空中，荟萃的星光交汇出一束幽光，揭示出城市的魔法：交往吸引不同的人来到城市，集聚后产生引力效应，进而吸引更多的人来到城市，城市因此而繁荣。

0.1-03/004

城市交往舞台—北京皇城根花家怡园露台上，靠近紫禁城皇家宫殿

(Urban stage，on HuaJiaYiYuan Hotel roof deck near Royal palaces of Forbidden City)

北京仲夏的暮霭中，来自七个国家的设计师聚集在紫禁城旁的露台上，人们谈论着各种话题：重庆的小面、徽州的粉墙黛瓦、波罗的海清凉的海风、斯堪的纳维亚的家具设计……在皇城恒定的天际线下，打开了一扇世界之窗。

陌生人群的聚集地（0.1B－2）

那个追寻国际化的时段中，市场助推了国际团队的诞生。五湖四海的人员成为设计项目创新意识的驱动力。初期的北京规划团队中，只有10%的成员来自北京。这虽是个极端的例子，但是个大趋势。2010年，北京流动人口是1067万人，占人口总量的54%。

中国的一线城市，北、上、广、深，大致如此。其中，深圳是中国最大的移民城市，城市外地人口是本地人口的5倍。流动性不仅为城市提供了选择性，更重要的是为城市带来了生机。在不同人群的交往中，城市截获了文化撞击迸发出的新能量，收获了创新成果。

社会学家沃思（Louis Wirth）提出过三个城市指标：人口规模、人口密度和人口异质性。城市吸引力的差异体现在三项指标的综合性上。前两项指标对亚洲大部分城市自然成立，第三项虽与人口规模相关，但也与城市的开放度有关，开放性会吸引更多元的文化，从而增大异质性。

大都会城市形成社会学意义上的“陌生人”社会。这种社会中，“匿名性”的特征得到更具体、更充分的体现，一般而言，它表现为多元、自由、秩序、开放、公平、活力。这些特性与小城市的“熟人关系社会”相比，形成了完全不同的价值观。沃思理论从社会学视角揭示出城市吸引力的秘密。

事实上，现代城市起始于人口的异质性，“陌生人”通过交往建立了现代城市的价值系统，正是这些价值观念吸引了更多的“陌生人”加入城市，进而扩大了人口规模、提高了人口密度，完善了沃斯的三个城市指标。

容纳偶然发生的容器（0.1B－3）

我团队中有个来自重庆的年轻人S。加入北京团队之前，他已经体验了4个城市。大学期间，他离开家乡重庆，到百公里之外的成都就学；本科的最后一年，作为交换学生S在太平洋西岸的西雅图度过了一年的时光。毕业后，他应聘到HOK上海办公室。

现代城市对企业——城市经济活动的基本单元，给予充分重视。企业的牵引力来自市场，北京的焦点效应引来了跨国公司，大公司带给市场创新理念，同时也带来了企业文化。加入北京团队的设计师既向往北京，也看重HOK设计公司的文化。

HOK是家国际品牌的设计事务所，全球有30多间办公室。公司利用其网络向全球输出经验和人才，3000多员工依托着公司的网络成长。十几年前，还没有脸书和微信这类共享网络，设计师们就通过公司内网建立了沟通虚拟社区。

一个项目中，中东客户要求在最短的时间里拿出多种不同的思路。HOK提出了一个“追逐太阳”的联动工作方案——二十几间办公室的共同工作营。中国的北京、上海和香港三间办公室最先构思，稍后印度和新加坡开始工作，而后传至中东团队，伦敦稍晚加入探讨。当太阳在东方落幕时，纽约、华盛顿的员工进入办公室。两小时后，中部时区的多伦多、芝加哥也加入了激烈的讨论中；西海岸的旧金山、洛杉矶成为第一个24小时的收尾团队。

阳光又回到了太平洋西岸的中国办公室时，新一轮的讨论重新复燃。跨国公司用“日不落帝国的梦想”感召市场、激发员工的协同力和创造力。设计师在沟通思路和设计的同时，融入全球的信息交流和网络管理之中。这种造浪式的冲击帮助公司超越市场地域，催促员工突破自我局限。

知识经济时代，频繁交流激发员工的创新欲望，技术更新为年轻人提供了跨越式的发展机会。全球团队的设计师既是市场前段的触点，也是公司内部的连接点。潜移默化地，跨国设计团队为城市培训了一批新型的劳动资源。这些劳动力拥有与其他城市相互沟通的交往技能，帮助城市加速了现代化进程。

年轻的设计师S在短短的两年中先后与纽约、芝加哥、香港、新加坡、圣路易斯等团队合作，每一次项目合作，S也为自己的未来打开了一扇窗口。几年后，S求学到麻省理工学院，毕业后，在曼哈顿的一家投资公司任职。很多年后，S对我说：那时的北京团队，对他而言，是进入高速公路的入口。

现代城市可以满足许多人的不同目的。它容纳高频次交往发生，促成许多偶然发生。有些人庆幸城市能够接纳他的偶然；有些人则期待城市为他创造偶然——最终，城市成为促成许多偶然的必然；并帮助人们发现自己的必然。现代城市意识到人们期待交往、能够促成人们在交往中实现自我价值，从而形成城市吸引力。

这让人想起了沈从文的一句话“凡事都有偶然的凑巧，结果却又如宿命的必然”。城市或许是盛放“宿命必然”的最好容器。

0.1C
绿洲的养分
——1999年费城深秋

二十多年前，我在美国东海岸的费城步入了城市设计行当。费城市中心区不大，大致与北京的国贸CBD、上海的静安寺一带大小相当，几十栋高楼挤在一起，撑起了城市天际线。钢筋混凝土楼丛中有块绿地，它的绿意带给人关爱。每到中午时分，绿地便像磁石一样把人们从高阁中吸引下来。绿地上，阳光还原了自然的明媚，树荫缓解了工作的压力。像众多上班族一样，我也把许多午间时光留在那片绿地中。

进而，那片绿影连同我入道时的迷茫，深深地印在了我的画本里。

这块4hm^{2}的方形绿地上，大树的参天枝冠连成一片，粗壮的树干显露出它们久远的年龄。方地的内环是条圆形步道小径，两侧安放了许多座椅。座椅由木质粗糙的橡木做成，表面没有任何油饰，它们是市民的捐赠物。座椅用材质朴而简单，只有椅背处的金属铭牌显出些许精致，表达出一份刻意和精心。捐赠者在金属铭牌上铭刻出纪念者的身份和生卒时段，并用一两句话表明纪念者的信念，或亲友对他们的追思。

绿茵中，婆娑树影悄声无语地陪伴着人们漫步，从不疲倦地轻抚着人们的记忆，普通人之间的敬意就这样一代一代的传递着。

圆径是宾夕法尼亚大学教授保罗（Paul Cret）百年前的设计。小径上漫步的人群换了一拨又一拨，而径途上的脚步从未停歇过，它们推动着社区里时光的转动，也传递着木椅铭牌上的记忆。

保罗是宾夕法尼亚大学布扎体系（Bueax-art）的奠基人，他培养出了中国第一代现代城市规划和建筑师，杨廷宝、梁思成、林徽因等大师，也教授出路易斯·康（Louis Khan）这样美国本土的建筑大家。

共同合力形成的拱券（0.1C－1）

那时，每天中午我都在祖师爷画出的路径上走3圈，而后，坐在一张靠椅上领教它的魔法：绿地改变了上班族的行进节奏，人们来去匆匆的速度慢了下来，形色紧张的神经放松了下来，彼此陌生的关系亲近了起来。树影间，城市的亲和力扑面而来。

绿地的魔法不仅能够缩短人际间的距离，它的魔法甚至可穿越时空。记起一日，我与事务所的师父哈夫曼（Huffman）共享午间时光。阳光下，哈夫曼眯起眼睛，向我提起了他导师路易斯·康的一段话：如果你问一块砖，你要成为什么？砖会说：我要成为拱（If you ask a brick，what do you want to be，the brick would say：I want to be an arch）。哈夫曼接着说：每个场所都有自己的使命，它的感染力源于对生活逻辑的组织。

康是美国著名的建筑师，他喜欢使用普通砖石和混凝土、用朴素的构筑逻辑追求场所的诗意。起初，我认为那段话是建筑师的箴言，阐明了材料与形式之间的逻辑。随着年头累积，我品味出康在比拟一个哲理：集体成果来自于个体之间的相互支撑，而成果的意义在于每个作过贡献的个体之间的分享。这大概是康设计场所中充满诗意的缘由。

那块绿地叫瑞顿郝斯（Rittenhouse Square），是块颇具感染力的场所。哈夫曼用康的诗意暗示绿地中每个元素、每个活动的相互尊重。在它们协力建起的"拱"——自下而上、相互依存的市民价值体系中，人们在共筑氛围里分享美好的时光。

法国哲学家皮耶洪说过：城市不仅由文章组成，也由纹理构成。细腻的纹理中隐匿着生命的悄声细语和彼此间的细微联系。纹理之中，城市不再是天际线的呈现，而是娓娓道来的叙事民谣。

纹理交织出的共享精神（0.1C－2）

如果城市是盛放普通人"宿命必然"的容器，那么，社区则是个体安身立命的接收器。社区是现代城市的组织单元，连接着个体与城市。它不仅是人们在城市中栖息场所的集合，而且维系着社会服务机构和设施的存在。从城市整体角度出发，人们需要的基本服务体系，比如交通、文化、教育、医疗、安全等，也是针对社区构建的。

现代城市的社区是开放的，它不同于以信仰为单元的教区或者因管辖而划分的里坊。开放社区的黏合剂是分享的市民价值，或者说，人们共同编织的纹理将各自的生活连接起来。

市民价值源自协力的共创，因而可分享。社区成员是价值的守护者，对社区以外的人，市民价值不吝惜展示它的分享性，借此社区吸引价值的认同者。当人们领悟到它的感染力后，便有机会从认同者变成参与者，进而成为它的贡献者。这个演化过程中，价值成为其黏合力和吸引力。

婆娑的魔法在绿地中显灵。我感受到了人们与绿地的亲近、周边居民对绿地的呵护，还感触到那里隐含的脉络——宾夕法尼亚大学价值的传递：

我，20世纪90年代的毕业生，受惠于我师父哈夫曼的点拨；哈夫曼是60年代路易斯·康的学生；康在20世纪20年代就学宾大，成为建筑系主任保罗的信徒。保罗1913年完成了这块绿地设计。近百年时光里，宾大人一代一代地传递着共同认定的价值。

—·— —·— —·—

2008年北京的仲夏夜，当五湖四海的城市设计师欢聚在紫禁城边，期待北京奥运会之时，另一个跨越历史的变化也在发生。那年年初（2008年2月26日），联合国发布报告：年底世界人口将有一半生活在城市，人类历史上首次居住在城市的人超过乡村；到2050年70%的人口将居住在城市，这个趋势不可逆转。

现代城市是人类共同享用的文明通道，它为普通人提供了改变命

0.1-04/005

城市绿洲—费城市中心的社区绿地瑞顿郝斯

(Urban Oasis，a neighborhood green in downtown Philadelphia)

费城中心的方形绿地上有条圆形小径，小径两侧放置着人们捐赠的木椅。借此，捐赠者分享一份对逝者的敬意，奉献一片对社区的关爱。普通人之间的敬意就这样在一代代人中间传递。

运、提升生活质量的路径。中国春运30亿人次的潮涌中，人们从农村奔向乡镇、从乡镇奔向城市、从城市奔向大都会。潮涌冲刷出的印迹在城市中留下了生活纹理。

这些致密纹理中也有设计者的痕迹。

城市设计师是个颇为拧巴的角色：作为专业工作者，设计师往往需要俯瞰城市、统揽全局；而作为城市的谋生者，则需在细节中揣摩城市。哲学家说“城市是由文章和纹理组成的”，设计师虽参与城市文章的创作，更多时间却用纤维编织着城市纹理。编织纹理与绘制蓝图的双重角色，使城市设计者拥有全方位的视角观察现代性的核心内容。

在我众多的城市场景素描中，2019、2008、1999年的这三个场景跃然而出。我在其中，既是描述人也是当事人。3张相隔10年的切片展示出视点的变化，也能看出茫茫航程中心路的归迹。

——2019年节日里的上海“体感计”，它揭示出：城市基础热量源于普通人的贡献，现代性关注城与人的关系。

——2008年北京年轻人的派对，它展示出：城市活力源自多种元素之间的碰撞，现代性促进人们的交往，交往加速文明传播。

——1999年费城绿荫中的对话，它吐露出：城市基因的秘笈在于共创的价值，现代性提倡人们对认同价值的分享。

——如果说三个场景如同航标，在我探索现代城市的慢慢航程中引导着方向，那么费城则是航程的灯塔——它是我从业的起点，也是求学的原点。

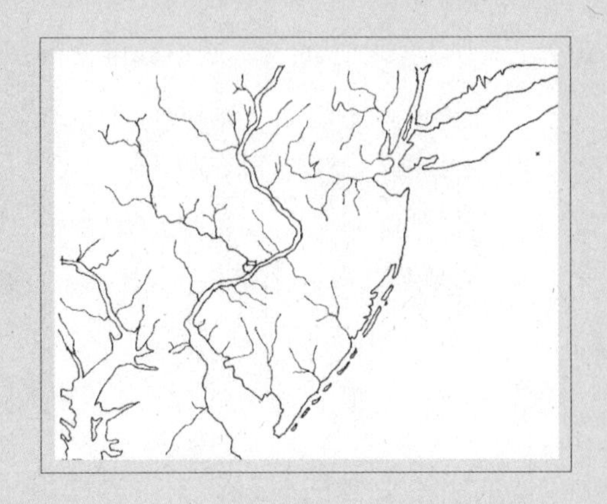

流入大西洋的特拉华河
Delaware River

特拉华河（Delaware River）和支流斯库伊克尔河（Schuylkill River）交汇，确定了一个明确的位置，它距大西洋入海口约100km。1682年，殖民者威廉·佩恩（William Penn）从这里登上了特拉华河西岸，建立了一个城市：费城。

0.2 节

四个造化　费城的天赐和人为

毕业（commencement）一词在英文中与开始、开张是同一词。“开始”对我而言，是从城市西部向中心区挪动，由校区进入城区。费城中心区与宾夕法尼亚大学校区隔河相望，中心区内的市政厅、规划委员会、区域交通委员会、规划咨询事务所等机构常常是在校学生的实习场所，城区好像另一个校区。

那年毕业典礼上，费城市长斯垂特（John Street）——历经连年人口流失、税收减少的城市执政官，恳请听众将学生证换成居住证，留下来，成为它的纳税人。

然而，市长的意愿未必代表毕业生的志向和市场的选择。

班里同学几乎都离开了费城：中东的，回到了迪拜、伊斯坦布尔、阿布扎比、利雅得；美国的，去了纽约、芝加哥、加州湾区的城市；东南亚、东亚的，奔向新加坡、香港、上海、北京、台北、首尔——这证实了市长的判断，城市规划毕业生是为城市准备的。

0.2A
现代城市实践的第一课

那年，我延续了与费城的缘分：城里的华莱士设计事务所（WRT）给了我一份薪水——在高楼耸立、层层叠叠的摩天楼里派给了我一个工位，算是张船票，带我踏上了职业旅程。多年后发觉：我得到的不仅是一个舱位，更重要的是登上了一艘续航持久、航线稳定的巨轮。之后，我的职业航程经过不少口岸和城市，航程上我也搭载过不同船只，但，费城一直像启程的风帆，给人以原始的动力；像母港的怀抱，给人以关照。

开埠至今的300多年间，费城从特拉华河畔一个几户人家的靠岸点蔓延生长，成长为700万人口的大都市。都市的人群中，我用了10年穿梭于校园、办公楼、家之间，不知不觉地成为其中一员。

人们对城市的感知，往往始于它的控制力。比如城市的天际线，它魔幻般地把人们吸引到市中心；地铁、街巷和电梯组成的派送系统再把万头攒动的个体分拣到设定的岗位上。如此，城市驱动着数百万岗位有序地运转，形成了城市效能。

然而城市不同于机器，除了效率，也注重效应，即个体与整体之间的交互感应。人们对城市的感应，常常始于它的感染力。费城拥有不少颇具影响力的机构：全球驰名的费城交响乐团、威震NBA的费城76人球队、商界翘首的沃顿商学院等。虽然它们的名望为城市产生了足够的感召效应，但常人则更愿意透过市民对自己社区的态度了解真实的城市。

感受费城的认同（0.2A－1）

城市设计师拥有近水楼台、感触真实的职业优势。我的职业项目是从费城社区复兴开始的，它为我提供了一个探究城市现实的窗口。

历经了几百年发展后，费城不少社区都面临着人口流失、收入减少、房价下跌甚至治安恶化的挑战。那时，费城房屋管理机构请我就职的公司帮助制定复兴策略，落实改进资金，规划住房改善方案。设计小组需要走进社区、聆听意见，与居民一起规划未来。

参与社区讨论的是居民、社区公职人员、教区的神父、社区保安、店铺老板等方方面面受到影响的群体。参与的人数超过了设计师的预计，不少家庭全家到场，带孩子的单亲母亲、坐着轮椅的老人、修车铺的伙计和街铺买卖的老板，大家无论肤色、信仰、富贵、阶层共同坐到一起讨论社区未来。

讨论前，大家拉起手来为社区的未来静默祈祷。讨论从聆听诉求和愿望开始，然后设计师展示交通、环境、住房等专业分析，与会者讲述他们心目中的挑战和机会。讨论中，来自不同角度的关切有着不同的诉求，有些甚至相互冲突。使人惊奇的是社区成员之间的平等和尊重，以及寻求共同利益、谋求共同发展的热情。

规划过程需要往复多次的沟通：从制定原则目标、提出不同思路到最终达成共识，全过程都是开放的。社区里，有位经营了五十多年理发店的意大利老人，每次开会都为大家准备饮料和披萨饼。老人战后随家迁到这个社区，四五十年里，他经历了起伏，看着一代代人的进出，有过憧憬也有失落，而后的再憧憬……

他对我讲：咨询师勾画美好愿景仅是社区营建的一个元素，你们的蓝图仅是过去很多中的一张，今后还会有人再绘制蓝图。重要的不一定是蓝图成真，而是每一张蓝图促成的深度交流。在沟通中人们相互认同和关照——这才是社区长久稳定的根基。

社区复兴使设计师直接面对居民。图纸中地址成为生活场所，社区变成了林林总总的大事小情，事件牵扯到了形形色色的各种人。社区成员对城市的信念和态度，左右着蓝图中的方向。

作为城市设计师，我的职责是为社区发展提出有信服力的规划；作为城市的新来者，社区成员间的相互认同态度把我从愿景中引回现实，让我相信了这座城市。

感悟希腊名字的意义（0.2A - 2）

社会学意义上，现代城市是陌生人社会。“异质性”人群的相互认同对培育亲和力至关重要。在费城，“认同性”被当作城市的根本信念，并用它命名。

费城（Philadelphia）是简化了的译音，英文音译全称：费拉德尔菲亚。这个词音节很长，它源自希腊语（φερdVΤαλφια），本意是兄弟之爱，由两个词构成，“philos+adelphos”，前者是爱，后者是兄弟，合起来就是“兄弟之爱”。

大航海的殖民时代，新大陆的地名常常取自旧大陆，在它们的前面加上个“新”字，比如新泽西、新约克、新阿姆斯特丹等。也有些地名沿用了印第安语汇的发音，如芝加哥。但，费城却穿越中世纪追溯到古希腊罗马时代，从那时的辉煌中据典引词，表达新城市的信念。

0.2-01/006
社区沟通—居民建立共识的过程
（Neighborhood communication：a procedure of consensus building）

社区最基础的沟通方式被称为Townhall（乡镇聚会），会议不以给出答案为目的，而是设立共同关注的议题，建立共同认可的思路，寻求最大的公约数。

0.2B
费城的两位先哲和两条河流

宾夕法尼亚大学教授麦克哈格（McHarg）讲："一个地方是自然演进的总和，而这些演进过程组成了社会价值。"也就是说，上苍的天赐与人为的造就合在一起构成了地域禀赋，这大致概述了费城的演进历史。费城之初有它的造化：上苍赐予了两条河流，也为它招来了两位先哲。

1682年，殖民者威廉·佩恩（Willian Penn）溯流北上，在两条河，特拉华河与斯库伊克尔河的交汇处登岸，这两条河确定了费城的地界。

特拉华河是条与北美大陆东岸线大致平行的河流。距入海口约100km处，大河突然调头向西、再折回向南流入大西洋。转弯处，大河吸纳了一条支流——斯库伊克尔河。佩恩把两条河的河岸当作城市的东西边界，在两河相距最近处，他划定了一块东西长2英里、南北宽1英里的区域，确定了城市的位置。在这个点位上，佩恩开始兴建他理想中的现代城市。

随后，另一位伟人，本杰明·富兰克林（Benjamin Franklin）来到费城，在佩恩确立的地理坐标点上，标定出一个时间点——现代世界史上的一个标定点：1776年，富兰克林和他的同事们在费城起草并通过了《独立宣言》，美利坚合众国自此诞生。

来到城市的两位先哲（0.2B－1）

两条河引申出的连线、两个人物的心中路线为费城划定了基准线。

特拉华河把费城与欧洲连接起来，它保障了新大陆和旧世界贸易、人员、文化的交往。17世纪是没有蒸汽、石油动力的时代，大宗货运需倚靠风力从水上运输。口岸城市成为物资的集散中心，那时从欧洲到费城的航程大约需要两个月。人们拥挤在狭小的船舱里，忍受着发霉的食物、污秽的空气，历经数月的风浪才能抵港。尽管旅途艰辛，但确定、稳定的商业航线把费城和伦敦紧密地连接起来。

1700年，开埠不到20年，费城港的兴旺已经初见端倪。忙碌的特拉华河为城市带来了一万多人口。到美国独立时，费城已经是大英帝国的第三大商业中心，北美名列前茅的贸易大港。直到1810年，纽约才取代费城成为北美最大的口岸城市。

如果说大河把城市与旧世界绑定，那么它的支流则为城市提供了新鲜的养料。受大西洋潮涌的影响，返潮的特拉华河水含盐且苦涩。同时，大河码头的仓储污染了河水。而它的支流，斯库伊克尔河，两岸山峦叠翠、植被茂盛。水域的原生环境为城市提供了清洁持续的饮用水资源。

自然条件是上苍赐予的，人的活动是对它的呼应。特拉华河因其联络作用，吸引了从事贸易活动的人来到费城，口岸贸易成为城市的经济支柱。斯库伊克尔河把自然环境引入城市，它提供的不仅是水源，还为城市确立了干净、清洁的现代生活标准。

最初，城市缔造者威廉·佩恩并没用“城市”一词，而用绿色城镇（Green Town）形容他的理想国。显然，他试图有别于旧大陆上狭小拥挤的中世纪城市。佩恩家世显赫，他的父亲是英国皇家海军将军，还是查理二世国王的恩主和债主。贵族圈里长大的佩恩对伦敦和旧世界厌恶至极，他叛逆地加入了异教贵格会。

1681年，为偿还1.6万英镑的巨额债务，查理国王把一块与英格兰面积相当的北美土地封赐予佩恩。借此，英王也逐出了佩恩和他皈依的异教组织。1682年，佩恩和贵格会信徒们（Quakers）来到了这片

12万平方公里的领地，并在特拉华河的河湾处确立了都城的位置。在两河之间2平方英里的土地上，这批异端信仰者开始播种新希望——建立现代城市的尝试。

“现代”一词出现得十分滞后，它是后人对前人创造性努力的归纳和概括。当年，刚刚脱胎于旧大陆的佩恩借用两个词汇描述了“现代性”。一个是希腊罗马的单词“兄弟般友爱”，他穿越中世纪，沿着文艺复兴的路径从古典主义中捡取了这个词汇，用它表达对不同信仰的包容和自由贸易的宽容。二是“城镇”一词，佩恩用它表达人居与自然的和睦关系，以及栖息社会中的扁平构架。

1723年，佩恩去世后的第5年，一个年轻的印刷学徒工来到费城。相比理想主义者佩恩，这个印刷工更加务实，对新知充满了渴求。自1928年起，印刷工的头像一直被印制在100美元的纸币上，以纪念印刷工富兰克林对美国建国的贡献。富兰克林是《独立宣言》的作者之一，他勤奋好学、白手起家。富兰克林集发明家、科学家、实业家、文学家、外交家等角色于一身，不少人把他视为美国精神的化身。

在《独立宣言》中，富兰克林从个人权利的视角定义现代社会，并将这种本性定义为天性，即“我们认为这些真理是不言自喻的：人人生来平等。造物主赋予他们某些不可剥夺的权利：其中包括生命权、自由权和追求幸福的权利。”富兰克林将佩恩对个性包容的认同提升为人权本源性的确认。这种认识引导着富兰克林在费城的贡献，他主张废除蓄奴制，创刊报纸，开办对社会开放的医院、公众大学。他对社会的认知影响了费城，使城市从开明演进为开放。

为城市设定基准线（0.2B－2）

两条河、两个人为费城建立了一个天人合一的参照体系，其中的

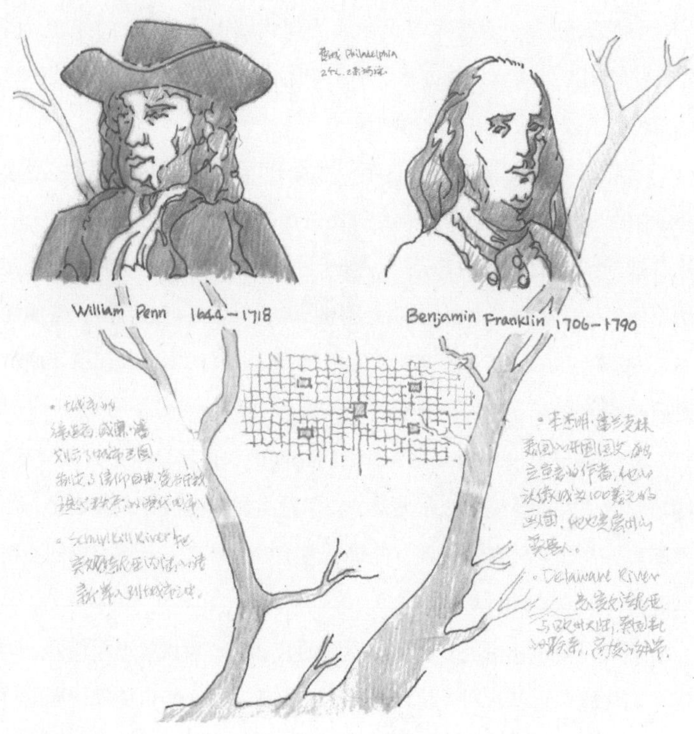

0.2-02/007

费城的四个造化：两条河流和两位先哲

（4 gifts for Philadelphia：two rivers and two sages）

上苍给费城留下了两条河流：特拉华河和斯库伊克尔河，带来了两位先哲：威廉· 佩恩和本杰明· 富兰克林。

基准线成为其后发展的轨道。那些登岸的拓荒者中，很多人带着旧世界不能容忍的“异想”踏上了一条“歧途支路”。最初，他们并没有意识到特拉华河畔荆棘中会踏出的一条旁门左道，这条“歧路”为后世打开了一片崭新的天空。

异想天开——费城无意识地成为现代城市实践的一个先行者。先行的尝试中，费城把过去几个世纪中人类在精神、思想和人性中的思索付诸实践，探索出新的栖居模式。

费城是规划出来的。1683年，费城开埠第二年，佩恩就将测绘师绘制的蓝图在伦敦公布于众。对比三百多年前手绘的地图，今天手机谷歌地图中的城市中心点、主要大街、绿地和街坊与原创大致相仿。如果仅依靠技术逻辑的定位文件，规划很难执行数百年。费城规划是变革思想在大地上的投影，思想与时代发展的契合度保证了城市发展的持续性。

费城是生长出来的。三个世纪的跨度中，世界发生了巨大变化。城市容纳了人口规模、产业类型、技术种类甚至生活方式的更迭。如果不是一个开放包容的体系、没有对内生力的培育，当初的规划就很可能羁绊束缚城市的发展。

费城是规范出来的。在包容原则的基础上，费城将不同信仰、种族、文化的人们感召到一起。除了彼此相敬之外，城市倚靠认同的价值体系形成了聚合力。维系价值体系的过程也是组织城市秩序的过程。秩序为现代生活的复杂性和多样性提供了保障。

—·— —·— —·—

原理上，通过协同社会劳动、共享社会服务、调动普通人的能动性，现代城市把人与栖息场所的交互感应转化为社会发展的力量，形成城市自有的生命力。然而，实际进程远比原理复杂，现代城市发展是细微而具体的过程，是新秩序与人的信仰、价值、生活方式相互校核的进程。

费城是个窗口，它使人们从原点了解现代城市理想孕育的初衷；也是一幅长卷，它向其他城市展示了生动感人的成长过程。费城的演进中有七种力量——亲和力、包容力、约束力、拓展力、持续力、感染力、内生力，它们推动了城市前行。这七种力量形成的生命力对现代城市具有普遍的价值意义。

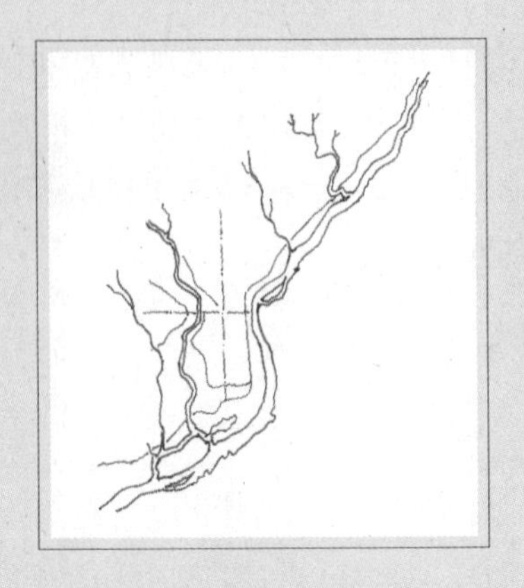

费城原点
Origin of Philadelphia

侯尔莫斯（Holmes），费城测绘师，找到了特拉华河与斯库伊克尔河之间最窄的区域。两条河岸之间的连线大约3.2英里，侯尔莫斯把连线的中点确定为城市未来坐标系统的原点。

0.3 节

七条法理　序言厅里的目录

0.3A
费城——现代城市的序言厅

我与费城的缘分始于宾夕法尼亚大学，宾大是中国现代建筑师、现代建筑教育家的摇篮。杨廷宝、童寯、梁思成、林徽因等都出自此门。回到中国后，他们先后任教于东北大学、清华大学、重庆大学、中央大学、东南大学等一批中国现代建筑教育机构，这些学府为刚刚步入现代社会的中国提供了大批城市建设方面的专业工作者，支撑了国民政府时期、新中国建设时期、改革开放进程中大量城市的转型、成长和发展。对不少中国建筑专业的学生，宾大好似麦加一般，具有源头一样的吸引力。

在宾大读书时，我并不知道费城还为城市设计从业者备好了另一份幸运：这里是现代城市的一个发源地，有着取之不尽的源泉。多年后，从职业旅途上回望费城，它给人以“众里寻它千百度”的惊诧：其实，费城是现代城市的序言厅。

有历史学者将第一次大规模城市化浪潮划定在18世纪中叶——1760年后英国工业革命时期。资本在技术变革的助推下，发现了专业分工后劳动力的巨大潜能。由工业革命引发的密集劳动形式使大量农业人口涌入城市，资本把乡村中的劳动力带到城镇。“城市的空气使人自由”。佃户进入城市后，曾经的依附关系——通过土地对地主的依赖——不再存在。人，作为倚靠劳动力而存在的独立个体，从封建的封闭村落步入了开放的劳动力市场。

早于资本驱动之前，一股更本源的力量推动着现代城市的潮涌——人性对自由的渴望。远离中世纪城堡的北美大陆上，空气不仅自由而且新鲜，这里接纳了怀有现代理想的人们。这群人用公民，不是臣民，定义自我。这群人中，有一批是贵格会成员，17世纪末叶，他们跟随佩恩踏上特拉华河的西岸，在荆棘丛生的荒滩上，开始用现代意识搭建一种新的生活场域。事实上，他们用现代意识构筑了一个露天殿堂，印刻下了现代城市的律典，留下了释惑城市现代性的7条魔法。

0.3B
序言厅里的七条法理

三百多年前，人们从千年中世纪走出、步入现代社会。对现代性的探索密集发生在城市中。现代性促进人的交往，现代性提倡人对认同价值的分享，现代性关注个体与群体的关系，城市自然而然地成为现代性萌生的苗圃。

在费城，缔造者遵从公民意志，以新的社会细胞、新的群体精神、新的自我管理方式组织民众生活，规划共同的栖息场域——揭开了现代城市的序幕。现代城市的开篇中，支配权力不再是自上而下教会和国王的统治力。人们领悟到城市的动力是亲和力、包容力、约束力、拓展力、持续力、感染力、内生力，这些力量源自自身。

城市更易于释放人性的本能：将自身的力量激发出来，把社会的现代性呈现出来。费城自觉地承担起感应这些魔力的使命，并留下了培育和释放七种魔力的空间法则。

亲和力（0.3B－1） 亲和力·萌发出价值分享的社区单元

亲和力是种天性，是群居种群的天然属性；但现代社会中的亲和力不仅依赖血缘和宗亲，更多的是“陌生人群”的本能要求。现代社会突出个体的自由价值，而“自由后的个体”愈发认识到相互联系的重要性。建立有归属感的场所成为现代城市的必然使命，社区是这种

0.3-01/008

现代城市的七条法力：亲和力

（7 powers of modern city：Power of Affinity）

费城瑞顿郝斯绿地，佩恩规划的四个城市社区绿地之一。

使命的载体，也是现代城市的基础单元。社区的开放性符合人们对选择的嗜好，而亲和力是城市社区的锚固力。

神话中，人类在精神世界中创造了一个场所单元——伊甸园，这个场域包含了人们善恶的基本价值单元，也建立了种群的繁衍单元。300多年前，佩恩把社区设想成城市的基础单元，用共享的绿地鼓励社区成员分享生活乐趣、培育社区价值。费城瑞顿郝斯绿地成为佩恩的梦想温室，人们在这块绿地上感受到周边居民对公园全心倾注的呵护，以及开放绿地给予居民的无私回报。共享场所抓住了陌生人之间的亲和力，把它转化为社区单元的塑造力。

包容力（0.3B-2） 包容力·培育出富多彩的城市生活

现代城市以崇尚自由为信念。面对每个自由人的个性时，城市需要包容精神；自由人之间相处时，需要包容的态度。有了包容才有城市生活的多样性，才有城市的吸引效应。

人们常常把展示包容力的场所称为城市磁场，它是传奇的化身，它融合了城市的传统、传言和传说。城市磁场既含有城市吸引力的普遍特征：包容和开放，也拥有自身独特的经历。在形成过程中，磁场不断吸纳人们的关怀和注释，进而以它凝聚的力量回馈城市，形成了历久弥新的磁性。

约束力（0.3B-3） 约束力·规范出界定明晰的现代秩序

通过对个体价值和劳动的尊重，现代城市构建起集体秩序。城市与个体、个体与个体间的守望关系是约束力的基础。现代城市中，集体性的场所联络与个体的位置资产同等重要。街道和它的网络是实现

0.3-02/009

现代城市的七条法力：包容力

（7 powers of modern city：Power of Tolerance）

费城城市中心的爱心广场（Love Park），是最具感染、最吸引民众的城市场所。

集体秩序的空间手段，也是现代生活的空间条理。

建筑师喜欢说：建筑是石头的史书。其实，即使是石砌的，也会坍塌；而大地上的印痕是难以被磨灭的。因为，街道和地界不是一种炫耀，而是生活秩序留下的痕迹。

拓展力（0.3B-4） 拓展力·编织出内外交织的网络体系

场所是不可移动的，这种固定天性延展出场所的另一重要特性：拓展性，即不同地点场所之间的联系，生活在固定场所中的人要求场所拥有拓展力，利用它实现与其他场所里的人交流。现代生活需要更密切的城市联系，日日更新的技术手段和交通工具大大缩短了距离感。城市拓展力推动的不仅是空间联络，更为重要的是确保了城市开放性的存在。

地缘的区位只是城市发展的充分条件，要使城市发展成为必然还需要更长远的目光：使城市在网络中发挥作用。例如富兰克林创立的宾夕法尼亚大学，第一所向全民开放的高等教育机构，使城市的影响力存在于人类的知识网络之中。

持续力（0.3B-5） 持续力·搭建出弹性健康的生长骨架

城市的生命常常以千年计数，现代城市还要经历更加频繁的迭代更替。保障城市持久稳固的健康需要持续力，这种效应不是依靠功效模式实现的。健康栖息形态的时间周期和生命节奏不同于经济活动的波动周期。孕育城市的母体环境是持续力的源泉。

自然环境可为高度聚集的城市提供发展的持续力。城市开放空间就蕴藏着这种力量。开放空间是自然环境在城市中的延伸线，它们默

0.3-03/010
现代城市的七条法力：约束力
（7 powers of modern city：Power of Regulation）

费城第15街和JFK大道旁的爱心公园：公共空间与城市商务地块的和谐相处。

0.3-04/011
现代城市的七条法力：拓展力
（7 powers of modern city：Power of Exploration）

费城宾夕法尼亚大学校园中的富兰克林雕像，他的目光注视着从校园中走出的一代代学子。

默地为城市注入着成长养料，是城市居民健康环境的依托。

感染力（0.3B-6） 感染力·激发出多种元素的相互感应

人是最具交互感应的群体，主动积极的感应推动了社会进步和发展。现代城市把尊重个体视为己任，个体之间的差异不仅仅是多样性的基础，也促成了相互影响和感染的社会环境。现代城市敏锐地捕获到了人群之中的感染效应，将感染力转化为城市发展、创新的推进力。

城市压缩了人与人之间的距离、增大了交往的强度和频繁度、强化了人好交往的天性。城市场所有助于感染力的培育。许多城市拥有赋予感染力的廊道，无论是城市轴线、滨水岸线还是科创走廊，它们都像链条一样传动着感染力，使差异元素相互沟通、影响、融合，进而衍生出新的内容，催生城市的创造性。

内生力（0.3B-7） 内生力·簇生出肌体生长的代谢机制

很多从业者认同新陈代谢理论对城市的影响。即：城市是有机体，有机体的生命活力在于内生力推动的新陈代谢，城市场所的演进是代谢、更迭的表达。相对历史文脉和经济发展视角，新陈代谢从生命体的角度审视城市的时间进程，它将继承、发展、更替视为生命演进的必然过程。城市往往拥有千年不老的肌体，各种力量复合之后的内生力对自我造血能力至关重要。

场所与内生力相互依存，包容和拓展性强的场所更易吸纳、叠合多种养分，更易培育内生力成长。而内生力对场所贡献的是长久不衰的生机和活力。

人们常说“文以载道”，人们栖息的城市也一样。

0.3-05/012

现代城市的七条法力：持续力

（7 powers of modern city：Power of Sustainability）

费尔蒙特公园，斯库伊克尔河畔的赛艇俱乐部。河道通过休闲运动和锻炼影响着人的生活方式。

0.3-06/013

现代城市的七条法力：感染力

（7 powers of modern city：Power of Inspiration）

费城富兰克林公园大道，城市艺术文化的“麦加”。

0.3-07/014

现代城市的七条法力：内生力

（7 powers of modern city：Power of Endogeny）

费城协会山社区（Philadelphia Society Hill neighborhood）：城市再生、混合成长的例证。

费城是应运而生的产物。历经长达千年的中世纪后，人们迎来了黎明的曙光。人文主义主导的文艺复兴促成了人性解放、推动了宗教改革、开启了大航海时代。商贸活动的繁盛为新兴的资产阶级提供广阔的舞台，生机勃勃的新兴力量主动积极地涌向政治权力中心，强力推进宪政改革。费城的新建机遇正是在这样的时代大潮中浮现出来的，它成为变革思想实践的场所。

费城的城市空间是时代大变革在大地上的投影。

起初，费城的奠基人佩恩从希腊理念中汲取灵感，提出了“兄弟般友爱”的城市理念。他从文化复兴的大潮中踏浪而致，实践着古希腊罗马的共和畅想。柏拉图的《普罗塔哥拉斯篇》(*Protagoras*）中讲了克己心（pudeur）和正义感（justice）。克己是对社会的微妙本质关注。这种互相支持的关怀是体面社会的特征。在人道和人文主义的影响下，费城强化着城市对个体的关怀，聚集起七股关怀人性的力量。

七股力量中，亲和力、包容力和约束力是中坚，它们与另外四支力量，拓展力、持续力、感染力和内生力一起构成了现代城市持久前行的续航力。

—·— —·— —·—

在大航海时代催生的口岸上，现代城市萌芽脱颖而出。清教徒、异教徒“异端”地谋划出人与城的关系——成为现代性的开端。

从人性自身角度出发，费城对现代城市的探索具有更普遍的意义。300多年前，人们在费城为现代生活点燃的炉火与今天上海温感计展示出的温情同出一辙。费城发掘出的动力和燃料给予了现代城市强大的生命力，驱动了现代城市的发展和蔓延——成为现代城市序言中的核心内容。

第一章

亲和力 · 萌发出价值分享的社区单元

费城　瑞顿郝斯绿地　　四川　柳江古镇　　锡耶纳　扇贝广场　　雅典　论坛广场　　萨凡纳　城市绿地

邻里单元是一个组织家庭生活的社区计划…… 而大都市是小社区的聚合

——派瑞（Clarence A. Perry）

我开始在费城上班时，搭公车进城。车站设在克拉克公园（Clark Park）边上。每天早晨上班时间，车站上搭车的总是相同的几个人。时间久了，等车的人就成了熟脸——相互认同的社区成员。

都市亲密（Urban Intimacy）

与我一同等车的五六个人中，有个黑人大爷和他的小孙女儿，还有个四十几岁的白人妇女。他们都十分守时，见面问早安。后来，小女孩竟然跟我学会了用中文问早、说再见。那个妇人开始仅见面点头。有次拥挤的车上，我们之间的距离被压缩到很小，她相视而笑、开口说道：urban intimacy（都市亲密）。

城市尺度巨大，难以缩短素不相识人之间的心理距离；而社区则不同，很容易促成归属感。共同依赖的公共资源拉近了彼此间的距离。这印证了中国人的俗话“远亲不如近邻”，地域可以促成人的亲近。

好的邻里促进“都市亲密”的发生。克拉克公园是这个邻里的焦点。几条主要公交线路沿公园设站，公园总有络绎不绝的人流。清晨、黄昏和周末，跑步的健身达人、嬉憩的孩童随处可见。公园有片巨大的凹地，雨水滞留时它变为一片水洼，渗水后是宽大的草坪，人们常常悠闲地靠着草坡，看坡下的动物玩耍。

有年夏天，著名的费城交响乐团在凹地里办了个周末音乐会。周五傍晚的夕阳中，修剪过的草坪齐整平坦，散发着草的清香；草坡上，人们或倚或躺，爱犬在人群间嬉戏。悠扬的乐声中，邻居们好似家人一样亲近，轻松地打招呼聊天。绿地成了诱发“都市亲密”的容器，交往促进了彼此间的了解、熟悉。

社区公地上，人们生活的空间和时间叠合，萌生出人际间的亲和力。

社区的概念古已有之。人类走出游牧部落步入农业文明之后，学会了改良谷物、驯化家畜，于是有机会在固定的地域中按天象收获食物。这时，确切的地域单元与生产劳作之间建立了稳定关系，古典社区开始形成。社会学者把人、地理疆域、人们之间的交往以及认同的价值称为社区的四个基本要素。

农耕社会的社会单元往往是村落。村落中，血脉宗亲是重要的网络关系。与之相符存在的另一个单元是信仰活动的教区。无论血脉还是信仰，二者都在相对封闭的空间和交往渠道中形成了古典单元的基础，支撑着社会的发展。

现代社区一词是由费孝通先生介绍到中国的，他引自社会学家滕尼斯*（Ferdinand Tonnies）的著作《社区与社会》。19世纪，学者们开始认真地从生产方式和社会结构角度剖析社区单元对社会进程的影响，英文单词community成为高频次出现的词汇，它的渊源与common紧密相关，即认同性。

现代城市的开放性带来了多样性或异质性。从其构建之初，现代城市就把“认同”视为联络异质人群的基础价值。承担“认同”角色的场域单元——社区——把促进交往当作寻求认同价值的重要手段。现代城市特别强调精神价值对空间区域的凝聚作用，人与人间的亲和力取代了古代城市中神的威慑力、王的统治力和血缘的黏合力。

当下，社区正经历着新一次的变更：网络已经将传统社区的地域界限彻底打破。但社区的核心内容，人们的交往和共识的价值，却得到了越来越深的强化。

---

* 斐迪南·滕尼斯（Ferdinand Tonnies，1855—1936年）是社会学形成时期的著名社会学家，德国现代社会学的缔造者之一。他的社会学著作，尤其成名作《共同体与社会》（*Community and Society*，1887年），对社会学界产生了深远的影响。

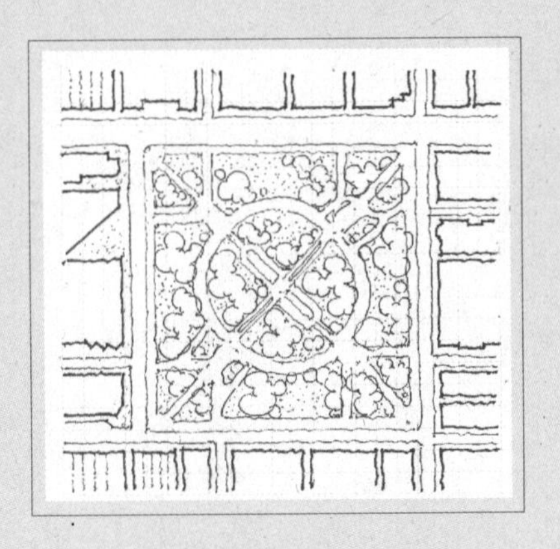

费城 瑞顿郝斯方形绿地
Rittenhouse Square of Philadelphia

瑞顿郝斯方地，被人们称为都市绿洲。保罗·克尔瑞为它设计了方中见圆、对角贯穿的简单构图。这个布局已经沿用了百年，从马车时代穿越汽车时代、到今天的步行风尚，一点都不落伍。

1.1 节

分享感受　共享中产生价值认同

1.1 A　内心之光和方形

催生共鸣的方桌（1.1A－1）

萌生亲和力的绿地（1.1A－2）

1.1 B　瑞顿郝斯绿地的生机

都市马赛克的画板（1.1B－1）

都市芭蕾的舞台（1.1B－2）

分享时光的传统古已有之。到新大陆之前，费城创始人威廉·佩恩（William Penn）和贵格会的信徒们就聚会在一起，等待着“内心之光”（inner light）的显现时刻，大家共享这一时刻。据说一旦感受到灵光，人们全身都会颤抖起来。这便是贵格会英文的出处，英文quake本意是颤抖，依据发音，中文把它音译为“贵格”。

佩恩的父亲是大英帝国海军舰队司令。在17世纪中叶的崛起过程中，大英帝国经历了英荷、英西几次海战，战争中佩恩父亲战功卓著。同时，这位海军上将还是位死忠的保皇党。在他的支持下，斯图亚特王朝得以复辟，这夯实了佩恩家族与皇室的关系。然而，出身显赫的佩恩却有着一颗叛逆不羁的心。他蔑视教会、皇室的权威和尊严。在牛津读书期间，因多次挑战校规，佩恩被学校开除。

1.1A
内心之光和方形

出于对自由的崇尚，佩恩脱离了英国圣公教（Anglican Church），寻求开明的信仰。1666年，佩恩皈依了贵格会。贵格会的全称是公谊会（Religious Society of Friends）。这个组织提倡不同信仰的信徒们一起从事信仰活动。这种初衷遭到了英国正统国教、新教和清教的共同抵制。贵格会被列为非法组织，佩恩多次被投入监狱。

贵格会反对外在的权威和形式，无圣餐和圣洗，也不庆祝任何基督教的节日。入会、结婚和葬礼的形式极为简单。起初，贵格会不设神职人员，层级极为扁平。它相信上苍在人们心中都留下了种子，当人们感知到自我“内心之光”的时刻，即为与上帝沟通的时刻。个人与上帝可直接交流，无需中介。这种无视传统的实践显然触犯了正统教派。

催生共鸣的方桌（1.1A－1）

贵格会追求简朴的生活方式和祈祷形式，他们将自己的礼拜场所叫做聚会地，而不是教堂。聚会点可以是家中的起居室、餐室。即使供大家使用的公共聚会场，房屋形式也采用简约的民居形式，没有高耸的尖塔。室内不设圣坛，中央仅放置一张方桌，大家围坐四周。聚会中，人们静默祈祷，等待内心之光的出现。一旦有人感知到了灵光，便将感受分享给大家，共鸣由此产生。

贵格会仪式中，方形具有特殊意义，它四边相等，没有主从关系，代表着平等。仪式中，大家直呼其名，不带爵位、官称，甚至连姓氏也不必提及，以此表示个体间的相互尊重。人们在交流过程中，以更加本我的身份平易地分享自我感受。实践中，贵格会允许人们自

1.1-01/015

内心之光：贵格会围绕方形的分享时刻

（Inner Light：Quaker's sharing moment around the Square）

贵格会的全称是公谊会。聚会中，大家围坐一起，静默祈祷，等待内心之光的出现。一旦有人感知到了灵光，便将感受分享给大家，共鸣由此产生。

由地进出。朴实简单、平等互助的信条在贵格会中产生了巨大的亲和力，培育出了一批像佩恩一样，对自由坚定的追求者。

贵格会的行为严重挑战了等级森严的神权和王权。1681年，英王查理二世为了偿还拖欠佩恩父亲16000英镑的巨额债务、更为驱逐恼人的贵格会，他将北美大陆上一块尚未分封的土地赐予佩恩。这块土地的面积与英格兰本岛大小相当。由此，历史为佩恩，也为新的理想主义者，翻开了新的一页。

旧世界中，佩恩的信仰实践屡遭打击和挫折。借着这个机会，佩恩将目光投向了新大陆。佩恩谋划费城蓝图之时，大英帝国正处在资产阶级革命成功的前夜，世界发展的轨迹行驶到了一个拐点处。佩恩意识到：这张蓝图可能把人类家园的发展指向另一个方向。新大陆是信仰实践的机会，更是新社会构建的机会。

在他的全新社会方案中，佩恩把这块栖息地视为一切遭受迫害人士的避风港、远离专制的避难所。1682年后，大批贵格会成员远涉重洋来到全新的土地上。同时，威廉·佩恩还热忱邀请更多不同宗教信仰的人来到这片领地。为了显示他的政府绝不凌驾公民意志之上，他甚至不要求人们服兵役。

面对拥有不同信仰和种族背景的新移民，佩恩知道维系新城市的基本单元不再是教会主导的教区、不再是血缘联络的村落、更不是国王贵族控制的城堡……城市需要新的基础单元。借鉴贵格会的聚会场所，佩恩在城市空间中臆造出“绿地”的概念，希望它是大家共有的场所，并相信绿洲上产生的亲和力能为城市萌生出新的单元。

萌生亲和力的绿地（1.1A－2）

从大英帝国出走到北美大陆的佩恩亲历了旧世界城市的混乱。17

世纪的伦敦正处于从中世纪城堡式的城镇向商贸时代的大都市转变中：曲曲弯弯的街巷里挤满了涌入城市的手工业者，狭小的街区中混合着各种不同的功能。人口暴增的聚集区没有基本的卫生市政设施，没有顺畅的城区道路。除了皇家贵族宫殿和宗教教堂，混乱吞噬了城市的一切。

出于对旧世界混乱的厌恶，佩恩提出了“绿色城镇”（Green Country Town）的愿景：新大陆的城市应该像小城镇一样有核心、有绿意，从而避免工业化和商业化形成的拥挤污秽环境。在摸索现代城市前景的过程中，佩恩用“绅士农庄”（Gentlemens’ Farm）比拟他对市民文明的期待。

在“绿色城镇”中，绿地是中心，它好似村镇中的空场儿，黏合起人们的生活。而广场在旧世界里往往是皇族宫殿、教堂的附庸空间，费城的绿地则强调与日常街道生活的叠合关系，它没有空间依附性和指向性。

实际规划中，佩恩用“方地”（square）一词命名绿地，而非广场（plaza）。方地本意为四周建筑围合出的场所。这与中世纪仰仗标志建筑、因轴线序列形成的广场完全不同：广场有着鲜明的序列和层次性格，而方地则依靠周围设施和社区居民的关照形成共享的环境，反过来，方地也会利用交融氛围感染它的使用者。

“方地”虽是绿地，但不是公园，它拥有广场的开放属性。方地中绿树成荫，却有小径贯穿其中；那里草木茂盛，却有川流不息的城市街道伴其身旁。佩恩创造性地将广场和绿地糅合起来，把自然环境与人流活动编织在一起。

费城的谋划发生在17世纪末叶，刚刚从千年中世纪走出的人们正在创造新的生存方式，人们需要新的栖息形态，但人们并不知道新城市为何物。佩恩从城市的基本单元入手，把绿地当做单元核心，利

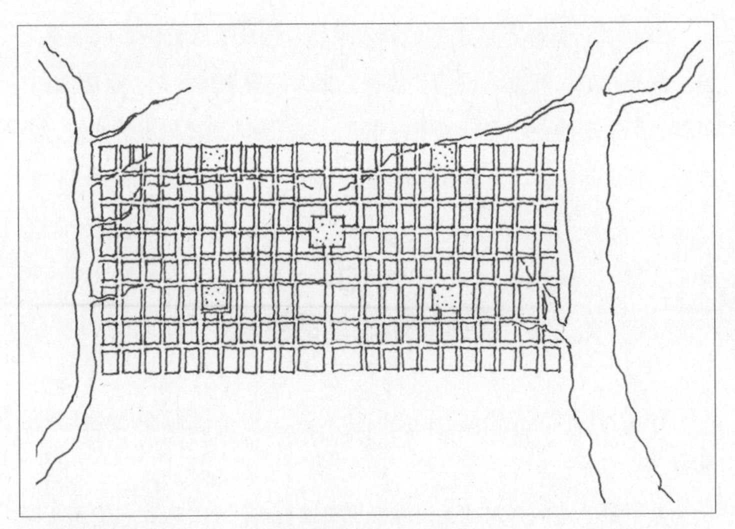

1.1-02/016

费城的绿色方地规划，从贵格会信仰中借用的方形

(Green Square in Philadelphia plan：an idea borrowed from Quakers' practice)

佩恩从贵格会的信仰实践中借用了“方形”——四边相等、代表着平等，他用五块方形控制了城市的规划蓝图，使它们成为社区和城市的中心，并希望人们集中在方地周边，形成社区。

用它的吸引力构成城市肌体的基础细胞。

200年后的1881年，这种新单元被德国社会学家滕尼斯命名为城市社区，即："由具有共同习俗和价值观念的人口组成、关系密切的社会团体或共同体"。

城市社区，佩恩蓝图中的朴素发明，构成了现代城市的基本元素。佩恩相信：相互认同的价值观会把人们聚集到一起。绿洲方地，就像人们祈求内心之光时使用的方桌一样，为居民提供平等交流、为社区培育认同价值、为城市引来共享光明。

1.1B
瑞顿郝斯绿地的生机

佩恩为现代城市创造出简单的社区单元，并用更简单的空间单元承载它。

在荆棘丛生的河汉地上，佩恩把费城划成四个片区，它们用几何秩序组织在一起。城市以中心点为原点，由此引出东西和南北两条主街，主街分出的象限就是四个社区的地盘，每个社区的中心是社区绿地。最初绿地和社区都以方位命名：东北、东南、西南、西北。今天四块绿地都有了自己的名字，而它们的位置和作用依然如初。其中的西南方地，今天的瑞顿郝斯绿地（Rittenhouse Square），已经是闻名遐迩的大都会绿地，成为当下城市公共空间的典范。

都市马赛克的画板（1.1B－1）

瑞顿郝斯绿地是费城的四块绿地之一。它虽不在费城观光的名录上，却被列入了全球最佳公共活动场所。与其同在榜上的是那些闻名遐迩的大地方：威尼斯的圣·马可广场（Piazza San Marco）、巴黎的市政广场、纽约的洛克菲勒广场（Rockefeller Plaza）等。瑞顿郝斯绿地的魅力可见一斑。

尽管比肩许多著名地标点，瑞顿郝斯绿地却非旅游目的地，它的名气源自社区对市民的亲和力。除去为上班族提供中午休憩的场所，绿地还是街区的社团活动场所。通过活动，绿地把兴趣相同的人们聚集起来，把社区的价值展示出来。每年春秋两次的露天画廊周就是这样的活动。

露天画廊周期间，人们在草坪和便道上搭起了白色帆棚，把公园变成了艺术展场。每个展位都是一个小沙龙。展位的主人一边看摊儿、一边创作，他们乐于与驻足的人们攀谈，分享对城市的感受。创作者们的兴趣点不仅在交易，更在交流上。相比某些“文旅搭台、经贸唱戏”目的明确的城市活动，瑞顿郝斯绿地的露天画廊好似民间自发的部落集市。

每次活动周，我都收获颇丰：通过艺术家们的视角，得到一张张城市马赛克拼图。

都市芭蕾的舞台（1.1B－2）

瑞顿郝斯绿地与社区相依相存，共同经历了几百年相互哺育的成长过程。

起初，人们认为绿地就是块空地，把自己的车马临时安顿在这块空地上。下车伊始，人们会走过绿地，踩出路径，奔向各自的目的地。久而久之，人们会在路径的交汇处驻足交流沟通，在开放的绿地上分享讨论生活的乐趣。

1825年，人们用瑞顿郝斯（Rittenhouse）——费城著名的天文学

1.1-03/017

都市马赛克：瑞顿郝斯绿地上的露天画廊

（Urban Mosaic：Open gallery on Rittenhouse Square）

瑞顿郝斯绿地上，每年举办两次露天艺术周。展位的主人一边看摊儿、一边创作，他们乐于与驻足的人们攀谈，分享对城市的感受。他们的兴趣点不仅在交易，更在交流。

家，命名了这块西南绿地。它周围的社区也因此有了相同的新名字。这期间一个退位的国会议员、费城富有的商人詹姆斯（James Harper）开始在绿地周边置地。逐渐地，绿地周边形成了住宅、商业、社区服务等混合在一起的格局。

那时为了防止商人对绿地的蚕食，管理者在绿地四周设立了围栏。1913年，宾夕法尼亚大学建筑系主任保罗（Paul Cret）在重新规划的方案中将它们拆除。这位来自法国的设计师在方形地界上拉出两条对角线，把两条线的交点定为圆心，以此在方地上画出了一个圆形小径。这条小径成为核心动线，供人们在绿地中漫步，沿途的两侧是供人停坐的靠椅。

保罗用简单的几何逻辑为那个时代展示了一个超前的设计理念：日常生活就是最精彩的城市景致，设计是表达并规范生活的手段。他的布局为三类人设定了路径：对于穿园而过的人群，对角线为他们提供了捷径；对于散步休闲的人群，圆形成为了他们的漫步道；对于戏耍和聚会的人群，草坪是他们的活动场地。

方案对不同活动的人流进行了分流，但没分隔。不同活动目的的人群在相互不干扰的同时，共同享用着公共资源。保罗没有采用法式园林的花木装饰手法布置绿地，他尽可能地遵循了佩恩的绿色城镇思路，用还原自然的植被生态，为城市留下了一片林地。保罗简单的设计沿用至今。

通过多年的不懈努力，瑞顿郝斯绿地已成为费城都市生活的一部分。绿地周边的房子体现着社区里平实的生活内容：一家历史久远的酒店、一个画廊、一个俱乐部、一座全球知名的音乐学校、几栋公寓、一个全城最大的书店、几座教堂、一个免费图书馆、几栋办公楼等。

著名都市社会学家简·雅克布斯（Jane Jacobs）仔细观察了瑞顿郝斯绿地的氛围，发现了它充满活力的缘由：城市生活的多样性和多种

1.1-04/018
“都市芭蕾”舞台—瑞顿郝斯绿地
（Urban Ballet Stage：Rittenhouse Square）

费城的瑞顿郝斯绿地，佩恩为费城规划的4个社区绿地之一。这是一个没有被轴线控制的城市场所，它被四周承载社区功能的建筑包围，是全球最佳的城市公共空间之一。

使用者对这个场所的关照。在《美国大城市的死与生》一书中，雅克布斯认为多样性是大城市的本质（Diversity is true nature to big city），而社区绿地是展示多样性的舞台。它记录了不同时间里城市人群对同一场所的影响，如同在一个舞台上轮番上演的不同剧目。

借费城报业同行的词汇，雅克布斯用“都市芭蕾”来形容发生在瑞顿郝斯绿地里复杂而和谐的都市潮涌：每个地点每个时刻，绿地内的活动都表现出自己的独特风格，但又互相映衬，分立的个体共同组成一个秩序井然、相互配合的整体。每个地方总会有新的即兴表演出现，从不重复自己。绿地散发出的活力感染着社区的成员们，丰富多彩的生活使瑞顿郝斯绿地紧紧嵌入社区。人们自然而然地把它视为社区中心。

绿地上，人们从相遇到相知、相识，甚至是相拥、相爱。据说，费城的许多浪漫故事都在这里发生。人们在绿地上主动交流着，而绿地也在鼓励着不同人群的偶遇。开放共享的场所中，人们分享不同的生活内容，瑞顿郝斯绿地成了社区氛围和价值的锚固地。

—·— —·— —·—

300多年前，佩恩把社区设想成城市的基础单元，用共享的绿地鼓励社区成员分享生活乐趣、培育社区价值。佩恩的设想在瑞顿郝斯绿地得以展示：这里有日夜不休的都市人群，却没有庄重、炫耀的景观轴线；这里有丰富多彩的社区活动，却没有咄咄逼人的商业入侵；这里有宜人安详的和谐氛围，却不需重装巡警的严守。人们在这块绿地上可以感受周边居民对公园全心倾注的呵护，以及绿地给予周边街区无私开放的回报。

如今，瑞顿郝斯绿地已经成为人们抒发感情、洋溢热情、表达激情的都市伊甸园。

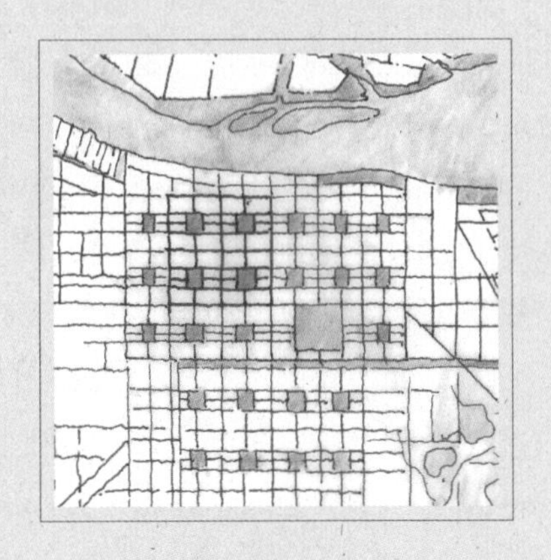

萨凡纳老城平面
Savannah Downtown Plan

22块街心花园，与它们的街坊体系，一起构成了萨凡纳的城市网络。小城好像个巧克力果糖盒子，装满了各种快乐和幸福。就如《阿甘正传》中汤姆·汉克斯所说：生活像一盒巧克力，你无法知道下一块是什么味道。

1.2 节

共享资源　协作中共建社区精神

1.2A　定居地需要公共场所
四川柳江镇口（1.2A－1）
意大利锡耶纳的扇贝广场（1.2A－2）
希腊雅典城中的论坛（1.2A－3）

1.2B　萨凡纳分享的幸福
自治要求共担责任（1.2B－1）
社区哺育出的幸福（1.2B－2）

1.2C　邻里单元—— 两个单元的重合
重合点：城市空间单元与人类社会单元（1.2C －1）
单元模型：公共资源体系保障的家庭资产价值（1.2C －2）

社区绿地和社区是费城贡献的发明。佩恩预见到绿地的催化作用：在人群中萌生友善。他把从前自上而下的统治力转化为相互平等的亲和力，借此创造了社区单元，完成了现代城市基本细胞的构建。

公共绿地上的勃勃生机既源于佩恩的远见，也可追溯到人们血液中的本能。作为群居性的动物，人们对公共资源的依赖、对互助交流的需求以及对群体活动的热衷都是公共场所出现的缘由。

佩恩之前，不同文化背景、不同时代中人们创造出的各种形制公共场所，无论是中国柳江古镇的河口活动空间，还是希腊罗马的城市广场，公共场所都体现了那个时代的城镇精神。

佩恩同时代，新大陆上的其他城市中，比如萨凡纳，人们在演绎着不同版本的社区绿地故事，不同源起的故事最终殊途同归——都成为基础细胞的细胞核。

佩恩之后，随着现代城市的成熟，社区对城市的基础贡献成为共识。围绕着家庭对社会服务的需求，人们在社区里构建起更加完善、健全的生活场所。

1.2A
定居地需要公共场所

公共场所是人类群居秉性的要求，也是社会组织构架的表达。从游牧到农耕，定居形态确定之后，栖息地的空间布局往往由统治势力控制。有些公共场所是群体交流和意志的体现，有的则是分享资源的需要，比如祭祀神坛、饮水源泉、交通进出关隘等。

四川柳江镇口（1.2A－1）

至今，许多中国村镇的公共空间依然由三类场所组成：宗族祠堂前的空间、出入口的空场和围绕着水资源形成的广场。有些村镇中三者合一。饮用水源往往是必须的共享资源，水源是生存的基础保证。水源的流动性使之难以私有，故而水被视为上天的馈赠、共享的资源。水源地因此成为公共场所的成因。

2017年夏天，洪雅县规划师带我走访了四川十大古镇之一的柳江古镇。洪雅县位于邛崃山东段，紧邻峨眉山。县域内70%的面积为山地，花溪河谷地占了30%。花溪河是青衣江的支流，青衣江在乐山脚下汇入大渡河。花溪河谷地是洪雅县境内最主要的农耕平原。

在花溪河与其支流柳江交汇之处，有个始建于南宋绍兴十年（1140年）的八百年古镇。蜀人秉承了李冰父子因势利导利用水利的才智，在河道汇水之前导流、分流。跌落的河床形成了高度不同的溢水池，人们利用其综合效益，解决了跨河交通、农田灌溉、村落取水等问题。

柳江古镇先人的智慧荫庇了后世。镇上的交往活动自发地聚集在水利疏导设施周边。过河的步堤、水池以及岸边的空场，吸引了驿站、

1.2-01/019
四川柳江古镇：镇子入口的导流水坝
(River dam in LiuJiang town，SiChuan)

蜀人因循了李冰父子的水工才智，在花溪河面上分流导水。镇子利用水利工程的浅水坝设置了石墩跨河，两岸布置了进入村镇的各类设施，形成了柳江古镇的核心空间。

市场、店铺，形成了镇上最大的公共空间。这里，上苍赐予的河水、祖先留下的设施成为人们共同分享的资源，哺育出独特的川中文化。

意大利锡耶纳的扇贝广场（1.2A－2）

社会结构是支撑群居的骨架。在群落栖息地中，有些位置重要、规模巨大的场所特别突出，成为公众的目标地。这些场所利用宽阔的空间向人们传播社会信仰和价值。比如故宫强有力的广场轴线序列，它们表达着天朝把控的统治秩序；中世纪的欧洲广场大多也服务于宗教和权力机构。

锡耶纳（Sienna）是意大利保留完整的一座中世纪城市，它建在丘陵之上，城市的天际线由两座塔楼撑起——锡耶纳大教堂塔楼和市政厅的钟楼，代表着中世纪宗教和政府两大统治势力。锡耶纳的扇贝广场是中世纪城市公共空间的杰作，完美地诠释出公共场所对城市权力机构的依附关系。

锡耶纳有许多细长狭窄的街巷，曲折的小巷最终汇聚到敞亮的扇贝广场。广场由九片楔形铺地组成，它们像扇贝一样散开。九片代表着城市的辖制权力中枢——市政九人委员会，楔形的汇聚点就是市政厅和它的钟塔。钟塔高102米，是中世纪意大利最高的建筑物。它俯瞰广场，强有力地控制着广场和汇聚到此的巷子。

锡耶纳用城市广场表达出中世纪的社会秩序逻辑。

希腊雅典城中的论坛（1.2A－3）

古希腊人擅长制作精美的陶土器皿，用它们存放佳酿美食。而他们城邦中的恢弘广场则是西方哲理诞生的摇篮。希腊人用forum

（即“论坛”）命名他们的广场。公园前五六世纪，希腊人创建的城邦更是远远超越当时其他地域的城郭，至今我们常用的大都市（metropolitan）一词即源自希腊语的polis（城邦）。希腊人的城邦成为西方文明的摇篮。

城邦即国度。也许因为爱琴海的曲曲折折岸线，希腊人喜好小国寡民的国家规模。当时最为繁荣的雅典共和国也只不过40万人。亚里士多德（Aristotle）甚至认为城市的理想规模为5000个自由人。他认为这是城市执行官能够对话和顾及的极限。希腊人的城邦与城邦公民（polites）、公民与城邦政治体系（politics）息息相关。公民权利与城邦形制互为解释。

希腊人的城市中心通常是一片平敞的公共区域，人们把神庙、法庭、浴场、图书馆、运动场等功能建筑放置其间，便于商业交往和城市管理活动。希腊人用一个个开放的广场组织周边的建筑布局、串联城市内不同的区域甚至代替了街巷的作用，这显示出希腊人对交流和沟通的崇尚。

这些广场为市民提供了谈话、交流和辩论的场所：柱廊下、石阶畔、广场中，到处是驻足止步争论的人们。希腊人的广场不仅满足了人们交往的嗜好，还把人们的思辨习俗仪式化，鼓励他们参与到辩论之中，为辩论提供了良好的氛围。这些共享的广场哺育出了人类最睿智的思想，惠及到今天的社会发展。

公共场所与我们的栖息方式形影相伴，无论是数千年前的雅典还是数百年前的柳江，不同时代、不同文化的城镇形态中都有人们共有的场所。尽管成因多样，但公共场所都展现出群居地的向心力，它们反映了所在时代的社会结构和城市要素。

1.2-02/020
意大利锡耶纳：锡耶纳市政厅广场和钟楼
（City Hall Piazza and its bell tower，Siena，Italy）

锡耶纳市政厅的扇贝广场，其广场铺地由九片楔形构成，象征着城市的管理中枢——九人委员会。

1.2-03/021

古希腊雅典的城市论坛

（Public Forum，Ancient Athene，Greece）

轱辘交通和君王秩序之前的城市空间：城市的组织方式除了权力机构需要的意志秩序、交通需要的效率秩序，还有交流构成的大小、高低不同的争论场所，廊檐下、台阶上、石栏旁……希腊人用思想交流和争辩需要的场所组织人们的生活秩序。

1.2B
萨凡纳分享的幸福

在佩恩大张旗鼓建设费城的时候，另一批殖民者在北美大陆南方的萨凡纳河河畔（Savannah River）也设立了口岸。他们通过这条河流到达佐治亚和南卡罗来那腹地，把收集到的谷物和棉花带回港口。从这个港口出发，南方种植园的农产品被运往北方或欧洲。1733年，费城蓝图规划50年之后，詹姆斯·奥格莱索普将军（Gen.James Oglethorpe）以防御性的眼光谋划出了他心目中的城市，有22个操练场的萨凡纳（Savannah）。

1996年，以萨凡纳小城为背景的好莱坞影片《阿甘正传》一举赢得了6项奥斯卡大奖。影片中汤姆·汉克斯（Tom Hanks）有句经典的台词："生活就像一盒巧克力，你永远不知道下一块是什么味道"（Life is a box of chocolates，you never know what you're gonna get next）。说这话时，汉克斯坐在街心绿地的长椅上，他身后的绿地是萨凡纳22块中的一个。

如同糖果盒里的格子拥有不同味道的巧克力，22块城市绿地各具特色，它们把城市装点得绿意盎然。因为这些充满魅力的公共花园，萨凡纳被美国知名的旅行杂志《旅行&休闲》(*Travel & Leisure*)誉为"最佳生活质量及旅行体验目的地"。

然而，22个绿色格子的初衷不是绿地，是民兵训练的操场。

自治要求共担责任（1.2B－1）

1733年，奥格莱索普将军为萨凡纳规划了殖民地的定居策略：市民共同分担的防御责任和军民两用的城市空间结构。

1.2-04/022
萨凡纳的街心绿地
（Street Green，Savannah）

美国南方小城，萨凡纳，由街道上的22个街心绿地构成了一个绿意盎然的城市环境。

萨凡纳采取了藏兵于民的半军事化发展原则：民兵式社会结构强调个体在集体中担当的责任，强调社区的组织形式，强调训练制度在日常生活中的体现。对于早期殖民者的定居点，防御一直是城市安全的重要关注点，也是将外部压力变成内部凝聚力的转化器。萨凡纳将定居地的集体防御转化为社区的责任、市民的义务，并要求社区和城市的空间服务于城市的社会组织结构。

奥格莱索普将军要求每块街区中都设置一块操场，以此为中心展开街坊的布局。

城市的社区由街块（ward）组成，每个街块含4个住宅单元，每个单元含10户。40户街块的中心布置操场。每周两天的集体操练，保障战时保卫集体的责任。操场四周除了有存放枪械的库房，还有教堂、学校和商店，操场也是社区的生活中心。

建城伊始，全民皆兵的防御策略成为市民共同利益的基础；逐步地，这种军事策略转化为共同分担的社区责任。

社区哺育出的幸福（1.2B－2）

与费城的4块社区绿地相比，萨凡纳的22块绿地更均匀地散落在城市的街网之中，更紧密地与街块结合在一起。基于当年民兵操练的纪律，定时出操使人们更直接地感受到集体的责任，更具体地感受到共同的义务。军事防御策略淡化后，城市的组织单元依然被保留下来，共享担当的社区价值也被保留下来。

萨凡纳的绿地比费城的小了许多，更像是街心花园，绿地得到周边邻里更精心的爱护。

绿地里的主题非常直接：与社区和城市直接相关的人物塑像往往放在中心，周围是南方茂盛的植物。园林设计师们从行人的体验考虑景观的设计，细致而周全地安放长椅、铺装小径、配置植物。现今，绿地周围的教堂、学校、客栈依旧，当年的枪械贮藏库已改为画廊、酒吧、便利店。

均匀密布的绿地也为植物留出了生长沃土。22块绿地把城市装扮得像个植物园，形成了人与自然共生相依的伙伴关系。

绿地中，南方大橡树（Oak）十分惹人注目。巨大树冠遮天蔽日、独木成林，粗大枝干随性恣意、横亘数丈。树枝干上飘挂着胡须一样的西班牙苔藓（Spanish Moss）。它们是气根类生物，无需土质，可直接从南方湿热的空气中汲取养分。橡树粗大的枝干成为苔藓喜爱的寄居地。橡树枝干遒劲、苔藓体态悠然，两者相依共生的场景描绘出南方特有的风情。

绿地四周民宅都有宽大的回廊，回廊的柱身和格栅之间爬满了热带藤蔓植物。婆娑的枝藤、斑驳的树影模糊了绿地和宅邸的界限，邻里的绿地、宅前的花园和檐下的花木融为一体。廊檐下，人们休闲地坐在摇椅上，透过婆娑的树影遥望着绿地上穿梭的人流……这里的绿地用人与植被之间的和睦共生诠释了萨凡纳版本的“都市亲密”，为萨凡纳的亲和力增添了特殊配方。

世代有变迁，林木见更迭。橡树和苔藓目睹了殖民定居点向浪漫小镇的演进，成了小城风物的载情者。城市的22块绿地，如同装有22块巧克力的礼盒，为人们带来生活的甜蜜。也许因为电影《阿甘正传》，美国人把这份甜蜜转译成幸福，人们相信在萨凡纳能够感受到幸福——今天这个绿树成荫的小城已经成为全美最佳的婚礼小城。

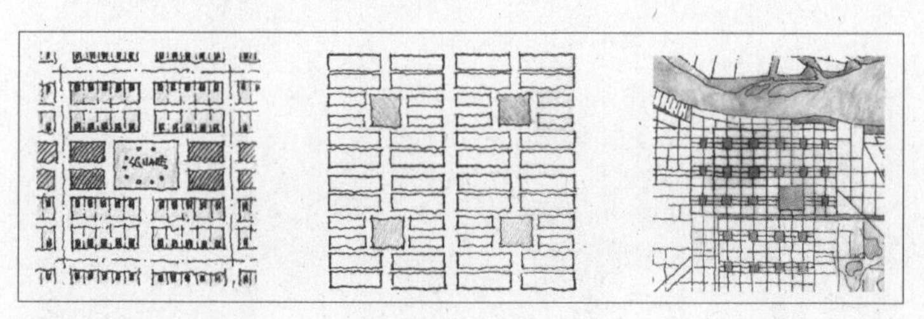

1.2-05/023

萨凡纳的城市组织—22块绿地的规划

(Savannah Layout - 22 urban greens plan)

街心绿地源于城市的民兵化定居方式，它要求每40户设一个操场。城市发展过程中，军事共担的责任渐渐淡化，原来的责任演进成社区邻里共识价值和义务。

1.2-06/024
街心绿地与私宅门廊的对话
（Dialogue between public green and private porch）

街区绿地和建筑的前廊之间形成了良好的互动，把城市的公共资源引入到住宅的个人空间中。

1.2C
邻里单元——两个单元的重合

现代城市的形成过程中，费城和萨凡纳的绿地全然脱离了从前公共场所对权势机构的依附，它们的绿地瞄准普通市民，在纷杂开放的社会体系中，利用公共场所把个人分散的生活内容叠合起来，为现代社区埋下了种子。

费城和萨凡纳的绿地都没有围墙，现代群体认同个体对自由的追求。社会现代的标志之一是为人们在就业、求学、恋爱、定居等方面提供选择。选择为现代城市带来了流动性、激发出了活力，同时也对社区单元的稳定性带来了挑战：绿地是否足以黏合出稳固的社区。

对社区，开放性和稳定性同样重要，而稳定的社区对开放性的现代城市特别重要。

继佩恩的绿色城镇理念之后，人们发现社会的基础单元——家庭是产生亲和力的另一源泉；家庭也是巩固社区的基础。基于此，邻里单元模型得到了发展。

重合点：城市空间单元与人类社会单元（1.2C－1）

美国规划师克劳伦斯·派瑞（Clarence A. Perry）是邻里单元（neighborhood unit）模型的奠基者。20世纪20年代，派瑞把他的研究设定在两个关键的目标点上：家庭需要什么；家庭在成长的关键时期需要什么。

家庭是人类社会的基础单元，有孩子的年轻家庭是两代人之间传递社会信息的重要单元。派瑞谋求在社会单元和城市空间单元之间建立联系，为家庭这个社会单元的健康寻求场所中的养料。

派瑞认为学校是邻里的锚固点。中小学教育时间是个人成长的关键时期，需要社会和家庭双重关照。现代城市文明提出了基础教育和义务教育的概念，9年义务教育时段为社区提供了充足的稳定期。

那个时代，小学的理想规模是800～1500名学生。根据学校规模和每个家庭的学龄儿童的比例关系，派瑞推演出人口基数在5000～9000之间的邻里规模。以此为基准线，配置邻里需要的社区公共服务设施形成邻里单元。

学校不仅把儿童纳入到教育系统中，同时也为家庭提供了交往平台。家长间的交往大大增加了社区的亲和力。学校与社区绿地毗邻，为接送学生的家长提供公共交往场所。绿地周围的商店、教堂、图书馆、运动健身等相应的配套设施构成了邻里中心的核心内容。

除了为邻里中心设定内容，派瑞还规划出它的空间规模。他认为邻里间，步行是最佳的交通方式。接送学童上下学的途中，人们可以边走边聊，这易于人们的交往、有利于儿童的安全，因此派瑞把宜人的步行环境作为邻里生活的基础条件，把步行可达的舒适距离当作比尺，划定出邻里的空间范围。

设定中心内容之后，派瑞以此为原点画出了半英里的服务半径，从而确定了邻里的空间范围。这个范围也是步行15分钟可接受的范围。邻里单元内部的空间网络是为人的街，不是为车的道。派瑞把街和道分开，将适于步行的街道环境视作分配集体养料的毛细管道系统，它们与绿地一起为邻里单元搭建起共享的公共环境。

单元模型：公共资源体系保障的家庭资产价值（1.2C－2）

派瑞的邻里单元大约160英亩（64公顷），其中1/3的土地用于邻里的道路和公园。这个规划特别强调了生活环境和服务设施的配置，除去对公共环境的要求，邻里还要求每家的私宅地要留出60%做绿化，从而保证整个邻里的环境品质。派瑞模型是以公共资源分配水准体现家庭资产价值的规划，换而言之，公共环境和邻里服务水平比私有资产价值更重要。派瑞为邻里单元提出了6个设计原则：

1. 规模：应以学校为基点，根据不同的密度形成适度的规模。

2. 边界：社区外部应有直接、方便的干道，为到达和过境交通服务。

3. 开放空间：有层级的公园系列满足邻里需求。

4. 机构场地：各类服务设施与学校一起形成共享的焦点。

5. 地方商店：应设置在交通汇聚处，靠近邻里社区。

6. 内部街网：为邻里内部的每个地产拥有者服务，不鼓励过境的交通。

继社区绿地之后，邻里模型用九年义务教育系统提升了社区单元的定义。今天的开发商基于此点，发展出学区房的价格概念，但派瑞的初衷是利用教育的社会服务功能建立邻里单元的亲和力。

邻里单元研究回归到人们群体栖息的本能：家庭、教育、交往要求共同价值的社区。派瑞把人们对居住环境稳定性的需求以邻里模型的方式表达了出来。初级教育体系和社区交往场所在派瑞模型中释放出强大的亲和力。

派瑞认为大都市是小社区的聚合体(conglomerate of smaller communities)，都市的生活质量取决人们对其居住社区的感受。自诞生以来，派瑞邻里单元的理念对城市发展产生了深远的影响。

邻里单元的模式不仅改变了城市纯居住区的组织方式，它共享价值的理念也影响到曼哈顿这样恢弘复杂的大都市。20世纪60年代，简·雅克布斯在曼哈顿倡导了社区价值复兴运动，形成了自下而上的民间公众力量，这种力量在社区之间相互感染。由社区自身角度出发的自我保护夙愿改变了纽约建设当局自上而下的城市规划轨迹，大大提振了普通人对社区价值的信念。

—·— —·— —·—

社区是现代城市的基础单元，社区的开放性符合人们对选择的嗜好。人遴选社区、社区也努力地吸纳“自由人”，这种双向选择保持了城市动态中的平衡。

费城的奠基人威廉·佩恩认识到社区对城市的基石作用，在他绘制的城市蓝图中，佩恩突出绿地在社区的中心位置、强化社区在城市中的单元特征。

社区绿地是人们需要归属感的空间独白，共享资源和分享价值是独白中最大的心声。城市社会学家简·雅克布斯把绿地的活力归因于不同使用者对公共资源的共同关注，关注哺育了社区的价值。

在萨凡纳，闻名遐迩的街心绿地起源于群体要求个体分担的共同责任。城市的创建者奥格莱索普将军设立的社区纪律，要求社区公民有规律地奉献出固定的时间，参与保障城市安全的训练。将军用街区中的操场锁定了社区居民的共同义务。在城市发展过程中，共同的责任演化为相互认同的价值，成为街心绿地持续的养料。均匀密布的绿地为城市营造了宜居环境，也为植物在城市中留出生长的沃土，形成了人与自然共生相居的伙伴关系。小镇绿地把举世推崇的浪漫温情回馈给人们。

人类采用过多种方式组织群体栖息，比如以血缘宗亲为脉络的村落、以信仰礼拜活动为中心的教区等。现代城市中，人们把社区看作城市构成的基本单元。社区是开放的，社区中人群不再由种族、宗

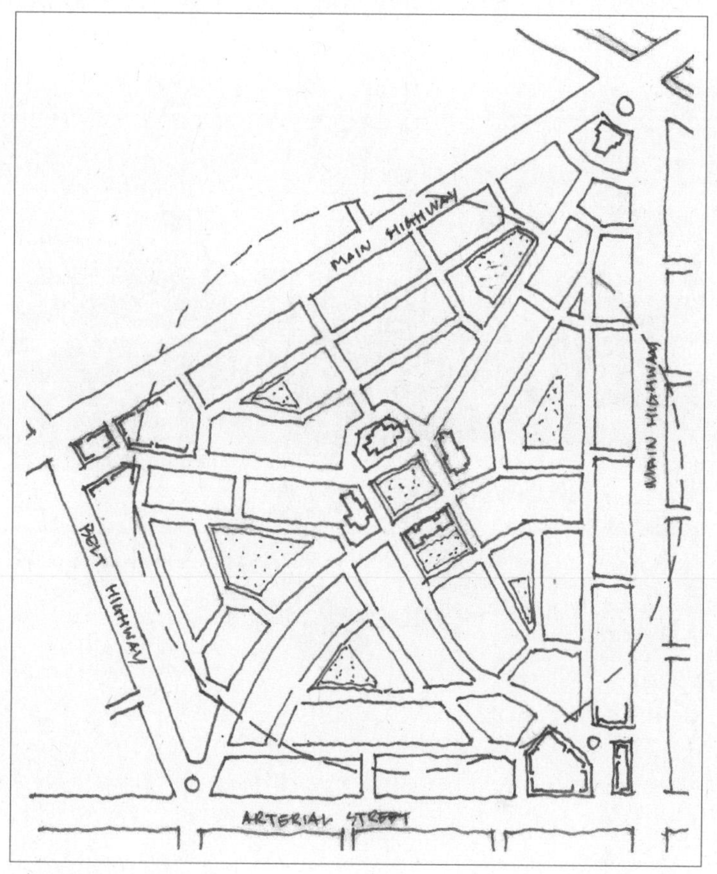

1.2-07/025

派瑞的邻里单元模型

(Perry's Neighborhood Unit Model)

以学校、教堂、社区服务和绿地为中心的邻里单元构成了开放城市的稳定单元。

1.2-08/026

安娜波里斯的社区小广场

（Neighborhood Plaza in Annapolis）

现代城市开始用一种全新的视角看待社区生活，组织社区活动。凡人的家庭、社区的学校成为重点。

族、教派、阶层某个单向因素构成。共享价值、分享精神是社区亲和力的源泉，绿地是凝聚社区力量、哺育社区价值的场所。

美国规划师派瑞用邻里单元模型建立起人类社会单元和城市空间单元之间的联系。从家庭和学龄儿童的需求出发，派瑞围绕公共绿地设立了社区中心，学校、教堂、图书馆等机构设施，使它们成为社区重要的服务内容。派瑞认为都市人生活质量取决于社区为居民提供的社会服务、人们在社区内的交往程度、人们对社区价值的认同度。

现代城市充分认识到亲和力对稳固开放系统的特殊意义，将其注入空间场所，形成了城市的基本单元——社区。经过不断发展，人们把最初围坐一起的方桌演化成社区共享的绿色方地，把小团体的共同信仰发展成社区中的共享价值，把信仰团体的组织形式进化成社区需要的服务体系，最终完成了社区单元的构建。

在社区的基础细胞作用得到城市认可之后，城市不仅把教育，还把更多的社会服务单元安置到了社区，比如医疗、养老服务、社会治安管理等。获得综合社会服务支持的社区单元拥有更加强大的亲和力。

亲和力塑造的社区为市民家庭、民众资产提供了稳定的保障，同时使人们有信心投入到节奏更快、压力更大、竞争更激烈的现代城市生活之中。

第二章

包容力 · 培育出丰富多彩的城市生活

费城　校园里的爱心雕塑　　费城　市中心的爱心公园　　罗马　西班牙大台阶　　纽约　时代广场

当初远渡重洋来到这里的那些人，要追求的不是可耕种的土地，而是为他们的心灵找到自由的栖息地。

——罗伯特·麦克雷肯

（Robert McLaken）

用名字或绰号给自己贴上标签，是城市创造感染力最直接的方式。比如，纽约的绰号是大苹果，洛杉矶有天使之城的意思。Philadelphia（费城）的字面直译是“兄弟般友爱”，中文“费城”取自单词的音译简版。尽管这个源于希腊语的英文词汇有些生僻，但城市的爱意却给人留下印象。

到费城之前，我对“兄弟般友爱之城”的名声已有耳闻，但只停留在泛泛知晓的层面上。想不到，在宾夕法尼亚大学入学的第一天，城市就把这份爱意送至眼前。

那是忙碌的一天：喋喋不休的学校介绍、繁琐冗长的规矩戒律、信息量巨大的选课目录……高度密集的信息灌输弄得人头昏脑涨。好在，学校引导员带着新生们在不同的学院之间穿梭，时不时地由室内换成室外环境，校园里清新的空气舒缓了入学的压力。

宾夕法尼亚大学校园内的建筑物大多在百年以上，其中不少是用深褐色毛石垒砌而成。沉稳色调中，路旁一个色彩鲜艳的雕塑闯入了眼帘，它是用红蓝纯色组成的英文LOVE符号。引导员介绍说，这是城市的符号，雕塑家用简单的单词代替了音节繁长的费城原名Philadelphia，更直接地写出了城市的本意。

造型现代的字母在古老校园里产生了强烈的视觉冲击。尽管色彩夸张，但雕塑被简单朴素地放在了草木之中，艺术家用近人的尺度告诉学子们爱就在身边、随时与读书相伴。作为初入学府的新生，我隐约感受到LOVE字符号的暗示：它好像寒窗前的一个巨大破折号，向学子们提示着读书的方向——深入严谨、一丝不苟的探究为的是简明的普世价值。

宾夕法尼亚大学是美国建国奠基者富兰克林在1740年创办的。那个时代新英格兰地区的其他学府（哈佛、耶鲁、威廉玛丽等）大多以培养神职人员为目的，宾夕法尼亚大学则将开创现代教育视为己任。它把社会科学和自然科学纳入学校教育体系，同时向社会敞开学校大门，全方位招收报名学生。

正如宾夕法尼亚大学校训所言："法无德不立"*，宾大特别强调理念与信念、教育与社会实践的结合。富兰克林认为新的知识来源于对现有资源最广泛的认识和最有创新的运用。在这个意义上，费城城市就是学校实践的大课堂。

* 法无德不立：LegesSineMoribusVanae（拉丁文），Lawswithoutmoralsareuseless（英文）。

2.0-01/027

宾夕法尼亚大学校园中的“爱”字雕塑

（LOVE sculpture on University of Pennsylvania campus）

校园林地步道旁（Woodland Walk），红蓝相间的LOVE被放置在洋槐树步道侧的草坪上，远处背景是青绿色的、古老的学院楼。

爱　现代平面设计
LOVE

20世纪60年代，印第安纳，大众波普艺术家，为纽约现代艺术博物馆创作了一张圣诞贺卡。他用简单的现代字母造型LOVE 和鲜艳的色彩完成了一个风靡全球的作品。后来，费城把它变成了城市符号，以它为主题设置了城市公园。

2.1 节

普世之爱　对个体自由表达的尊重

宾夕法尼亚大学校园的LOVE雕塑是这件艺术品的一个拷贝，更广为人知的LOVE符号放在费城市政厅前的绿地中。它深得大众喜爱。当人们看到它时，触景生情、爱意油然而生，相互拥抱合影留念使这片绿地成为城市网红的打卡点。

借助LOVE雕塑产生的共鸣，城市悄然地传递着它的主旨：用爱去包容。

2.1A
初心的回归

将费城“兄弟般友爱”一词直白地转化为LOVE的创作者是波普艺术家罗伯特·印第安纳（Robert Indiana）。但罗伯特的原创不是为费城做的雕塑，而是为纽约现代艺术博物馆定制的圣诞卡。这个创作发生在20世纪60年代，他选择了四个字母的LOVE，用极简的平面语汇和鲜明的色彩创作出了流行全球的现代艺术品。

圣诞卡一经上市，立刻售罄。那个年代，不安和反战的情绪弥漫着美国，人们相互传送这张贺卡，表达对宽容友善的期待、对和平美好的期盼。由于圣诞卡的成功，LOVE设计在1973年又被应用到联邦邮政总局的8分邮票上。没有电脑、手机、微信的年代里，邮政是覆盖面极广的大众传媒网络，LOVE邮票在信仰、感情、交往等不同领域广为流传。显然，艺术对复杂事物的简洁表达得到了大众的接受，人们喜爱LOVE字的包容性。

1976年美国建国200周年时，LOVE符号被制作成雕塑，放到了费城国家独立公园内。两年后，这座12英尺（约3.66米）高的红色金属雕塑被移至市政厅旁的绿地上，绿地由此得名“LOVE Park”（爱心公园）。由于LOVE与费城“兄弟般友爱”的本意高度契合，爱心公园引发了强烈的共鸣，成为城市的吸引力。

人类的交往中，爱是最易被感知和接受的情感，是种群的天性。费城用“LOVE”直接表达城市主题，并将其竖立起来，创造出地标性的场所。由于“爱”的包容性跨越地域和文化，费城的表达方式被其他城市纷纷仿效，纽约、东京、香港、上海等城市也纷纷建起了自己的LOVE广场。

经历近三个世纪成长，费城最终落成了爱心公园。1682年开埠之际，费城的创建者威廉·佩恩用“兄弟般友爱”命名了一片荆棘丛生的河滩地，1978年，LOVE的符号矗立在城市中心，回应了佩恩的初心。从1682年到1978年，近300年竖立爱心的过程诠释了城市核心价值的巩固历程。

当初，佩恩为费城规划出4个社区，每个都有一块社区绿地，而4个社区簇成的中心是第5块绿地——中央绿地。它是各种城市功能共用的场所：城市的交易市场、贵格会聚会场所、市民活动中心等。这个思路与贵格会教友使用的集会地相同，中央绿地不是城市权贵的控制点，而是市民的活动点。

开埠的第一个百年里，费城建成区集中在东部的码头商贸区。那时，佩恩蓝图上的中心是城市外郊野，中央绿地是片荒芜的林地。人们把它用作家畜的放养地、墓地、操场。独立战争之后，费城被指定为美国的临时首都。一些国家级的设施，如美国第一银行、造币厂、邮政中心等机构大多落户在特拉华河岸附近，这使得“蓝图中心”更加边缘化。18世纪，费城的东部是城市的实际范围。

城市发展带动了特拉华河口岸的建设，很快河畔聚集起大量的仓储和工业。政治经济活动的聚合效应给城市带来了繁荣，也带来了污染。早期，费城也同欧洲城市一样利用自然河道排放生活污水，饮用水和排放水混合在一起的做法引发了传染病暴发。之后，城市开始铺设饮水管道，从西边的斯库伊克尔河导入饮用水。1799年，为了给城市的输水系统加压，城市在佩恩蓝图中心绿地的位置上兴建了动力加压水站，中央绿地的公众效益开始得以显现，但它的周边依然是一片荒郊。

19世纪上半叶，费城的发展仍然徘徊在规划蓝图的东半部分。这期间，有些议员提议，应将发展重心放到规划图上的中心区。这项提案引发出三种不同的回应。第一种是明确反对，这派意见认为城市发展应顺其自然，不应有人为的中心。第二种声音认为：佩恩规划的是城市中心，不是城市重心，中心是由周围的社区发展促成的，中心应等待周边的条件成熟再发展。第三种态度十分鲜明：在蓝图的中心绿地上兴建市政厅，利用行政中心的引力效应牵动城市的发展方向。

这场关于城市中心与城市重心的争论旷日持久，人们反复争论城市发展应主动推进还是顺其自然、城市中心应留给市民还是用于权力机构。从议会正式接受提案的1838年到费城市政厅在中心绿地落成的1901年，城市中心的确立用了63年。20世纪的开年，费城在中心点上建成了当时世界上最高的建筑物，167米高的市政厅钟塔，这个世界纪录保持了7年。

在市政厅钟塔的顶端，人们树立起佩恩铜像，让他俯瞰自己缔造的城市。1901年之后，因为市政厅的原因，城市的中心和重心叠合在佩恩的脚下。

反对在中心建市政厅的声音一直没有间断过，不少人认为市政厅的兴建改变了费城的初衷——城市中心是为人的，为不同的人和不同活动提供的场所。1682年，佩恩规划蓝图的中心是开放绿地，容纳市民的各类活动，而不是政府权力的领地。

为了回归初心，20世纪50年代，城市把紧邻市政厅的街坊设定为开放空间。1978年爱心公园的出现使城市的中心稍稍偏移了空间的位置中心，但回归到佩恩城市理念的初心。这种折中布局使市民场所与市政厅至少拥有并列重要的地位。

虽然爱心公园晚于市政厅70年才得到正名，但一经建成，它的感召力远超身旁高大的邻居——费城市政厅。人们看重爱心公园，因为

2.1-01/028
费城市政厅旁的“爱心公园”
(LOVE Park near Philadelphia City Hall)

费城爱心公园的点击率远高于它身旁的费城市政厅，不仅成为网红打卡的必游之处，而且是城市居民、青少年活动的好去处。

其表达的包容精神、它的黏合效应，把城市的多样文化吸引到一起。

一个城市中心，从图纸上画出的几何中心到市政厅落成构成的权力核心，再到城市商务商业聚集形成的经济活动重心，最终形成市民喜爱认可的心目中心，这个演进过程经历近三百年，它不是一蹴而就的突发畸变。这段历史是人为推进和自然发展结合的过程，循序渐进的过程本身也是城市包容作用的体现。

2.1B
包容的保障

1682年初登河岸时，佩恩没有带着权杖，只带来了一个希腊词汇——“兄弟般友爱”。

佩恩秉承了贵格会包容的信念：神的眼里没有等级，教友们看重每个人与神的交流权利。不仅在内部拥有平等和互爱，贵格会对外也倡导相互尊重的社会氛围，他们认为人是平等的，不应因信仰不同而受到差异对待。如贵格会的正式名称公谊会（Religious Society of Friends）所示，公谊会是各种信仰的友好协会。从起点上，贵格会相信包容，愿意与其他信仰者共处。

贵格会很早就提出废除蓄奴制度、男女平等的超前思想。他们反对战争，主张用和平方式解决一切争端。1947年美国和英国贵格会因其对和平事业的推动，获得了诺贝尔和平奖。

新大陆上，佩恩的领地是第一块宗教信仰自由的土地，他并没有为贵格会设立特权，对其他信仰活动一视同仁。甚至，佩恩将对信仰的包容性推广至社会范围，他提出：我们把权利交给人民，尽管，这个赋予感召力的口号与聚集人口的城市需求有关。但佩恩深知：抛开家园来到异地的移民与他有着相似的心路历程。

“当初远渡重洋来到这里的那些人，要追求的不是可耕种的土地，而是为他们的心灵找到自由的栖息地。”

珍视每个人对自由的追求需要包容，这是新城市凝聚作用的源泉。

佩恩对包容的执着不仅源于信仰，还与他的个人经历相关。旧世界中，佩恩因信仰实践屡遭迫害，被牛津开除，多次被投入监狱。佩恩认识到公正完善的社会制度才是信仰自由的保障。1670年，佩恩以煽动集会罪而被起诉，佩恩坚持要求陪审团的评议裁决而不是教会的审判，最终由公民组成的陪审团体作出了无罪裁定。这个亲身经历加强了佩恩创建新制度的决心。

“神圣实验”重构社会框架

为了建立自由包容的社会，佩恩从立法、司法和政府制度等几个方面进行了全新的尝试。在他草拟的1677年《自由宪章》中，佩恩明文保证新世界的定居者都有要求陪审团公正判决的权力，每人都有自由选举的权利。在1682年的《施政大纲》中，佩恩重申了人民有信仰的自由，禁止因信仰虐待任何人；除了陪审团制度，佩恩还提出了法律可修正的想法，从立法程序中打开了法律改进的渠道。

带着这些信念，佩恩在他的理想国开始了“神圣实验”。上岸伊始，佩恩就本着贵格会朴素的宽容信念制定了超越时代的社会框架：

——信仰自由，不因自身的贵格教派而压制其他教派；

——选举公正，政府不应凌驾于人民之上，佩恩甚至限定了自己的权利；

——司法开明，人民可以采用渐进的方式修正宪法，避免剧烈的社会震荡。佩恩为人们描绘了信念与信心结合在一起的路线图。

新大陆实施佩恩的“神圣实验”之时，英国本土也经历着深刻的社会变革。一场长达半个世纪（1640—1689年）、反复多次的资产阶级革命改变了帝国的国家体制。1688年，英国完成了光荣革命，建立起代表新兴社会阶层的议会政体。1689年，英国颁布了《权利法案》，资产阶级革命以法律形式约束了王权，建立君主立宪体制，实现了王权“统而不治”、将执政权力交给议会的目的。资产阶级革命的成功为英国奠定了200年的世界主导地位。

资本在其利益和意志得到了制度性的保障之后，它的拓张欲望大大加强。从海上商贸中获取巨大利益的资产阶级更加积极地为资本寻求落脚点。崛起的阶层在费城寻觅到发展机会，他们的价值与佩恩自由包容的新社会理念有着多处契合，不仅如此，为确保信仰自由，费城还建立了一整套的开明包容的社会制度和实施政策，这对大洋彼岸的旧世界产生了极大的感召力、对新城市产生了极大的凝聚力。费城很快成为移民者的投奔地和资本的投资地。进入18世纪，费城吸引了来自全球的移民，人口超过纽约达到了3万人。

现代城市是对人文主义兴起的呼应。14世纪，发端于佛罗伦萨的文艺复兴唤醒了人们对人性的尊重。通过音乐、绘画和建筑，艺术家们建立了以人为出发点看待世界的方法。世俗世界中，精神的解放使人们展现出生动鲜活的个性。文艺复兴时期的文学艺术呈现出异彩纷呈的繁荣。

那个时期，人们在思想和生活方式上有了更多的诉求，开始用新思维冲击着中世纪建立起来的生存框架。神权和王权形成的管制体系已经退化为束缚生活模式的枷锁。反抗专制的斗争中，人们并没有要求彻底推翻既有的罗马教廷“正统”神授以及王权的尊严性，但呼唤包容性的要求越来越强烈。

包容性要求取消王权神授拥有的唯一性，允许不同信仰和不同解

2.1-02/029
“爱心公园”在城市的主轴上
(LOVE Park on city’s main axis)

全球的许多城市，纽约、东京、上海，纷纷仿效费城的爱心公园，在自己的城市里竖起爱字雕塑。

读的存在，认可多种多样个性的成长路径。尼德兰低地宗教革命和地理大发现后，个性解放成为社会发展大趋势，对包容性的渴望已经成为新兴势力和异教徒的共同诉求。在英国和欧洲大陆，资产阶级在故土上不断地推动着制度性的变革；在新大陆上，清教徒和异教徒尝试着更加彻底的变革。

—·— —·— —·—

1492年哥伦布海上探险的成功为下一个世纪定下了基调——殖民拓张。16世纪美洲大陆的岸线不再遥不可及，100年间，大西洋的对岸渐渐变成人们心中的彼岸。怀揣梦想的人们明白了个体自由的获得应建立在对他人自由尊重的基础上，包容即是相互尊重的表达。彼岸应促进人与人之间的普世之爱，爱的传递不只发生在圣坛上，也应发生在人们的栖息场所中。新的栖息地上，繁荣得到了新的定义：文化、历史、信仰的多样性被列入其中。

在新大陆从事“异端”信仰实践的派系中，贵格会是十分开明自由的一支。它提倡有信仰的人们一起从事信仰活动。贵格会自身的信念中含有包容和尊重。它不仅不拘泥于各种仪式，甚至还认为堂皇的形式会束缚个人的本心和自由。至今，贵格会一直采用聚会地（不是教堂）进行信仰礼拜。聚会地内部既没有高耸逼人的哥特发券圣坛，也没有巨柱撑起的堂皇神殿，室内的核心就是一个简单的方形，大家围坐四周。

贵格信徒们用合围起来的方形空间等待“内心之光”特殊时刻的降临。共同祈祷中，任何感知者都可站起来与大家分享感受。这种朴素形式影响了后来美国政治经济生活的各个层面。比如美国人喜欢直呼各自的名，不带前面的头衔，甚至不带家族的姓氏。还比如，美国人喜欢“乡镇集会”(Town Hall)的集会形式，即：有观点的人站在公众面前表述自我观点、接受人们的质询，这种方式也是今天总统候选人最后论战的方式。

这种脉络也许能够解释费城人三百年的固执：即便市政厅已经占据了城市中心点，依然要在中心旁边设置一个简单的方形空场——它容纳的不是形式，而是信念。

17世纪末叶，费城顺应时代变革潮流，回应了人们对包容性的期待。现代社会破晓时分，费城举起了包容开明的感召旗帜，成为现代城市理想的践行者。在费城的影响下，包容各种宗教、不同文化的宽容精神在北美生根发芽。这种宽容精神为后来的多元社会奠定了基础。

今天，费城的友爱信念得到了的认可，爱心广场在全球流行。这说明公众崇尚包容，也证实了现代社会需要拥有包容精神的场所。

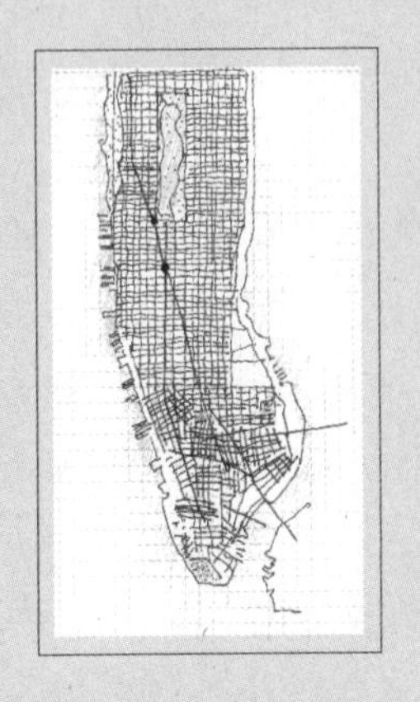

纽约时代广场
Times Square

纽约时代广场：贯穿曼哈顿的百老汇斜街与网格街道交叉形成了狭长楔形空地。这里被称作“世界十字路口、世界橱窗”，它是纽约商业帝国的磁芯，吸引着全球的目光。

2.2 节

都市磁性　为每个梦想留出的机会

萧伯纳说:“人可以爬到最高峰，但不能在那儿常待。”然而，城市则像个谷地，到那儿的人往往就会久住。也许，为了看风景，人们来到一座城，而后领略它的风情，最终成为城中风物的一部分。

城市的吸附力几乎无法抵挡。无论出于心喜、期待，还是无奈、无助，大多数人还是步入了城市。城市有容乃大，大到60%的人类栖居在城市之中，大到几乎所有的文化都可在城中有份天地，大到天壤之别的贫富差异都可共处一城。因为包容，城市为人类的多样性创造出了生存、繁衍的场所。

2.2A
憧憬形成感召力

包容是现代城市集聚效应的前提。许多城市认为包容性与多样性相关，广泛地宣传其文化的多样性，用多样性展示城市的包容性。包容性的受众群体是大众，大众的传播度和接受度成为自下而上的评判方向。这种评判常常瞄准有感召力的城市场所，从大众体验的角度传递更直观的感受。

有感召力的场所，往往是那些人们心中认同的场所。比如北京胡同、上海弄堂，人们能够设身其中，将生动的生活细节与场所特征联系起来，它们的影响力不亚于恢弘的紫禁城、高耸入云的陆家嘴。产生吸引力的场所不完全等同于司法行政机构打造的轴线空间、巨贾富商注资催生的醒目地标。

许多城市都有自己的“爱心公园”，它们是城市彰显吸引力、显示灵气的场所，它们讲述城市故事、追溯城市初心，它们是存放包容精神的磁场。

西班牙大台阶——浪漫和声的共鸣箱

引力场的魅力在于巨大城市对个体的包容，渺小个体对城市价值的认同，以及两者之间产生的和声。日复一日，这些场所成为城市精神的共鸣箱。

有时，场所的磁性瞬间即被感知。好莱坞电影《罗马假日》(Roma Holiday）中有一幕：西班牙大台阶（Spanish Steps）上，赫本（Audery Hepburn）手持冰淇淋悠然自得，格里高利·派克（Gregory Peck）紧随其后惴惴不安，两人走下台阶的画面令人怦然心动。阶梯好似一张

2.2-01/030

罗马西班牙大台阶上的赫本

（Hepburn on Spanish Steps，Roma）

西班牙阶梯成为罗马浪漫氛围的代言地，它好似一张早已写好的乐谱，蹦蹦跳跳的年轻人好像快乐的音符，两者一起在古老恒定的场所里敲出浪漫的旋律。少女们一定会认为台阶上的冰淇淋最为甜蜜，情侣们一定会认为台阶上的约会最为浪漫。

早已写好的乐谱，蹦蹦跳跳的年轻人好像快乐的音符，两者一起在古老恒定的场所里敲出浪漫的旋律。场所里播撒的爱意即刻感染了观众。

西班牙大台阶由意大利设计师弗朗西斯科·桑克蒂斯于1717年设计的，是欧洲最宽最长的室外阶梯。设计师在山坡上规划了3个平台，平台的两侧用弧形台阶连接起来。弧形平面使得台阶的宽窄变化富有节奏，使走在上面的行人感到张弛有度的韵律。

设计师利用台阶把山坡上的教堂和山坡下的西班牙广场连接起来，为城市创造出空间节奏。普通人则利用城市场所谱写自我的生活旋律。赫本的演绎为罗马浪漫之都的美誉画上了点睛之笔，西班牙大台阶成为全球年轻人都向往的约会地。

少女们一定会认为台阶上的冰淇淋最为甜蜜，情侣们一定会认为台阶上的约会最为浪漫。传奇为罗马带来了川流不息的朝圣者，也带来了烦恼。政府每隔一段时间就要清洗冰淇淋、红酒、咖啡留下的甜蜜和污渍，还要增派越来越多的警力疏散久坐台阶不愿散去的人群。

2019年8月，罗马市政当局颁布西班牙台阶上的“禁坐令”：对于那些台阶上席地而坐的游客罚款250欧元，对于吃冰淇淋弄脏台阶的人罚款400欧元。

罗马当局的解释是：为了永久地保护历史遗产，让浪漫永驻人们心头。

2.2B
信念为城市创造磁性

如同罗马的浪漫之名，城市的特性从名称和绰号中可被感知。比如风城芝加哥、天使之城洛杉矶。城市的神采从市民的做派中可被领略。比如香港的商人、绍兴的师爷、盐湖城的摩门教徒。而城市的磁场是融合了传言、传说和传统的场所，是传奇的化身。

城市磁场既需“水到渠成”顺其自然的运势，也要“筑渠引水”矢志不移的意志。被信念打上烙印的场所自然会展示出城市的磁性。

费城有个“爱心公园”，它浓缩着城市信念。纽约也有个感召力强大的场所：时代广场。时代广场被称为世界的十字路口，它吸引着人们从四面八方涌向纽约，领略城市的风采，追逐自我的梦想。

给你机会的大苹果（2.2B－1）

纽约是个被大众符号化的城市，“大苹果”（Big Apple）是它很出名的绰号。

纽约拥有来自97个国家和地区的移民，众多族裔为城市创造出了丰富多彩的万象城景。纽约的文化来源、社会结构、收入层次、产业门类多种多样，甚至可以称为千奇百样、光怪陆离，它的绰号也有很多：帝国之都、不夜之城、金融之都等。众说纷纭的符号中，人们对“大苹果”绰号的接受度高度一致。

大苹果的符号被印到帽子、牛仔裤、丝带上。人们用各种材料制作大苹果：塑料的、金属片的、混凝土的，大苹果的符号被嵌入到纽约的许多知名场所中。以大苹果命名的活动也有许多：音乐、艺术、比赛。大苹果的形象还与纽约人喜好的其他形象相互交织，如发光球体、iPhone手机等，形成丰富的形象。人们对大苹果的喜爱跨越文化、社会阶层。

与大苹果绰号神形相通的场所是时代广场。纽约把这个楔形空场打造成了“世界之窗”。时代广场四周高大的建筑物上布满了广告，商业品牌争先恐后地在“世界的十字路口”上亮起标志，借此驰名全

2.2-02/031

纽约的昵称——大苹果

（New York’s nick name：Big Apple）

大苹果昵称的起源众说不一，但人们相信人人有机会咬到一口——纽约是每个人的机会城市。

球，纽约则借助广场的魅力展示它的机会。每到新年夜，全球各地的游客聚集到时代广场，观看彩球从天而降，祈福金灿灿的苹果落到自己头上。

与费城“友爱之城”正统经典的缘起截然不同，纽约“大苹果”地地道道来自民间，而且版本颇多。有种说法与希望有关：纽约是世界金融之都，在享有巨大收益的同时，也深受阵发性的经济危机困扰。危机降临时总会有一些人破产。据说20世纪大衰退时，失业的金融大腕们搬出自家的苹果到街头贩卖，人们十分赞赏这种自救的方式，于是大苹果的昵称得以流行。

另一种说法与爵士乐有关。20世纪30年代有句歌词十分流行："there are many apples on the success tree, but when you pick New York City, you pick the Big Apple."（成功的树上会有许多苹果，你若摘到纽约，你就摘到了那个大苹果）显然，娱乐圈把纽约当成摇钱树了。

传说的出处还有不少，我比较相信的一个与运气相关。纽约在20世纪20年代是赛马的大都会，为了撩动人们到纽约赌马的欲望，纽约报刊的赛马专栏起名Around the Big Apple，意味着纽约马赛相当诱人，每人都有机会咬上一口。人们接受大苹果的绰号，因为相信这个城市为每个人准备好了机会。

商业帝国的舞台（2.2B-2）

纽约的地标中，与大苹果最贴切的是时代广场。准确地说是时报广场，因为《纽约时报》（New York Times）曾把总部大楼设在这里，由此原来的长形广场（Longarce Square）更名为“时报广场”。后因“时代”一词在中文中更具广泛意义，时代广场得以扬名。

时代广场地处纽约曼哈顿中城北区，已有100多年历史，其中心位于百老汇大街、第7大道和46街交叉的三角地。时代广场附近聚集了近40家商场和剧院，是繁盛的娱乐购物中心。时代广场的商业形象，百老汇夸张的海报、耀眼的霓虹灯光、同步滚动的经济数据，已经成为纽约的象征。

时代广场上，高清晰像素的发光体争相闪耀，夜色中电子发光物把广场映射得亮如白昼。天文数字的价位逼迫每一个广告单元的租用者尽其极限，将商业形象以夸张的手法，迅速地嵌入进观众的记忆中。超级天才的平面创意师们利用最直接、最具穿透力的视觉语汇冲击着人们的感知系统。

这里，一张人像面孔可以被放大数千倍，近在咫尺地竖立在游人眼前。商业利益发掘了时代广场周边任何细小的表皮，将商业的DNA植入其中。表皮之下流动着商业帝国躁动的血液，奔腾的血液使时代广场的情绪亢奋，肌肤华丽、光鲜亮人。置身于众多争奇斗艳、瞬息万变的电子形象之中，人们已无法感受到天地的存在。每秒钟都在变化的表皮使虚幻成为真实。

商业万花筒为城市搭建了舞台，而舞台把每个过客纳入其中——这就是"大苹果"的法力，把魔幻的游乐场与市民的大集市叠合在一起。

时代广场张扬的氛围与塑造者从事的行业相关。

早在1883年，以大都会歌剧院为代表的演艺行当最先在40街和百老汇大街交叉口聚集起来，随后，餐饮业追随而来。1904年《纽约时报》的迁入给这个街角带来了一个地铁站，同时也为几块狭小的三角地带来了名字：时代广场。报业巨子还把传媒行业的广告引入周边的建筑物上。20世纪20年代，电影行业的兴起为时代广场带来了第一个风华年代。

20世纪30年代的大萧条把时代广场拖入衰退，色情和犯罪在其

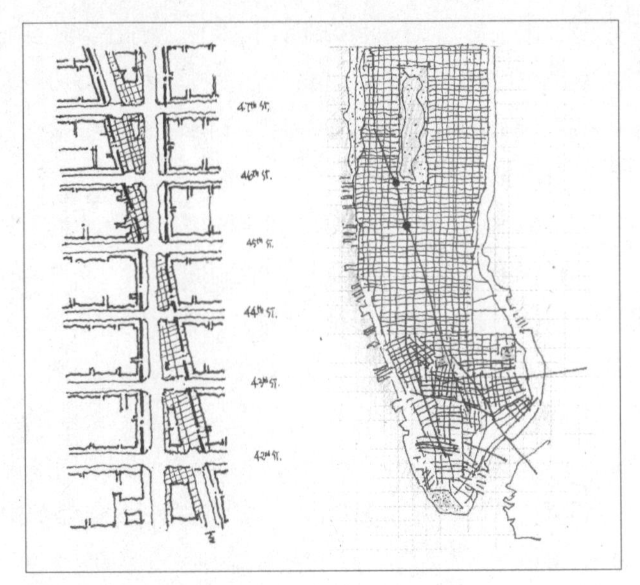

2.2-03/032
纽约时代广场
(Times Square，New York)

时代广场是被百老汇大街斜切出的一个三角形的街块，位于46街与48街之间，最初是剧院的售票亭，渐 渐地被四周的广告淹没。

2.2-04/033
时代广场上的广告墙
(Poster Screen around Times Square)

后的几十年中成为这一带街区的顽疾。1992年，广场周边的商家组成了时代广场联盟，联合起来净化街区环境、相互约束达成共识的规范准则，时代广场又重现了往日的风采。到2004年，广场百年华诞时，这里已是商业巨贾的聚集地。铺天盖地的商业广告成为时代广场最擅长的都市语汇。

21世纪开篇时，纽约市长布隆伯格（Bloomberg）考虑到时代广场的磁石效应，他要求城市规划管理部门从市民和游客的视角思考时代广场的未来。

憧憬明天的红色台阶（2.2B-3）

为了提升广场的氛围，纽约的城市规划部门做了大量的调研和准备工作。在此基础上，规划委员会决定组织一次城市设计竞赛，希望参赛者从磁场的角度认知时代广场，并提出了方案的评判标准：好的设计应源于对周围复杂环境的认知，更重要的是对城市价值的认同和升华。

被夸大的时代广场，真实尺寸十分有限。古典主义城市的中心广场往往由设计师精心规划出来，而时代广场是城市街道交叉出的剩余空间。在曼哈顿纵横的街道网格中，城市保留了一条纵贯全岛的斜街——百老汇大街，它与第7大道交汇成一个仅有10°左右的锐角，产生了几块狭长蹩脚的街坊。每天都有几十万辆的车流通过这个有6个方向的交叉路口。

除了四围光鲜亮丽的广告和川流不息的车流，这个号称广场的异形街块上有个主要功能：几十家剧院的售票处。

纽约市长开始策划时代广场的改建项目时要求设计者从交通、法规、安全、设计等几个方面思考未来的主题和关注点。城市于2006

年向全球公开招标。时代广场的提升工作用了8年思考完成设计任务书，3年设计，1年实施。扎实的前期准备为优秀方案提供了丰富的养料，组织者认为成功的设计不是设计师为城市场所画出的句号，而是纽约城市自我更新进程中的破折号。

最终，名不见经传的澳洲设计事务所偌派哈（Choi Ropiha）从31个国家的683个应答方案中脱颖而出，赢得了纽约青睐。

这个方案大道至简，两句话就可概括。设计以“入场票”（tkts）为主题，在繁忙的街头空地上安放了一片红色露天看台，看台之下仍保留了原先的票房，并用寓意苹果的红色球面包裹起来。

尽管形式简单，方案的立意却颇为深远：“入场票”主题表达了城市开放包容的本质。设计以街景为视域，抓住了场地鲜明的个性；以看台为元素，反衬出都市生活的主导性。设计从人群、商圈、城市角度切入，把游客、顾客、过客放置到城市的管理当局、设计师自我之前，以谦卑的姿态实现了坐地观景的设计主旨。

方案用色鲜明：红色赋予到访者尊贵的身份，红色与都市的商业氛围融为一体，红色与纽约大苹果的个性贴切。这个27级、可容纳1500人的露天看台为时代广场增添了一个观景视角、一处开放体贴的休息场所。

在时代广场上迎新年是纽约的传统。1907年，广场命名的第二个新年，人们便在广场一端的柱子上放上了一个球体，用球体下落方式表示一年离去。此后每年岁末，越来越多的人到时代广场看降球、辞旧迎新。随后，喜好畅想的纽约人把降球转译为大苹果降临，相信它会在新年里带给人们幸运和快乐。

有年新年我驻足台阶之上，面对缤纷绚烂的时代荧幕，与众多观众一起期待着大苹果的降临。在纷杂的人群之中，我的画笔捕获到一对青葱少年：男孩手托下腮，若有所思地凝视着眼前幻化的世界；女

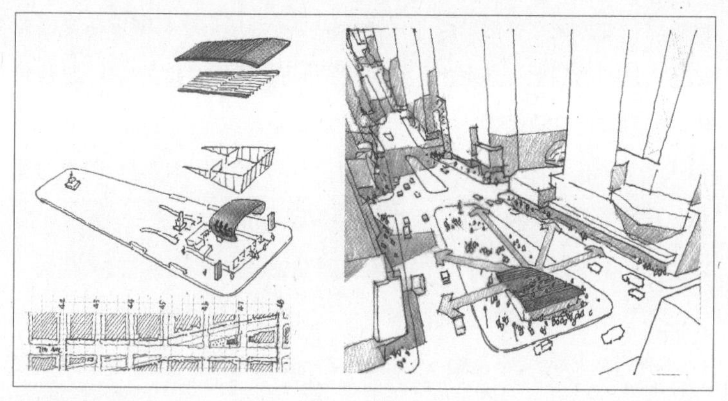

2.2-05/034
时代广场上的红看台
(Red Steps on Times Square)

时代广场在布隆伯格执政时期进行了改建，一家澳洲设计公司提出了“都市红看台”的方案，并赢得这个“世界路口”。

2.2-06/035
时代广场上的青葱少男少女
(Teen ages on Times Square)

坐在红台阶上迷茫、期待的一对青葱少年憧憬着城市的魔幻。

孩扬起手臂，随着变幻的画面兴奋地摆动着。他们率真的形体语言在复杂喧嚣的氛围中格外突出。看台给了他们体验纽约的视点，纽约向他们展示着世界的绚烂。

当纽约用台阶为世人建造看台时，罗马正忙碌着疏导台阶上的观众。我相信两个台阶上驻足的观众心中都有同样的赫本——那个手拿冰淇淋、走下西班牙大台阶的少女。罗马的冰淇淋和纽约的大苹果一样，都是城市在人们心里的甜蜜。

时代广场的名字已被一百多个城市采用，爱心公园的标志也在三十多个城市竖立起来，人们在效仿它们的磁场效应。

城市磁场是传奇的化身，它融合了城市的传统、传言和传说。它既拥有自身独特的经历，也含有城市吸引力的普遍特征：包容和开放。在形成过程中，磁场不断吸纳人们的关怀和注释，进而以它凝聚的力量回馈城市。场所与人互动产生的磁性才会历久弥新。

—·— —·— —·—

现代城市中，包容性保障了个体自由，众多自由的个体回馈城市以丰富的多样性，形成了多彩的都市生活和层出不穷的都市创新力。那些活力四射的城市，如巴黎、香港、伦敦、纽约等，无一例外地拥有多样性。

美国学者弗罗里达（Florida）把现代城市的竞争力归结为3T：Tolerance（包容）、Talent（人才）、Technology（技术）。三者的核心是包容，有了第一个T的包容，才会有另外两个T：人才和技术。

无论是中世纪城堡还是东方封建形制的都城，都以君主贵族、帝王将相为侍奉对象。城市用围墙、宫城表达社会的层级，形成自上而下的控制力。而现代城市中，城市价值与个体价值的重构彻底颠覆了这种逻辑，开放的城市摒弃了封闭的城墙。流动的城市网络中，包容力衍生出感召力，人性的活力成为吸引他人的磁力。城市磁场用大众化的方式播撒其感召力，叙述包容性的传奇。

第三章

约束力 · 规范出条理明晰的现代秩序

费城　市场街便道上的石条　　呈坎　小街水巷中的乡规　　芝加哥　密西根大街旁的聚会

从你现在所处的地方开始，你进行选择。而在选择中，你便选择了你将会成为什么样的人。

——让-保罗·萨特（Jean-Paul Sartre）

费城的胡桃树街（Walnut Street），横穿宾夕法尼亚大学校区，是学校的主街。街北侧是学校的服务设施，酒店、书店、学生食堂、健身馆、银行、超市等沿街排布；街的南侧就是校园区，大学的设计学院主楼就在胡桃树街边。楼的东北门外常有个餐车，我上学时坐在街边的大树下，在餐车旁消耗了许多热狗，胡桃树街角成为那时生活中的一个熟悉场景。

上班后，胡桃树街上的一家美术用品商店成了我常光顾的地方。后来我发现这条街汇聚了不少书店：两家全球连锁店，波尔德思（Borders）和巴恩斯诺贝（Barnes Noble）都在这条街上，同时还有不少旧书店、古董店、小画廊、地图商店。这些妙趣横生的店铺让人流连忘返。

在城市的中心区段，胡桃树街两旁虽多是光鲜摩登的玻璃幕墙大厦，但内容丰富的底商橱窗抓住了人们的视线，让人忘记街道上空的摩天大楼。这种商业氛围沿着街道向东延续，综合性的大商场逐渐换成了专卖商品的店铺，街角上偶尔会出现个剧院，建筑也从高层变成了多层。越向东行，嘈杂的人流越稀疏，老式的三层红砖房渐多，街道两侧的树木开始变粗壮。不知不觉地，胡桃树街带人进入了费城的历史街区。

费城历史街区没因命名而设置围栏，游客也不是社区主角。街道两侧不断增多的老树和老屋成为了历史的默述者：便道上依然存留的拴马矮柱、老式店铺前保留的地窖盖板、佐治亚风格墙身遗留的砖砌花样……古树枝叉的影子随性地散落在细腻的砖砌纹样上，使人感到时间在城市中的擦痕。

胡桃树街向东的2公里，从商业办公区到历史街区，是追溯城市历史的路程。费城从东部河岸码头发端，时间像河水一样流过城市，在街道两侧留下涨落的印迹。

街道成为时间的河床，串接起不同年代的房屋、路面、行道树和室外装饰，它们阵列在一起遵从着城市的生活秩序。

如果街道像条河渠，那么城市街网就是张灌溉网络，它把城市中的社区和建筑捆绑在一起，相互支持。数百年来，街道上走过一代代人的脚步，步履虽没有留下印记，但街道上来来回回的交往促成了城市事件的发生。

如同简·雅克布斯所说："在长时间的过程里，人行道上会发生众多微不足道的公共接触，正是这些微小行为构成了城市街道上的信任。"

3.0-01/036

费城的历史街区（Historic District in Philadelphia）

渐浓密的树荫、渐开阔的庭院以及乔治亚风格的红砖房屋默数着时间、默述着历史。

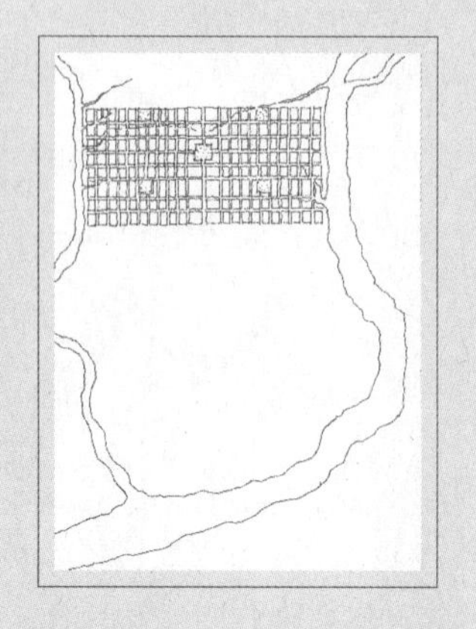

1682年费城规划图
1682 Philadelphia Plan

方格街道网、五块方形绿地，1682年，威廉·佩恩用理性的几何逻辑在特拉华河西岸构建了一种新的栖息形 态。两河之间1英里宽、2英里长的地域中，佩恩规范出人和人、人和土地、土地与土地之间的现代秩序。

3.1 节

街道　确认现代秩序

横平竖直、清晰明了、绿意盎然是人们对费城街道网格最直接的印象。

费城市中心区，几乎所有的街巷都垂直相交；街道两侧行道树整齐排列，枝叶交错。建筑物，无论新旧和大小，都按既成规矩锁定着与城市的关系。

这些景象对今天的城市司空见惯，然而，人们习以为常的惯例是从费城开始的。300 多年前，当费城勾画蓝图时，同时代的城市还淹没在中世纪蜿蜒曲折的巷道中，就连曼哈顿也是中世纪的城堡格局。城市奠基人佩恩以刻板的理性看待城市中每块土地，用均衡的几何逻辑建立起地块之间的联系。

利用这种空间安排，佩恩为城市发展勾画出明晰的秩序，创立了一套现代商贸资本渴求的资源组织和资产保障系统，为其他现代城市提供了效仿的典范。

3.1A
佩恩蓝图中的理性秩序

1681年3月，英王查里二世（Charles II）以封赐土地的方式偿还了皇室欠佩恩父亲的巨额债务。得到领地后，佩恩迅速展开了一系列的推广行动：会晤潜在投资者，招募远征人员，公布“自由、公正和勤勉”的新理念——推销成为佩恩的要务。

先于费城规划蓝图，佩恩于1681年出版了他的领地图——《宾夕法尼亚东南部和边界图》。在地图中，佩恩强调了三点：密布的水网、繁茂的森林、已经有定居者的土地。这三点勾勒出新领地的优势：特拉华河与英国本土的直接联系，大量可用于建设的木材以及有人定居并非荒原的土地。

与此同时，佩恩让他的测绘师托马斯·侯尔莫斯（Thomas Holmes）开始了实地考察和测绘。1682年秋天，佩恩踏上特拉华河西岸时，侯尔莫斯已经完成了最重要的任务——找到了特拉华河与斯库伊克尔河之间距离最近的一块土地。当时，侯尔莫斯正在两河间的最短处画一根连线，连接特拉华河和斯库伊克尔河。佩恩认定了这根线，要求测绘师在此线的两侧发展出一个1英里宽、2英里长的街道网格，覆盖出2平方英里、约480公顷的城市区域。

佩恩要求这个街道网络应最大化地促进城市的商贸发展，并使城中的所有区域均能得到饮用水源。费城蓝图采用了理性的几何体系布局街道网络，街道用阿拉伯数码和树种命名。南北向街道全部采用数码序列，东西向街道则用不同的树种署名，这种命名法把秩序与自然结合起来。

三合一的家园购置图

1683年的英国正处在资产阶级革命的剧烈动荡之中。深冬，佩恩在伦敦颁布了他的美洲领地首府规划蓝图。佩恩把蓝图称为Portraiture of the City of Philadelphia，即费城的描绘图，而不是愿景图。描绘图中展示的秩序和确定性与伦敦寒冷气氛中的骚动和不确定性形成了鲜明对比，好似在告诉伦敦人未来在美洲新大陆。

这张公示的描绘图与从前地图或蓝图的出发点完全不同。从前城市蓝图的阅览者是帝王皇室，城市设计图是突出核心的养眼图；而费城蓝图则是为了筹集建设资金的销售图，佩恩从城市经营者和不动产销售者的角度出发，向新兴的资产阶级展示了一张资产的推销图。

测绘师侯尔莫斯将佩恩的思路表现得淋漓尽致：在严谨而科学的几何规则中标出了地块资产单元，清楚地表明了每块单元与城市整体、与未来发展的关系。侯尔莫斯还为关键地域的地块细化出边界红线，这些地块大多挨着码头口岸和城市主街。在次年（1684年）的图纸上，侯尔莫斯更进一步，将已经出售和正在待售的资产分别标出，对于已出售的土地单元，图纸上注明地主的姓名和身份，形成一个销售的“进行时”，借此对询购者施加压力。

佩恩的规划蓝图开天下之先河：创造性地把规划图、土地产权图、交易记录图结合在一起，三图合一。对旧世界，这既是张乌托邦式的畅想图，也是张令人信服的美洲家园购置图。

视角决定视域，道路决定方向。费城规划开始即注重布局的合理性、资产的确定性、实施的可行性。这显然彻底改变了城市发展的立足点：把曾经自上而下，或自然而然的城市结构改变为自下而上、有理可循的发展逻辑。

1684年，测绘师侯尔莫斯绘制的图纸清晰展示出城市东南片区的土地交易和红线权属，这是一张三合一家园购置图：

规划 + 产权 + 交易记录。

由此，规划图不再是权力统治者的养眼图。

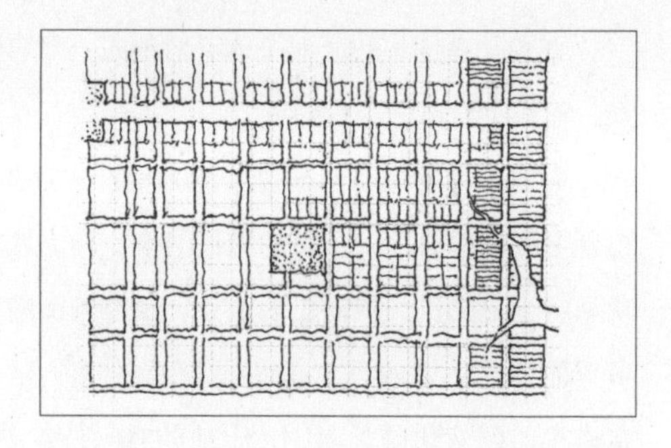

1682年，佩恩把他颁布的费城规划蓝图称为《费城描述图》，即 Portraiture of Philadelphia，意图向人们表达可实现的愿望。

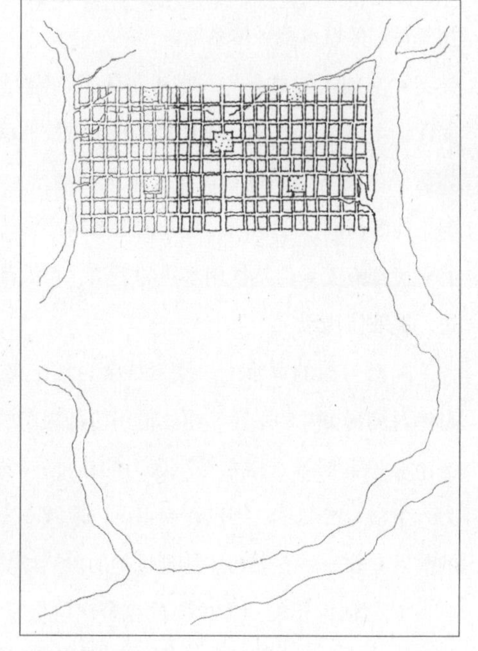

3.1-01/037
1682年，费城地图：3合1的蓝图
（3 functions in map：1682 Philadelphia Map）

在两河之间的1英里 ×2英里区域内，佩恩用几何逻辑划定了费城未来的空间秩序，用土地切分方式表达城市的商贸逻辑，用标注的人名确认了资产的权属关系。

佩恩用蓝图表达了对个体、对他人、对自然的尊重，将其公之于众，形成了城市秩序的约束力。

• 对个体的尊重——私有土地财产有序地划分在几何学图网上，得到可测度的表达。规整的街道网格，作为城市的公共资源，为每一块私有土地提供一视同仁的服务。规整的街网为土地单元建立起清晰可辨的资产估值体系，进而充分保证了单一个体处在公平的体系中。在未来时间变化的长河中，土地的空间位置关系依然存在于可辨识、相对稳定的城市服务体系里。

• 对他人的尊重——城市集体生活需要共守限定，相互尊重才能保证个体尊严。这是对旧世界的惨痛教训反思后而得出的原则：比如房子之间适当的退让以防止火灾的蔓延；同一街面上地块大小等同，建筑材料质量相同。每条街道都横穿城市，可达两条河流。城市的居民都有义务保持饮用水质的清洁，每人都可利用公用街道抵达河边，提取饮用水。

• 对自然的尊重——受贵格会自然主义的影响，佩恩认识到大自然对稠密市井的平衡作用。他用树种为东西方向的街道命名，在社区中心设置绿地。树木是生命力的象征，行道树的茂盛是对城市活力、生命力的表达。不仅在街道上，费城亦主张人们在自家留出充足的前后庭院——在城市中体现优美的自然环境。

17、18世纪的西方世界处在资产阶级革命和工业革命的巨大变革之中，这是个由禁锢到解放、由解放到开放、由开放到开明、由开明步入现代文明的进程。在费城，佩恩认定经济贸易对城市发展的巨大推动作用，认同个人主动性对经贸活动的贡献，鼓励新兴阶级在费城开拓市场、积累财富。这是一种全新的城市秩序。对人们期待的新社会秩序，费城在宪章上认可、在制度上保证、在空间上展示。

费城蓝图第一次把土地资产与城市之间的约束关系明确地展示出

来，利用街道网格将其呈现为一种社会秩序，使不可见的未来变得可预测。佩恩的预售图做法也是公之于众的做法，它将城市管理者与土地拥有者的关系表白为契约关系，蓝图成为有约束效应的契据图。

3.1B
伦敦大火后的反思

1682年费城规划蓝图汲取了两个源泉：贵格会包容平等的信念，以及伦敦大火后城市重建的畅想。贵格会的包容信念成为费城的核心价值。伦敦复建规划提出了新的城市逻辑。尽管大多建议只停留在图纸上，复建规划依然引发了人们对中世纪城市的深刻反思，启发了费城采用不同的思路构建未来。

近现代城市发展史上，1666年9月的伦敦大火是个重要事件。大火迫使人们检讨数百年累积而成的生存方式和环境，对集体性的公共卫生习俗加以规范，并对群居形态自发生长的模式采取强迫性的制约，以建立更安全的群体秩序。

17世纪的海上贸易刺激了伦敦港口发展，带动了城市的造船业、储物交易以及行业繁杂的手工业拓张。中世纪的伦敦城，街巷弯曲狭窄，房屋多用廉价草木建成，在人口激增和租赁主趋利的双重压力下，城市增长野蛮而无序。迷宫般的街巷内混杂着铁匠铺、枪械火药仓库、玻璃烧制作坊、烤面包店、垃圾堆等相互干扰的功能，但，唯利是图的房主和掮客们仍然把土地使用的强度推至极限。

中世纪高密度拥挤的居住环境中，城市没有敷设群居必要的公共卫生设施，比如饮用水和污水管道。人们生活在狭小阴暗、污秽肮脏的巷道中，鼠疫和肺炎等传染疾病在多个欧洲大陆和英国城市中肆虐。

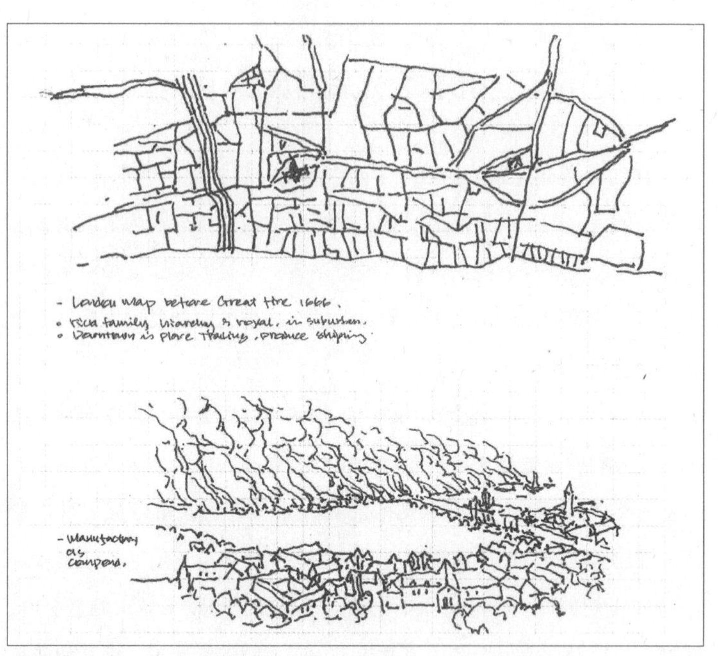

3.1-02/038

1666年伦敦大火，烧掉了半个城市

（1666 London Fire，burnt out half of the city）

当年的伦敦城依然由中世纪曲曲弯弯、迷宫一样的小街巷构成，混乱的城市格局把居住、垃圾堆、面包房、铁匠铺等堆积在一起，导致了大火。

1665年，欧洲爆发鼠疫，夺走了6.8万人的生命。那时，人们不清楚瘟疫的起因和传播原理，认为某种四处流动的瘴气传播疾病。人们相信点火生烟能杀死病原、驱走瘟疫。在连续数周、每周病死数千人的情况下，伦敦市长命令全城每6家住户门前点一堆篝火，所有居民务必储备足够的燃料供篝火使用。

伦敦的1666年是干燥的一年，无雨无雪的冬季、多风干燥的春季和炎热的夏季使得伦敦城内的地表水蒸发耗干，水渠水井也被用尽。1666年9月2日凌晨，一家面包店起火，火势迅速蔓延，连烧了4天，吞噬了城市大部。大火暴露出中世纪城市的基础条件难以承担大规模手工业、商品交换、港口贸易带来的压力，人们需要新栖息环境。

四张建议图中的新秩序

大火后，以雷恩爵士（Sir Christopher Wren）为代表的一批理性思考者开始从现代秩序的角度谋划伦敦未来的发展。

雷恩爵士在他的方案中提出了城市分区的思路，每个区域内设置城市中心。方案将道路分出等级：城市干道连接重要区域和节点，雷恩把圣保罗教堂、伦敦塔、桥头堡等几个主要目标设定为城市的焦点，用宽大的干路联通。干道以下的居住小路采用垂直相交的网格。雷恩方案把皇权对臣民的控制、教会对信徒的权威与人们对栖息的理性要求叠合在一起，吸纳了几个层次的诉求。

作家艾佛林（John Evelyn）强调火灾后重建的策略：做好火灾损失的统计，将大火毁坏的瓦砾填充到低洼区域，重视港口运输区的建设。同时，作家又提出了一张花园图案式的城市布局图，在城市中均匀地设置了许多广场，广场之间采用放射形的对角线道路连接。艾佛林的方案基本放弃了对既有城市结构的追寻，用理想化的格网覆盖全

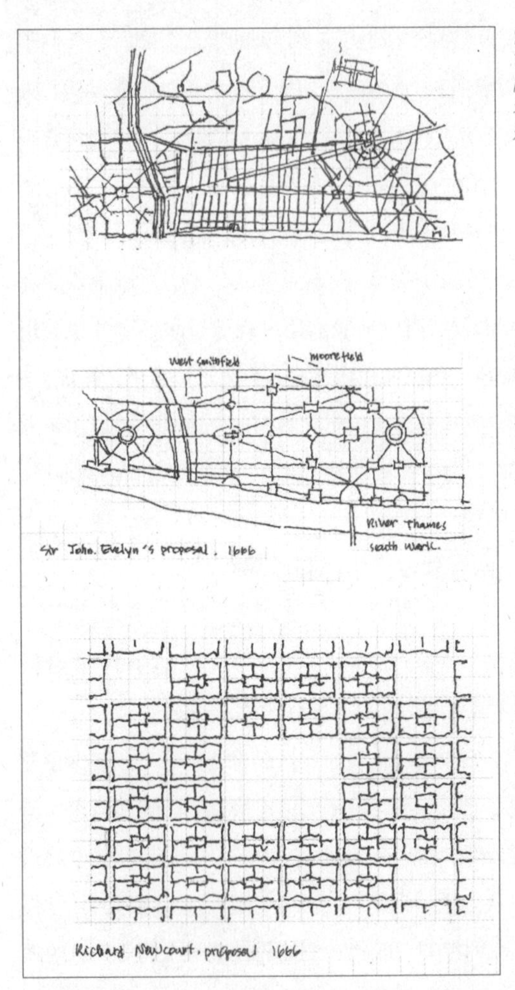

雷恩爵士的方案提出了城市分区、道路分等级，宽阔的城市干道连接重要的城市场所，居住区域用方形小路网组织。

作家艾佛林提出的方案十分理想化：整个城市布满了各种形状的广场，广场之间用放射性的林荫大道连接。这个想法显然影响了后来巴洛克的城市设计。

绘图员理查德先生的构思并没有覆盖整个城市范围，他把注意力集中在一个模块单元上。他设想城市由相同的单元构成，单元内部是大小不同的公园，形成花园一样的城市。

3.1-03/039
伦敦大火后，3个复建建议
（After London fire，3 proposals for London rebuilt plan）

1666年的时代是人类步入科学探索的时代，哥白尼、伽利略、笛卡尔等一批现代科学的探索者建立了对事物理性和逻辑的分析方法，科学抽象的分析方法显然影响到了城市建设。

城，方案更趋近巴洛克的园林风格。有人认为：百年后法国城市改造者哈斯曼（Haussman）的巴黎改造吸纳了他的星形放射思路。

另一位规划者是弹性定律的发明者胡克（Hooker），物理学家把几何学原理应用到城市地图上，突出城市图案的数学美感。

比起前几位名流，理查德（Richard Newcourt）只是个绘图员。他提出了一个以社区单元为规划目标的方案。理查德特别强调绿地对城市社区的作用，而每个街区内部又拥有自己的小型绿地。这类单元在城市空间中可以一遍遍地复制，而城市公共空间的核心要素是绿地。理查德方案似乎不太关注伦敦的整体布局，他把城市的焦点放到了生活单元上，试图用模式化的方式探索城市形态。

上述四个建议有着共同的特点：受到科学逻辑和几何秩序的影响，他们都从理性主义出发，为城市建立了一套有约束机制的发展模板。伦敦复建的种种畅想在重建过程中鲜有落地，但这些探索打开了人们对新型城市的憧憬，对十几年后佩恩在费城的规划实践产生了重要影响。

除了图纸上的探索，伦敦复建过程中还诞生了若干个从未有过的城市机构：城市土地测绘委员会、城市土地协调处理委员会、保险公司、消防队等。这些城市机构开始从管理运营角度对商贸城市的土地制度进行认真探索。基于此，伦敦逐步地建立起共有土地资源的协调机制，紧急事件应对机构（消防队），以及极端事件的保险体系——这一切都代表着伦敦人汲取教训，从思维方式上向现代社会转变。

事实上，由于王室财力的匮乏和错综复杂的土地权属，重建方案最终只采纳了有限的提议：在保留原有街道格局的条件下，拓宽城市干道，改善市政基础设施；对房屋建造材料和质量提出规范要求。城市的再开发过程中，伦敦对城市道路开展测绘工作，并增加城市煤炭税收以支付拓展街道所购的土地费用。

保守的重建方式延续了伦敦既有的街道布局，复建规划中理想化的建议则被束之高阁。

1666年伦敦大火时，佩恩22岁。1682年佩恩得到美洲领地时，伦敦城复建已经历了16年，城市建设是那个时代避不开的话题。大火17年后的1683年，佩恩在伦敦颁布了美洲领地费城的规划蓝图。这张图纸上，人们找到了当初的那些大胆设想。

3.1C
嵌入市场大街上的基石

最初的费城蓝图规划了南北方向23条街、东西方向9条街。在此框架上，今天费城的街道有了些变化：南北方向增加一些街道，原来东西方向的主街从高街（High Street）改名为市场街（Market Street）。但，胡桃树街的位置和名称一直如初，它见证了城市三百多年的发展和变迁。

如今，胡桃树街东段的一部分已被划入历史街区，它两侧粗壮的古树渲染出久远的时间氛围。在胡桃树街与第6街相交的转角处，绿荫特别浓密，参天古木的树冠罩住了脚下的草坪。草坪尽端，一组乔治亚风格的红砖建筑簇拥着一座钟楼。透过浓密的枝叶，白色的塔尖跃然而出——暗示着这组建筑不寻常的身世。

胡桃树街畔庭院是这组红砖房屋的后院。在佩恩画定的街网之中，它妥帖而谦逊地坐落着，并不突兀。院子里植被茂盛、树影斑驳，使人难看清建筑全貌。然而，正是在佩恩街网的引导下，人们与美国历史上最重要的地标不期而遇，这组乔治亚风格建筑是美国诞生的摇篮——美国国家独立宫（Independent Hall）。

当人们转到这组建筑的正面，从市场街正视它的时候，独立宫有

3.1-04/040

胡桃树街旁的庭院

(A backyard garden along Walnut Street)

胡桃树街贯穿城市东西，在城市的历史保护区，宽敞的庭院和乔治亚时期的建筑留下了殖民时代的气息。

3.1-05/041

100元美元纸币背面的独立宫图案

(Independent Hall drawing on One-hundred-Dollar Bill)

这张图案设计强调了红砖砌筑的乔治亚式建筑群体的轮廓线与体院内的乔木植被的融合关系，它反映出费城早期的"绿色城镇"城市面貌。

了一个全景展开面。特殊历史意义的建筑被放置到一个重新设定的场域里——国家独立历史文化公园草坪的轴线上。开阔的空间完整展现了这组建筑立面和轮廓线。同样地，在100美元的纸币上，独立宫的立面也被完整地誊刻出来。

以这个院落为中心辐射出的区域被称作美国历史上最具意义的1平方英里。1776年的夏天，在这组建筑里，当时的宾夕法尼亚领地议事堂（Pennsylvania State Hall），秘密聚集了东海岸13个殖民领地的代表。7月4日，他们宣布：美利坚合众国独立。后人把这里命名为美国国家独立宫，它成为世界现代史上的一个坐标点。

20世纪40年代，美国国会通过法案设立基金，批准建立历史公园。设计师们确定公园主体是“独立宫”——那栋乔治亚风格的红楼，并在红楼北面征用了四个城市街坊，建成公共绿地广场，在独立宫前形成了一片开敞的视域。

从20世纪40年代到今天，独立公园经历了数次改造。然而，当年佩恩划定的街道自始至终作为框架指导着几次翻建。现在的费城国家独立公园设计是由费城景观设计事务所的劳拉·奥林（Laura Olin）完成的，奥林是宾夕法尼亚大学的客座教授，他还为清华大学建筑学院创建了景观系，是清华大学第一任景观系系主任。

奥林的独立公园规划强调了城市开放空间与城市街道的融合关系。布局中，他把公园的访客中心等服务性的建筑物沿南北方向、靠街道安放，街坊中间为草坪和铺装平台，其目的是把人们的目光聚焦到历史建筑上。

两个端头的指向

尽管国家独立公园的占地覆盖了几个费城街坊，但公园规划还是遵从了佩恩在三百多年前制定的街道秩序，让街道贯穿公园。街坊内的草坪在视觉上是连续的，草坪的两端分别是保留的历史建筑——独立宫和新建的国家立宪中心。这两组建筑群控制着开放空间，形成轴线。

在穿越公园的城市街道中，市场街（Market Street）的人流、车流量最大，它是城市的商业主街。这段街道两侧的草坪绿地最为开阔，人们在街道上就可以望见公园两端的独立宫和立宪中心。

设计师充分注意到了市场街与国家公园的重合效应。方案沿用了费城街道两侧人行便道上红砖铺地的做法，但设计在铺地上嵌入了白色的条石，以表达曾经的城市历史。

原先便道上曾竖立着一排的店铺。独立公园征用了大街两旁的私邸，把它们夷为平地，建成了独立宫前的草坪和广场。为了尊重历史，规划师在便道上设计了20个白色石条铺地，标定出曾经店铺间的地界红线。规划师还从城市土地交易记录中查出最初拥有者的资料，并在每个石条上嵌刻出土地业主的职业和姓名。

当人们在红砖便道上漫步时，排列整齐的白色条石跃然眼前，它们一端指向独立宫，另一端指向国家立宪中心。这些石条记录了佩恩三百多年前创立的城市秩序——现代生活渴求的私有资产保障系统和公共资源服务体系，它们成为1682年佩恩蓝图在今天大地上的约束记号，街道是这种约束力的捍卫者。

3.1-06/042
白色石条指向宪法中心
(White stone strip pointing to Constitution Center)

画面里，远端为国家立宪中心；近端的条石上铭刻着被征用土地业主的职业和姓名，它们的延长线指向国家立宪中心。

如果人们将自己置身于1682年的历史环境中，费城蓝图是个超越时代的创新，但它也是顺势而为的产物。在现代城市启蒙之时，这张大胆的蓝图受到贵格会信念和伦敦大火反思的影响，成为大时代思想变革在费城大地上的投影。

建筑师喜欢说：建筑是石头的史书。其实，即使是石筑的高房，也会坍塌；而大地上的印痕是难以被磨灭的。因为，街道、街坊、地界不是一种炫耀，而是生活秩序留下的痕迹。

徽州　呈坎古镇平面
HuiZhou Chengkan Town

呈坎是著名的八卦村镇，它因中国周易风水原理布局而得名。古镇始建于宋代，村内3街99巷，民间有：十有九迷路，留富在呈坎的说法。因为它独有的运势，这里人才辈出。

3.2 节

秩序　保障场所成长

街网，似经络，把城市编织起来，组织着生活的逻辑和秩序。

最近几年我搬到了上海，上下班时都要走过租界时代划定的小街。石门路是我必经的一段，早上街边飘出的弄堂馄饨香味、晚上便利店投射出的散碎灯光已经成为早出晚归必经的街景。上海的街巷深知自身的角色，它们用细致入微的街面秩序组织着繁琐的生活内容。

这些略带弧度的小街里弄好像有着自己的生命：微弯的路牙线大概因循着从前的水道走势，街面上不同材料的叠加可能是一次次改造留下的印痕，店铺中的业态也许是多次功能变化寻求出的适宜格局……街巷无声地教化着人们。

普通人常常把街景视为既定的场域，将自我的生活和工作设定其中。然而，街网在规划者手中则是路线图。用它，城市的开拓者设定土地划分、组织城市功能；用它，城市的缔造者将荒蛮土地化为楼宇遍布的城镇。本质上，街网不仅是勾画城市空间的手段，也是组织城市生活的“辅助线”，它源于人们头脑中的逻辑和向往。

自古以来，人们就采用形形色色的“辅助线”组织着聚集生活。人们群居的栖息方式需要空间网络，街巷是空间网络中重要的联系方式。无论是农耕村落、交易集镇，还是要塞城堡、口岸都城，乃至当下的社区邻里、大都会城市，街巷既是联系，也是秩序。

3.2A
呈坎水巷——隐含的秩序

古今中外，用街巷安排社会秩序的方式是通行的。

在中国久远的村镇中，人们借助风水寻求人居形态与自然环境的平衡，表达村镇宗族和士绅理学精神。几年前，黄山市规划局邀请我的团队参与景区的周边区域规划。这项工作使我们得以近距离体验徽州古镇群落，也给了我一个机会，从另一个角度印证约束力对群落空间塑形的影响。

徽州地处皖南丘陵地带，这里的粉墙黛瓦村镇大多择水而建。与周围开阔的农耕田地相对比，乡镇的栖息形态紧凑而内向，这显示出群居形态内部的聚合力和自我约束力。皖南山水环境和村镇形态中孕育出的徽州文化被誉为中国后封建社会的典型标本。

耕地匮乏使不少徽州人离乡经商。徽商传统较早就从中国重农的封建体系派生出来，徽州商人“商而兼士，贾而好儒”的情结在中国农商背景中独树一帜。远走他乡的徽商们见多识广，他们把商道中积累的财富和重质守信的信条带回故里，使徽州乡镇的发展超过同时代的其他集镇，形成了从农耕村落向市井城镇过渡的一个中间形态。

徽州村镇拥有精细专业的规划布局、相对完备的基础设施体系、良好的整体建设质量。因此，大量的古村镇得以存留了下来。

当地规划师向我们推荐了一座有1800年历史的八卦古村镇——呈坎。古镇位于黄山东南山麓的众川河谷中。这座布局紧凑的小镇占地750亩，人才辈出，被宋代理学大家朱熹誉为：呈坎双贤里，江南第一村。

3.2-01/043
徽州呈坎古镇
（ChengKan historical town，HuiZhou，China）

中国徽州呈坎古镇，保存了从村镇向城镇过渡的中间形态，依照中国人居与环境的风水逻辑以及集体栖息的共同规矩，形成的人居形态。

流与存形成的平衡态势

“走过呈坎，一生无坎”是句十分精彩的广告语，它将“坎”译为生活中的坎坷，而呈坎古镇可保佑一生的平安。这个金句为镇子引来滚滚财源。据说，村镇名字呈坎二字与《易经》相关，表达了“阴（坎），阳（呈），二气统一，天人合一”的八卦风水理论。也就是人居群落与自然山水之间的平衡关系。

宋代战乱年间，罗氏堂兄弟从豫章移民皖南。在黄山脚下的众多山川间，他们选中了众川河河谷。河水自北向南弯曲回转地流过谷地，两岸植被茂盛，地势平缓；众川河支系众多、水量丰沛、水流稳定。河谷被周围一圈小山包围，形成环抱之势。

古镇按照八卦形态描述的“枕山、环水、面屏”原理，在河流弯曲回转处落位，这使得村镇选址拥有“纳四水于镇，聚水存风”的形势。若以今天可持续发展的视角看待众川河谷，750亩地的人居镇区与周边的农耕土地比例大致在2∶8与3∶7之间，是个理想的农业居住和生产比例关系。流速稳定的河水为两侧的土地提供了充足的灌溉条件；周围环绕的8座山丘，层次清晰，形成了明确的场域边界，族人可拥有明确的归属感。

呈坎古镇有3街99巷，巷道网络的密度在那个时期是很高的。地面的小巷系统可以服务到每块宅地。小巷宽度约为1m，且交错纵横，最终汇聚到3条主街上。主街宽约3m，构成村镇中的干道。民间俗语诠释走进呈坎的人：“十有九迷路，留在呈坎富”，这从一个侧面说明了街巷布局的随机性。

与街巷相伴的是一个至今不落伍的动态水循环系统，它供居民取水、洗涤、排水、纳凉。呈坎在众川河的上游处兴修了一个水坝和一段导流槽，将一部分河水导入村镇，古人在流入和流出处安置了2个

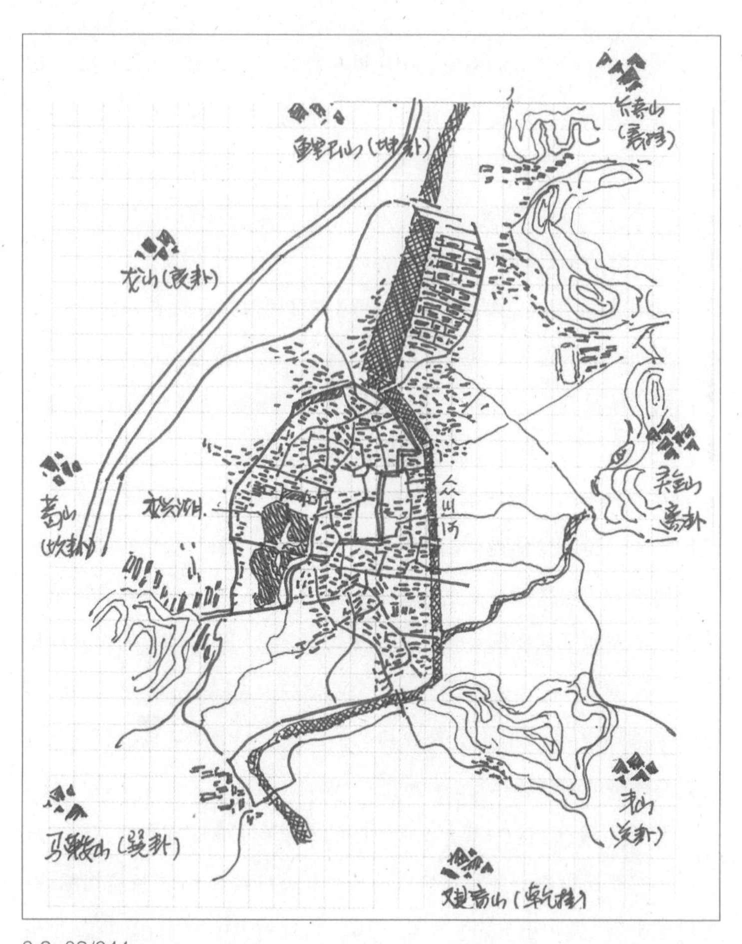

3.2-02/044

呈坎古镇的整体布局

(ChengKan town's master layout)

在黄山东麓的众川河河谷中，罗氏兄弟找到了他们的理想栖息地，按照八卦形态描述的“枕山、环水、面屏”的原理，在河流弯曲回转处落位。这使得村镇选址拥有“纳四水于镇，聚水存风”的形势。

水阵：把河水导入镇内的大街小巷中，再用水阵收集流出的水流，最终将水倾入村落南边的池塘中。

在呈坎，宽街畔有宽渠，窄巷中也有溪流不断的水沟。水系统为不少住户提供了门前流水，有些大宅还把渠水导入自家的前院内，利用水流降低夏季的温度。水街成为呈坎人赖以生活的综合共用系统。

族人制定了严格的取水、用水、放水规则：早上时段是家家户户的取水时间，靠近中午时段是洗涤的用水时段，下午傍晚容许人们将宅院内的存水和污水排入水系。利用水的流动性和用水的分时约定，呈坎建立了约束体系。

千年前，呈坎应用风水原理布局村镇。水巷形成的约束力和连接力为呈坎建立了共守的秩序。这个秩序为高度密集的村镇提供了相对清洁的共用系统，保障了群落的稳定发展，体现出古人对环境的依赖和利用水平。

然而，大多数徽州古镇并没有完成向城镇形态进一步的演化。这与徽商出走四方的进取精神形成了鲜明对比。呈坎的秩序设定没有着眼于开放交流，镇内的街巷格局仅是宅邸的附带物，选址也是倾向相对封闭的场域。当年规划过多地强调了村镇的“聚与存”，较少关注“通和流”。它们完成了城镇进化过程中的一个形态，达到了相对稳固的平衡，但总体还是自给自足农耕生活的映射。

3.2B
芝加哥街道——明确的框架

如果说呈坎的风水布局吸纳了外部能量，滋养了人才辈出的徽州古镇，那么1909年芝加哥的科学理性规划，则为其奠定了中部中心城市的地位。

同伦敦一样，芝加哥也经历过大火，大火迫使芝加哥采用严苛规范约束疯狂的地产拓张。城市对建筑材料、建筑间的关系作出了明晰的规定，强调了街道系统的公共服务作用。火灾后，人们意识到公共责任感的重要，城市需要市民价值体系制衡自由市场价值体系。

1909年，民间身份的芝加哥商会聘用规划师丹尼尔·伯翰（Daniel Burnham）制定出美国第一部大城市发展总体规划《芝加哥规划》。伯翰规划把街道体系视为城市发展的基础，利用它形成的框架汇聚市政基础设施、分配公共资源。

所谓发展框架既是发展的约束，也是发展的约定，这点在《芝加哥规划》的街道网络中得到了充分体现。伯翰用街网促使各类流线汇聚到中心区域。为了强化可达性，规划围绕着中心区设计了一个多条轨道公交并行的环线，并与三个城际铁路枢纽对接。规划组织的交通秩序为CBD的发展创造了充分的条件。

同时，伯翰还将目光从传统downtown的汇聚形制投向了大都会的放射模式。蓝图从环线区引出几条放射形的大道，形成了大都市发展的空间骨架。与湖岸平行、向北延伸的密西根大街是其中的一条，这回应了1903年《芝加哥论坛报》的提议：城市应沿湖岸形成连续的发展走廊，密西根大街应承担城市滨湖发展的使命。

《芝加哥规划》把密西根大街（Michigan Avenue）定义为大都会的滨湖展廊，用它确定了城市向北的生长秩序。20世纪20年代到80年代之间的60年里，许多享誉全球的项目落地密西根大街，成就了大湖之畔的“壮丽里程”（magnificent mile），带动了城市百年的发展。

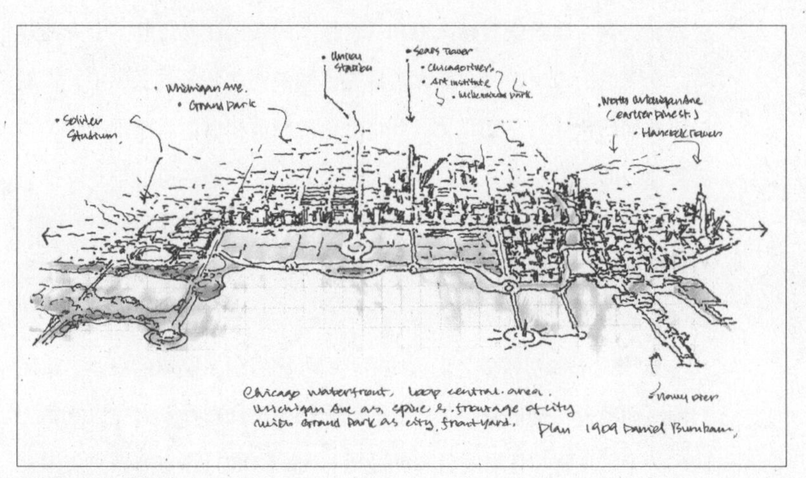

3.2-03/045

芝加哥格兰特公园

（Grant Park，Chicago）

芝加哥大火后，人们用残骸瓦砾在密西根大湖中填出的绿地，建造了格兰特公园。绿地与城市之间的边界是密西根大街。

密西根大街旁的聚会

在芝加哥上班的日子，我常从地铁口走出步入密西根大街。大街的东侧是湖滨开阔的格兰特公园；它的西侧是一排石砌大楼，面向公园和大湖，建筑的石砌风格和一字排开的布局让人想起了上海的外滩。众多的街道中，密西根大街最先感知黎明的到来。晨风中，大厦底层商铺的伙计们总比我早。开市之前他们清扫店面、整理橱窗，跟随着他们的脚步，城市开始了一天的繁忙。

2008年11月4日的深秋，晨光一如既往掠过宽阔的密西根大湖，穿过湖畔茂密的树丛，静静地洒落到城市的街道上，从容地把城市带到了新的一天。

这天晚上，密西根大街旁的格兰特公园吸引了全球的视线。市民们倾城而出，在这里目睹了一个开创先例的民众选择：有史以来第一次，一个黑皮肤、肯尼亚后裔奥巴马（Barack Obama）宣布获得美国总统选举的胜利。

40多年前，在华盛顿林肯纪念堂前黑人领袖马丁·路德·金（Martin L. King）发表了那篇著名的演说《我有一个梦想》(*I have a dream*)，梦想拥有平等的权利。如果说那时那个广场的气氛是抗争和激愤的，那么11月4日格兰特公园的氛围则是热烈而平和的。也许是格兰特公园休闲而适意的性格，人们轻松欢快地接纳了奥巴马当选的事实。在这里，一切好像都可以自然而然地发生。

然而，格兰特公园不是自然天成的场所。它同密西根大街一样是芝加哥大火的遗产，是规划出来的。

从前，密西根大街是一条湖畔大街，街的东侧是密西根大湖，西侧是滨水豪宅。街道模仿巴黎著名的圣·米歇尔林荫大道（Boulevard Saint-Michel），用林荫大道命名。那时密西根林荫大道的主要功能是

3.2-04/046
密西根大街两侧的公园和店铺
(Park and shops along Michigan Ave. Chicago)

芝加哥人创造了密西根大街，也在密西根大街上创造了历史。

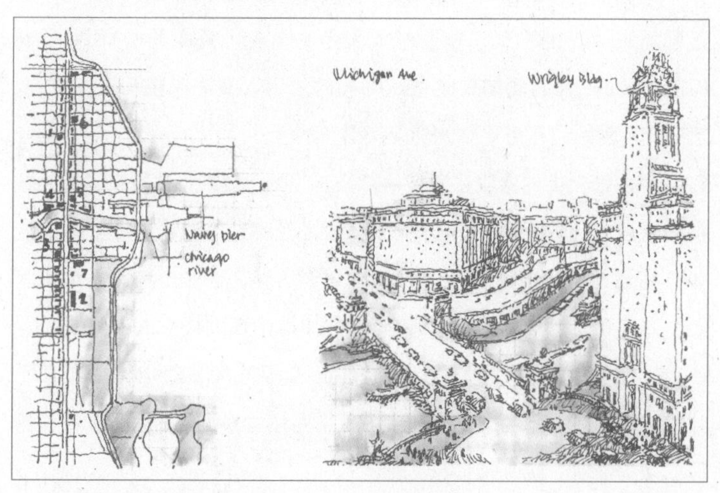

3.2-05/047
密西根大道跨过芝加哥河向北延展
(Michigan Ave across Chicago River to North)

密西根大街向北跨河的规划带动了城市向北的发展，也是这条大街成为发展的驱动轴。

这片居住社区的交通干道。

1871年的大火将8平方公里的市区夷为平地。灾难过后，人们把废墟瓦砾推入密西根大街东侧大湖里，把大湖的岸线向东推移了1/4英里，造出了格兰特公园。之后，商业区开始向密西根大街靠拢，原来的居住建筑被商业大厦代替。

19世纪80年代，第一批石砌的、20来层高的摩天楼相应而生。这些大楼坚固精美的砌筑工艺向人们展示出第一代摩天楼的风采。它们面对格兰特公园形成了一条商业街，原来的林荫大道改称为密西根大街。这时的密西根大街止于芝加哥河南岸。

1909年伯翰编制的《芝加哥规划》把密西根大街视为大都市发展的主轴，要求它跨过芝加哥河向北延伸。规划蓝图中，密西根大街不仅是道路的延长，也是城市向北发展的机遇。

伯翰放了一张城市形象图，表达密西根大街北段的氛围：参照巴黎城市大街的形式，密西根大街是一个被规范的场所（Regulated Public Realm），两侧的建筑遵从共同的原则，整体风貌端正、整齐，形成相互照顾、互惠优雅的商业氛围。

密西根大街的南段位于格兰特公园一侧，规划把这段街道视为城市的前廊，它与格兰特公园一起成为展示芝加哥市民精神的窗口。

密西根大街的跨河规划并没有立刻实施，但这个构想已深入人心。以至于1924年桥梁还没建成，芝加哥论坛大楼（Chicago Tribune Building）、瑞格雷大楼（Wrigley Building）等芝加哥新地标已经开工建设，它们在规划的地皮上迎接着城市廊道的来临。密西根大街贯通后，即刻带动了城市向北的发展。

20世纪六七十年代随着高层新建造技术的应用，以汉考克中心（Hancock Center）为代表的多幢高层商业建筑拔地而起，促成了密西根大街商业的繁荣。人们用“壮丽里程”（magnificent mile）形容密西根

3.2-06/048

芝加哥千禧公园中的“云”雕塑

（CLOUD sculpture in Millennium Park，Chicago）

百年前的规划中，密西根大街被定位为城市向北发展的主廊道，重要的项目跟着街道向北延展；百年后，城市发展还是沿着主轴寻找机会：弗兰克·盖里设计的千禧年公园成为芝加哥跨越世纪的一个里程碑项目。

大街的辉煌。

新世纪开始之际，芝加哥把兴趣点挪回到格兰特公园。市长力邀建筑艺术大师盖里（Frank Gary）规划设计了千禧年公园（Millennium Park）。

一百多年过去了，密西根大街和它身旁的城市发生了许多变化：街长了、宽了；楼大了、高了。连汉考克中心这个世界级地标也改了名字——由于产权的更替，新的资产拥有者决定直接用“密西根大街875号”命名这幢大厦。密西根大街催生了20世纪60年代的地标，地标又助长了大街的氛围。几易其主之后，新地标的主人甚至放弃了冠名权，直接用大街的空间位置为其注名，人们看清了城市的逻辑：街道的生命比建筑物更恒定。

密西根大街规划之初，伯翰在《芝加哥规划》中已经有了清晰的远见卓识：街道是时间秩序的标尺，会引导城市前行。密西根大街沿着既定的方向，在过去百年的时间中，立起了一个又一个的里程碑。

• 1869年，芝加哥水塔在红松街畔建成。

• 1871年，芝加哥大火，人们将废墟残骸推入街旁湖中，兴建格兰特公园。

• 1887年，芝加哥艺术馆建成。

• 1909年，《芝加哥规划》提出密西根跨河规划。

• 1923年，密西根大街与芝加哥河交汇处，地产兴旺。

• 1926年，跨河桥梁建成。

• 1969年，汉考克大厦（Hancock Building）落成。

• 1999年，千禧年公园落成。

• 2008年，黑人议员奥巴马在格兰特公园宣布当选美国第一任黑人总统。

100年，对一个城市不算很长，对任何城市规划都是巨大的挑

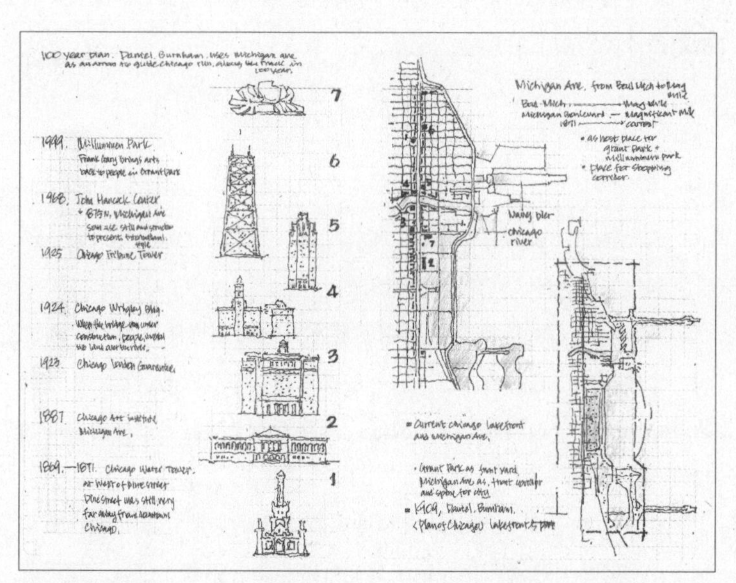

3.2-07/049

一百年中沿密西根大道的重要建筑

（Past hundred year，significant buildings along Michigan Ave）

规划后的密西根大街如同一条轨道引导着城市的发展，它的规则和价值驱动着经济效益沿街集聚。

战。百年前规划大师伯翰为密西根大街提出了大胆的构想，人们认同了他的规划愿景，街道成为引导城市前行的轨道。百年的历史验证了先哲的预言。百年后的今天，芝加哥人仍然对此深信不疑，继续执行。

时光穿过城市，街道是它留下的擦痕。规划师伯翰看破天机，将街道设计成通向未来的时光隧道。

—·— —·— —·—

群落栖息形态需要秩序规范集体生活，约束力是城市居民对认同信念和价值的保障，对他人自由的保证。

现代社会起始于对个人自由的尊重，同时也逐步构建起个体之间、个体与集体之间的尊重，这个过程是约束力形成的过程。集体性的栖息历史中，人们为个体的放任、管制者的专横付出过极为惨痛的代价。

由于卫生基本文明的缺失和城市管理者的失职，黑死病、黄热病、流感等传染性疾病曾夺取了数亿计的生命。巴黎、伦敦、纽约曾是严重的疫区，费城历史上曾多次遭受传染病的危害。

由于商业利益的驱动和管理规范的缺失，城市火灾曾经吞噬过多个城市：伦敦、莫斯科、汉堡、纽约、芝加哥等现代历史上声名显赫的大都市。火灾是毁灭人类财富和生命的恶魔，它也是对人们恶劣行为的惩罚。

现代城市在解放人性、推进文明进程的同时也因人为的过失制造过一个个巨大的人祸。但人们集体意志的自省能力又把一次次危机转化成一次次悔过自新的机遇。教训改变的不仅是具体的管理条文，更重要的是建立现代集体栖息的新秩序。

人们在建立集体空间秩序的过程中，法律体系产生了“公共危害”(public nuisance)概念。在美国土地拥有权的法律纠纷中，人们开始对个人使用自我空间的自由进行限定性约束，即：不能以牺牲他人自由为代价得到自己的自由，而且将牺牲他人的影响定义为“公共危害”。体现城市秩序的法律要求约束力保障个人权力，也要尊重他人权力，消除公共危害，并将这样的原则注入空间的规划之中。

现代城市把城市与个体、个体与个体间的守望关系当作约束力的基础，用街道网络的城市语汇表达这种秩序，从而形成了现代生活的空间条理。现代城市中，集体性的场所联络与个体的空间资产同等重要。街道和它的网络是实现生活秩序的空间手段。

在费城，佩恩为现代工业商贸城市创立出一套街道网络，用街道蓝图保证个体财产的价值，构成明晰的城市内部交流系统。在芝加哥，伯翰确立了密西根大街在城市中的引导地位，带领城市向北发展。

费城和芝加哥的发展证明，一旦街道成为人们认可的社会秩序，街道将从约束性的管理工具转化为城市发展的动力，人们愿意在清晰的秩序中，按规矩参与发展，将个体资产投入到社会进步的进程。

第四章

拓展力· 编织出内外交织的网络体系

费城　主次两个河岸登陆地　　北京　新老两个门户　　芝加哥　长短两条联系

光缆把全世界都联结起来，在没有刻意计划下，班加罗尔*成了波士顿的近郊。

——弗里德曼

（Thomas L. Friedman）

《世界是平的》

托马斯·侯尔莫斯是佩恩费城规划图的绘制者，但我最初遇到“侯尔莫斯”（Holmes）的名字不是在费城规划历史中，而是在费城北部的一个社区改造项目中。社区所在的小镇叫侯尔莫斯堡（Holmesburg），后来了解到这个字与佩恩的测绘师同名。据说，小镇的名字源于法官约翰·侯尔莫斯。约翰·侯尔莫斯与测绘师托马斯·侯尔莫斯大致生活在同一时期。

侯尔莫斯堡位于费城通往纽约的大道上，是进出费城的要冲。当年测绘师侯尔莫斯在为费城规划城区时，对城市外围和腹地也进行了勘测和土地划分。今天的侯尔莫斯堡便在其中。

1687年，侯尔莫斯绘制了一张费城周边、特拉华河西岸的土地分割图。特拉华河西岸是佩恩宾夕法尼亚领地的东部，领地中最有价值的土地。在这张测绘图上，侯尔莫斯记录了两种印迹：上苍留给大地的流动溪流和江河、人类在大地上固定的土地权属。

侯尔莫斯将地图的北向顺时针

转了90°，使领地的界河特拉华河位于地图的下方，所有支流看起来都是从上向下流向特拉华河。而特拉华河再向南约100公里便是大西洋了。显然，侯尔莫斯意欲展示特拉华河沿岸土地与大河和海洋的紧密联系。

这张地图记录的另一种痕迹便是私有领地地界。地图显示：越靠近小河汇入大河的河口区域，土地越被分割得细小，土地需求越旺盛，栖息的人口越密集——这反映出定居点对河道水网的依赖。以此角度观察费城，水网在费城与伦敦之间建立了便捷的联系，费城甚至可看作伦敦的一个延展。

自1682年起，佩恩和他的测绘师一直都在试图为费城寻求商贸网络上的支持，这印证了一个说法：城市的传奇从来就不是自传体的。

---

* 班加罗尔（Bangalore）是印度的第五大城市，人口约1050万，被誉为“亚洲的硅谷，世界的办公室”，许多印度高科技公司把总部设在班加罗尔。利用印度人的英语语言优势，班加罗尔的IT网络公司迅速把这个印度洋边上的城市变成办公信息中心。

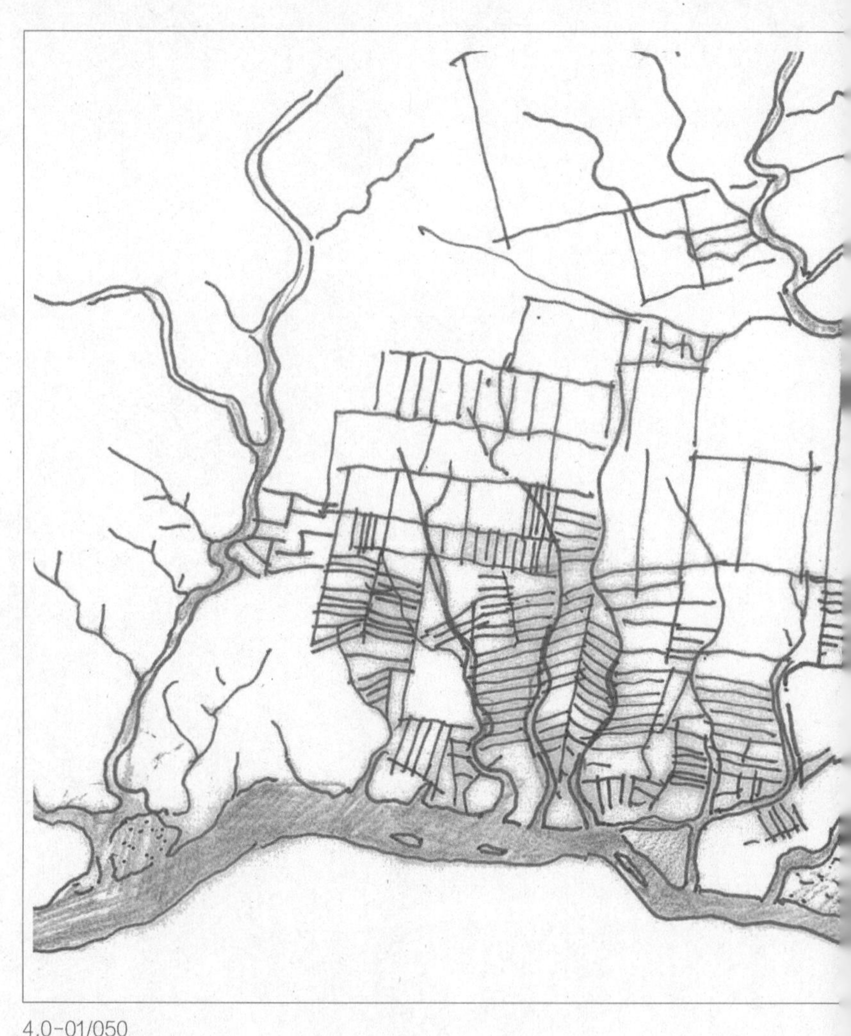

4.0-01/050

1683年特拉华河西岸的土地地界图

（1683 Map，parcels on the west bank of Delaware）

绘图师有意改变了“上北下南”的绘图规矩，把北向逆时针转了90°，使特拉华河摆放在图的下方，这样大河的支流看起来都是从上向下流入特拉华河。特拉华河再向南100km就是大西洋的入海口了。从河口跨过六七千公里的大西洋便可回到大不列颠岛了。水网让费城成为大英帝国的一个延伸点，栖息地沿着支流的脉络建立。

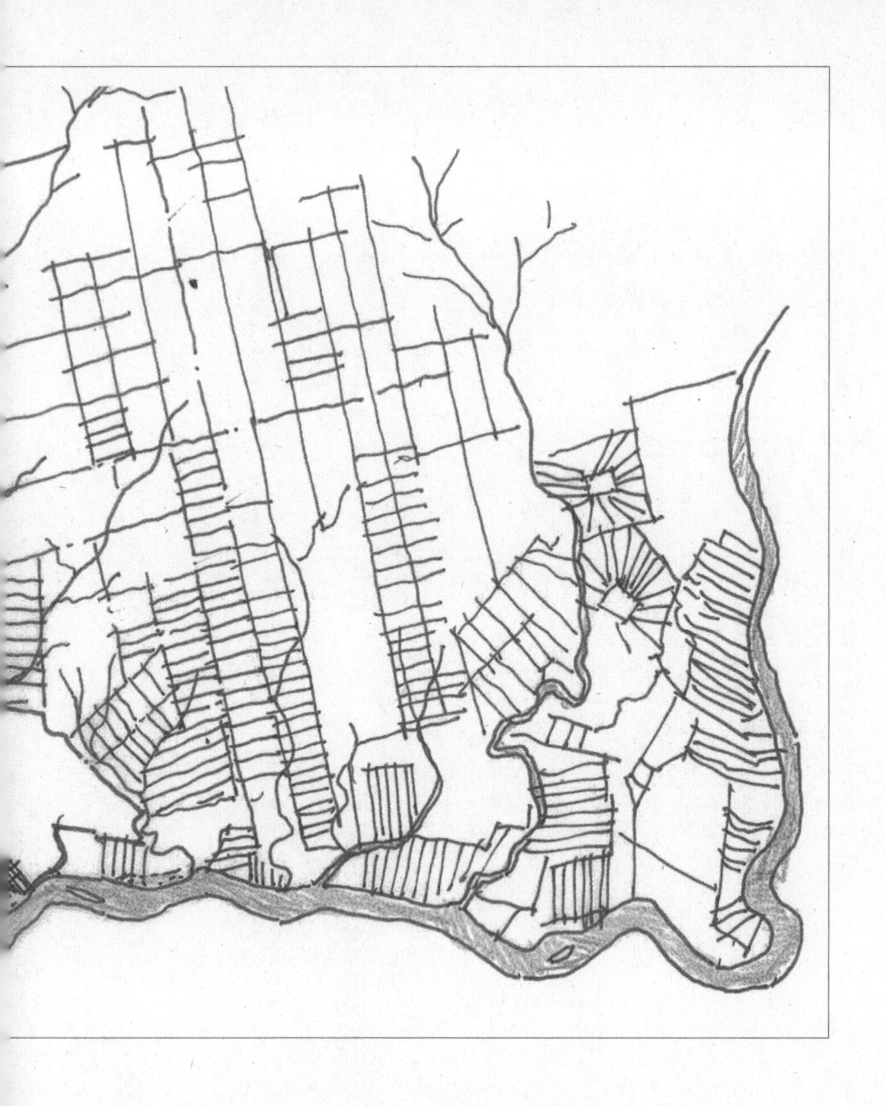

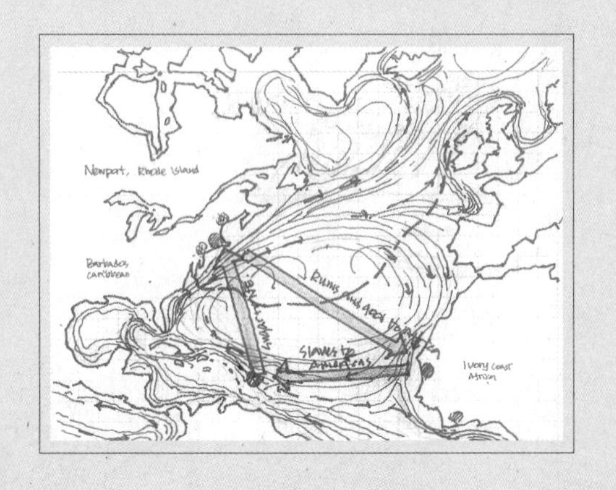

大西洋洋流
Atlantic Ocean Flow

15世纪的地理大发现与文艺复兴、宪政革命、启蒙运动相叠加，对人类的逻辑体系和栖息方式产生了冲击性的影响。海洋不再是人类惧怕的天堑，而是探险家和贸易商的舞台。洋流把殖民者带到大西洋的西海岸。

4.1 节

口岸　城市商贸的接口

4.1A　派尼帕克溪流上的三孔桥

从一个涉水点成为费城的北大门

4.1B　特拉华河畔的登陆点

大英帝国的第三大商业中心

4.1C　城市发展时间中的衔接点

1959年，佩恩登陆地——时间的铰接点（4.1C -1）

2003年，佩恩登陆地——信念的支撑点（4.1C -2）

现代城市体系由两部分组成：城市网络和个体城市。城市是网络上的结点。城市存在于城与城、城内与城外的网络之中，每个城市都有接入网络的接口。

城市接口可以是空间场所，像人们常用的机场、口岸、车站；也可以是外界对城市的认知点，比如，宾夕法尼亚大学是我进入费城的端口，哈佛大学使许多城市联系上了波士顿。教育网络把城市连接起来，体育球队也可以是城市的触点。中央商务区（CBD）是另一种端口，商业网络把每个城市的中央商务区连接了起来。

城市既由内在因素促成，也被外部网络塑形。网络中的角色和定义越来越强地影响着城市自身的发展，网络接口对城市的意义越来越大。

殖民时代，城市间的联系主要依赖江河湖海中的航道，接口是与浩瀚水域相连的口岸，口岸是许多城市生长的起点。测绘师侯尔莫斯为费城绘制的若干版本蓝图中，特拉华河都被视为突出元素，它是纽带，把费城与美洲东岸的几个口岸——威明顿、纽约、巴尔的摩等连接了起来；它更是脐带，把欧洲大陆、英国城市资本和养料输送给费城。

特拉华河把一批批殖民者送到了费城。殖民者的靠岸点中有两个重要的着陆点：一个用城市缔造者的名字冠名：佩恩登陆地（Penn's Landing），至今依然是重要的公众活动场所；另一个用石桥标位，渐被忘却。二者都有过城市门户的经历。

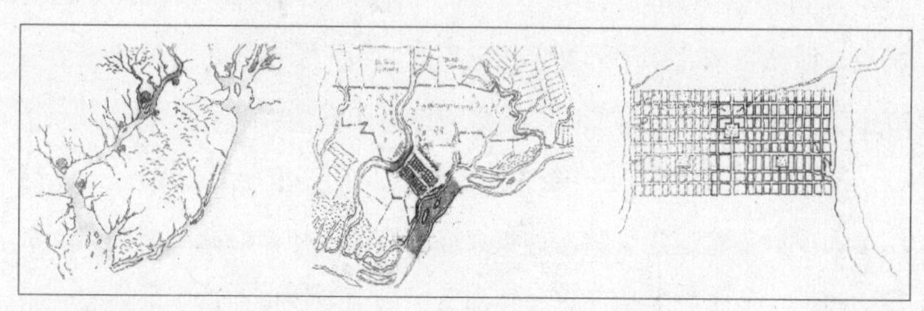

4.1-01/051
殖民时期的特拉华河和费城地图
（Colonial time，Delaware River and the City）

17世纪时，关于宾夕法尼亚和费城的地图总离不开特拉华河，这一与大英帝国相连的纽带和脐带。

4.1A
派尼帕克溪流上的三孔桥

费城北部的派尼帕克溪流（Pennypack Creek）上有座三孔桥，这座320年历史的石桥是美国最古老的桥梁。溪流不深但流水匆匆。两岸茂密的林子掩盖了河道和桥身，若不是湍流的哗哗声响，人们几乎忽视了溪水和古桥的存在。斑驳的树影间，桥墩若隐若现，古老的石砌发券依然承载着车流，静静地默述着久远的时光。

石桥始建于1697年，它使法兰克福德大道（Frankford Ave）跨过溪流，通往费城北部的郊县，甚至更北的纽约曼哈顿。石桥成就了溪畔小镇侯尔莫斯堡，也见证了华盛顿将军在东岸城市间的穿梭。

法兰克福德大道是一条古道。17世纪时，它被定为御道，专门用于为英国王室运送货物。这条大道在陆地上把东海岸的威明顿、费城、纽约、波士顿等殖民点连接起来。御道的线位因循了印第安人千年的游猎古道。早前，马背上的印第安人沿着东部的海岸或河岸南北驰骋，数百年的经验让他们找到了跨越河口的涉水点和渡口。这些点连起来就形成了游猎古道，即后来的法兰克福德大道。

从一个涉水点成为费城的北大门

派尼帕克溪流与特拉华河汇流处是一片卵石浅滩。这里距大西洋入海口一百多公里，河滩水位受到潮涌影响：落潮时，马匹刚好趟过溪流；涨潮时，特拉华河上的船只又可驶入溪流。利用水位变化规律，人们在这个交汇点设立了一个渡口，费城测绘师侯尔莫斯注意到了这点，把它拓展成侯尔莫斯堡小镇。

佩恩登陆费城后，涌入的人口加剧了对粮食的需求。人们开始在

4.1-02/052
美国最古老的三孔石桥
（The eldest 3 arches stone bridge in US）

这座三孔石桥使法兰克福德大道跨过溪流，把费城和纽约联系了起来。

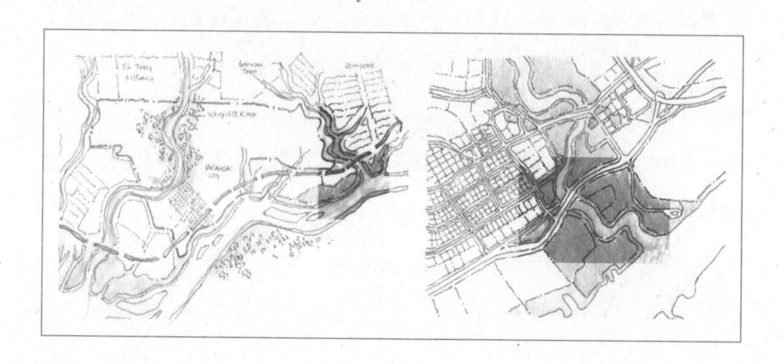

4.1-03/053
法兰克福大道跨过派尼帕克溪流
（Frankford Ave，over Pennypack Creek）

大西洋潮汐落差的变化确定了派尼帕克溪流上渡口的位置，形成侯尔莫斯小镇。

派尼帕克溪流上设置磨坊，借助水力脱谷。特拉华河两岸的农庄驳运着谷物，到此地加工磨面，再把加工好的面粉带回家中，或利用御道销往各个殖民点，或送至费城转港运到欧洲。谷物加工和配送促进了小镇的繁荣。

佩恩在溪流以北的市郊为自己建造了府邸。为了更顺畅地联通费城，佩恩决定跨溪建桥。1697年石桥敷设之后，这条大道紧密地把费城与北部郊区，甚至与纽约连接了起来。随后，溪畔路旁添设了许多驿站，侯尔莫斯堡成了费城的北大门。

从1756年开始，美国独立前的十几年间，这条路上开通了城际的公共马车服务（Public service stagecoach），连接费城和纽约。那时两城之间的往返需要6天时间，但稳定的公共交通服务加强了两城的联系。华盛顿将军和东部领地的政要们多次往返于这条路上，为1776年7月的秘密集会和美国独立做了大量准备工作。

天赐条件和人为拓展为侯尔莫斯堡创造出了有力的网络联系，成就了小镇的接口效应。费城的生长促成了小镇的成长，而小镇则强化了费城与纽约的联系。随后，费城越来越大、越来越强，人们兴建了多条向北的铁路、高速公路。新建的城际网络越过小镇，使它丧失了费城北门户的地位。

完成了铺垫使命后，侯尔莫斯堡默默地变为了费城北部的一个普通小镇。

4.1B
特拉华河畔的登陆点

费城的另一处靠岸点，佩恩登陆地，因为佩恩的原因被视为费城的起点，它远比侯尔莫斯堡幸运，至今一直保有着初始点的声望。

佩恩登陆触发了特拉华河沿岸的发展。1684年的滨水测绘图规划了城市对自然河岸的开发：城市街区从最靠特拉华河的一条街道向河道内推进了半个街坊，填出的土地用作仓储库房。仓储用地之外，再向东是一排伸入水面的码头和船坞。这个规划中，佩恩的登陆地被覆盖在鳞次栉比的码头中。显然，口岸建设被视为发展之初的当务之急，口岸贸易被视为立市之本。

那时的水岸并没有留出一块土地纪念佩恩登陆的历史。战后，内河港口开始衰败。人们重新规划滨水区时，提出了纪念用地的想法。通过考证，人们找到了佩恩当年登陆的地点，把它设定为滨河公共活动场所，用“佩恩登陆地”命名。

城市开埠的头一百年里，主城区一直围绕着码头和河岸发展。当年，人们描绘城市繁荣盛景时，常常把视点放到特拉华河中的货船上，用船长的视角眺望城市：林立的教堂尖塔撑起城市的天际线；密集的沿河码头把口岸区装点得热闹非凡。

大英帝国的第三大商业中心

在佩恩蓝图中，港口商贸得到了特别关照。佩恩让测绘师侯尔莫斯把靠近特拉华河边的几排街坊向东、面河排列，土地分割的方式也反映了面河方向的价值：东西长、南北短。这种分割方式可提供更多的临河资产单元，满足市场需求，形成口岸商贸区。那个时代，其他

4.1-04/054
18世纪上半叶，从河上望费城
（Earlier age of 18th century，view of Philadelphia from Delaware River）

开埠之后，费城港迅速繁忙起来，直接带动了费城的繁荣，很快就成为大英帝国的第三大商贸中心。

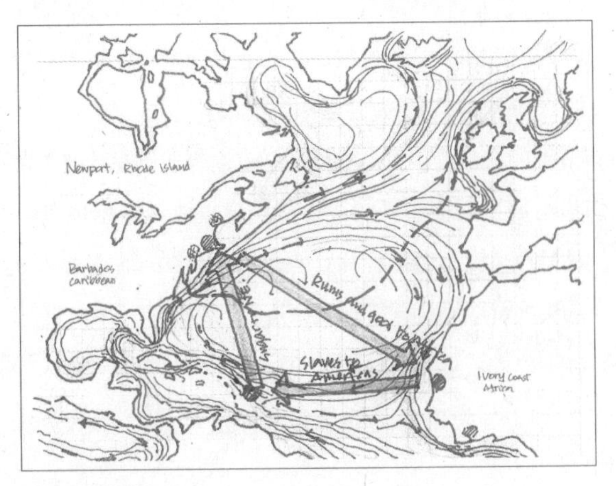

4.1-05/055
海上贸易链
（Trade and business chain over the Atlantic Ocean）

朗姆酒、奴隶和蔗糖取自三个不同的地点：罗得岛的新港、非洲的象牙海岸、加勒比海的巴巴多斯—— 这个海上的链条不仅摘取了三地物产的效能，更重要的是完成了资本对产业链条的支配权。因为资本深知：航运控制下的交易利润远远大于单一产品的生产利润。

城邦还在沿袭着中世纪的内向防御结构布局，费城已率先按功能要求分区，形成城市开放性的布局。

殖民地城市从殖民聚集地发展而来。16世纪，西班牙殖民者在美洲大陆拓张，新大陆上的定居点迅速增加。利用城镇，西班牙人把管理点、军事据点、宗教传播点结合到一起，成为殖民网络上的节点。西班牙人在城镇之间、口岸之间和海上航道之间构建起网络。这些网络，不仅是向殖民地输送养料的脐带，也是殖民者的优势所在。

依托航线的殖民者很早就知道联网的重要性，用网络控制资源。比如罗得岛州（Rhode Island State）的新港。自1639年，殖民者就开始以新港为基地经营朗姆酒的产业链条：他们把酒贩运到非洲交易奴隶，再把奴隶运到巴巴多斯（Barbados）交易蔗糖，而后运糖到新港收购朗姆酒。新港、巴巴多斯、非洲三个地点的三次交易形成了完整的产业链。航运控制下的交易利润远远大于单一产品的生产利润。商贸的三角网络促进了新港发展。

佩恩深知城市间商贸交易的重要性。在他的规划中，水道航路、口岸码头、滨水布局均服务于贸易需求，岸线也像陆地上的土地一样，被切分为一条条的码头用地。这种规划吸引了大批商贸资本进入费城。

利用自己与英国皇室的人脉，贵格会在欧洲大陆的广泛网络以及开放包容的政策，佩恩迅速地扩大了费城的知名度。大量商贸活动选择费城为集散口岸，北美木材、农产品、烟草、酒类等大宗商品，甚至劳动力都在费城交易。在很短的时间内，费城就跃居为大英帝国的第三大商业中心。

到1750年，费城已超过纽约拥有4万多人，成为北美第一大城市。

4.1C
城市发展时间中的衔接点

佩恩登陆点，作为城市的起点，引发了费城港口的建设，促进了城市发展。

与侯尔莫斯堡短暂的辉煌相比，费城港拥有两百多年的繁荣。但最终，它也步入了相同的归途：新的城市网络抛弃了曾经的联系方式，更新的技术和手段取代了旧的基础设施——城市改变了入网的插接方式。港口的衰落成了必然。好在，除了贸易口岸的角色，费城水岸还拥有特殊的历史身份，这为城市场所的延续性提供了支撑。

20世纪50年代后，大型集装箱货柜港、专用物资港渐渐取代了内河上的散货港，人们把内河沿岸的货运区集中到河海交汇的入海口。人们甚至为储运港兴建离岸的人工岛，让储运巨港服务整个三角洲的都市群。海运与公路、铁路的对接扼杀了内河运输，城市滨水的仓储配送产业链逐渐消亡，费城特拉华河岸的码头也成为谢幕中的成员。

战后，液化石油动力取代了固体煤炭动力，高速公路代替了水岸码头的连接角色，高速公路网络在全美迅速铺开。北美东岸线的95号高速公路，作为城市间的大动脉，把波士顿、纽约、费城、巴尔的摩、华盛顿、亚特兰大、迈阿密等大城市从北向南贯通起来。在费城，95号高速路从原来的滨河仓储土地上穿城而过，平行河岸的16条车道形成了进出城市的前廊。

20世纪五六十年代，费城滨水区发生了巨变。滨水区在新一轮规划中除了让位于高速公路，还留出了土地纪念城市的起点：95号高速路与水岸之间的岸线被划为公共区域，并命名为“佩恩登陆地”。在码头旧址上，城市建成了一座酒店、一个海洋博物馆、一个游乐场、一个露天剧场以及展示航海历史的游艇码头，由它们组成了综合性的城市空间，为市民提供重大事件和节假日的活动场所。

从仓储货运转型为休闲性的市民空间后，佩恩登陆地得到很多投入，但由于公路廊道的切割，曾经的城市起点失去了与街道网络的联系，被边缘化为城市的端点。为了获得新生，过去半个多世纪中佩恩登陆地一次次地尝试着新角色。

1959年，费城规划师培根（Edmund Bacon）发表了《费城2009年》的城市构想。在这张未来50年的愿景图中，佩恩登陆地被赋予了新使命：新门户——城市进入世界经贸发展体系的衔接点。

2002年，距离培根愿景的2009年还差7年之际，由宾夕法尼亚大学设计学院和《费城观察家报》推动了新一轮“佩恩登陆地”的使命讨论。这次议程特别提出了“谁为城市起点画蓝图”的议题。由此，这个项目在开题之际，佩恩登陆地就成了公众视线的焦点。

1959年，佩恩登陆地——时间的铰接点（4.1C－1）

“二战”中开足马力的美国工业，战后骤然减速。从1948年到1958年的10年里，减速后的工业城市开始锈迹斑斑。如同空间位置不能永久保证地点优势一样，规划的空间棋盘也不会一劳永逸地保证棋局的顺畅。为应对困境，联邦政府出台了城市复兴计划（Urban Renewal program），借此每个城市也开始构想自己的新蓝图。

1959年，费城规划师埃得蒙特·培根（Edmond Bacon）为费城谋划了一张发展蓝图。用它，培根试图重构联系：费城城市风貌与美国生活品质的联系、城市交通系统与各个提案项目的联系、提升后的城市与其他城市的联系。在1959年到2009年50年的时间轴线上，培根选择了一个时间点——1976年，作为承前启后的节点。

蓝图建议1976年，美国建国200周年时，费城举办世博会。培根把这个创意作为50年规划的里程碑。200年是个可以回顾的时段，回顾1776年的梦想，回顾孕育梦想的摇篮。1976年，抓住美国建国200年的时刻，向世人展现年青国度的壮大；费城则贡献出城市，向世人展示摇篮的成长。

佩恩登陆地是摇篮的起点，也是1976年费城城市展廊的入口。围绕着登陆地，蓝图规划了特拉华港湾：历史古船、海洋博物馆、水族馆、河岸泳池、餐饮商业等业态环港布置，形成城市的访客中心。由此出发的水上游览线可抵达海军船厂，在军港中人们可以看到排列整齐的航空母舰和战舰——完成一段水上成长的故事。

回到岸上，培根的规划向世博会描绘了一张宏伟的城市画卷：

东起佩恩登陆地的城市展廊，沿市场大道，经过美国国家独立公园的宽阔绿地，到达城市中心的费城市政厅。市政厅上佩恩雕像，与一英里之外费尔蒙特公园（Fairmount Park）山坡上的艺术馆遥相呼应。两者之间由富兰克林大道连接，这条费城版本的香榭里舍大道展示了城市的整体风貌。艺术馆腹地三千英亩的费尔蒙特公园是超大型的自然生态公园，它向人们展示了自然和城市之间的融洽氛围。

借助这幅画卷，培根回顾了城市过去近三百年的成长：从河岸到河岸、从殖民地风格的历史街区到20世纪的现代化城区、从规整的城市建成街坊到悠闲开阔的生态公园。

站在1976年的节点上，继续前行至2009年："费城将是美国文化和科技活力无与伦比的展示地"（an unmatched expression of the vitality of American technology and culture）。在50年的蓝图中，培根把"佩恩登陆地"塑造成一个交接点：一端连着几百年的历史、一端连着现实中城市复兴的使命、第三端连着城市的未来。

培根蓝图里，增长参数是简单的线性关系。然而现实中，时间的

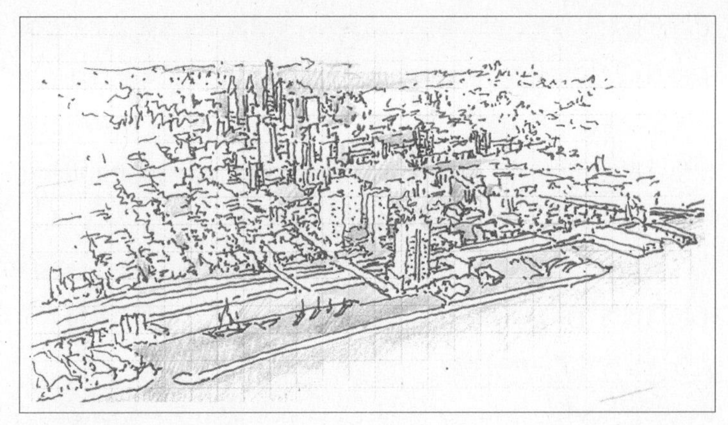

4.1-06/056
当下的佩恩登陆地
（Current Penn’s landing on Philadelphia）

曾经辉煌的费城港已失去往日的繁忙，佩恩登陆地，被95号高速路从城市街网隔离后，日渐沉寂。这个城市起点在期待着新的角色。

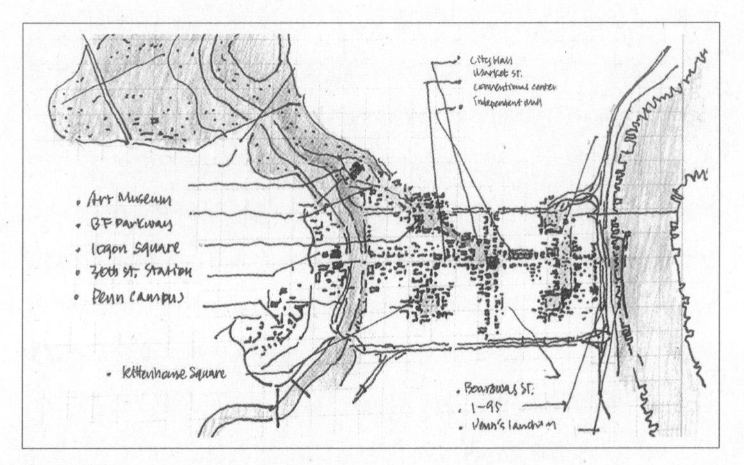

4.1-07/057
1959年，培根规划的费城发展框架
（Philadelphia framework in Bacon’s 1959 Plan by Ed Bacon）

以美国建国200年——1976年为目标，培根规划了一张自佩恩登陆地到费尔蒙特公园的宏伟蓝图。

复合变量却十分复杂和不确定："冷战"时期美国大城市陷入了漫长的衰退期。越战的泥潭、郊区的竞争、大城市自身的危机等问题使人们开始质疑城市本身的凝聚力。世博会提案遭遇搁浅。人们开始意识到城市自身是个生命体，也有潮涨潮落的节奏和周期。潮水进退中，有的设想得以实现，也有许多没有实现。

这期间，佩恩登陆地还经历了各种其他畅想：码头水港、会展中心、商贸综合体，甚至还有赌场的构思。在一张张蓝图前，城市的起点依然等待着下一次召唤。

2003年，佩恩登陆地——信念的支撑点（4.1C－2）

20世纪末计算机和网络经济兴起，技术变革为远端工作和异地联网提供了可能。随之兴起的是都市圈外围的总部园区、产业园区。联络方式的改进并没有减少大城市的作用，反而大大地促进了全球城市化的进程。在北美都市化率较高的地区，都市的中心区迎来了一轮回归的热潮。中心城市显示出更强的聚集效应。

这轮热潮中，人们把联邦和地方政府曾倡导的"都市更新"命题转移为以社区民众参与的"社区复兴"（Neighborhood Revitalization）。这种自下而上的参与方式更重视对现状问题的认知，更看重社区共识的建设过程，更关爱市民的体验和感受。它使专业设计师更倾向扮演协调者的角色，在市民、政府、开发商、投资者之间，规划人建立沟通渠道，帮助各方寻求利益的共同点，推进达成共识。

佩恩登陆地的复兴再次成了重点议题：被割裂出去的滨水区能否并如何回到城市生活中？在新世纪中，它的角色是什么？

自2002年起，由宾夕法尼亚大学设计学院牵头，《费城观察家报》推动，佩恩登陆地的愿景讨论吸引了费城各个层级参与。规划蓝图一旦成为公众表达意愿的平台，城市中积蓄的热情和关注往往超出专业设计师的想象。公众热切地寻求专业人士为自己的愿望代言。

宾夕法尼亚大学、我所在的WRT事务所、奥林（Olin）事务所、文丘里（Venturi）事务所、《费城观察家报》等都成为讨论的支持者。2003年春天，佩恩登陆地愿景讨论持续升温。在公众夙愿酝酿了半年之后，一个面向全城、开放式的愿景工作营在港口博物馆会议大厅举行。这是为期三天，有数千人参与的讨论。

从来没有过，市民，像家庭中的成员一样，聚集在一起讨论城市起点的未来；从来没有过，规划，像居室里的茶几一样，成为公众参与的平台；从来没有过，城市公共资源，像厅室顶棚上的顶灯一样，关照周边每一个居民的日常活动。讨论中，市民对佩恩登陆地的基本特性有了更深的理解：它的未来是开放式的、形式可能是不确定的、功能可能是多样性的，但它的未来发展应遵循以下明确原则：

1.城市应该与河岸相连，河岸区域不应被割裂开。

2.滨河的城市空间应该留给公共活动，沿河的公共空间应是连续的。

3.滨河公共活动区不只是城市的，也是社区的；不只是纪念性的，也是生活性的。

作为WRT规划团队的一员，我参与了这次讨论，并与布朗女士（Scott Denise Brown，Venturi事务所的合伙人）被指定为第四组讨论的专业协调人。工作营后，WRT团队整理了讨论结果。以公众诉求为依据，我用设计插图的手法表现了工作营达成的共识。

2003年3月9日，《费城观察家报》刊登我的插图，其简明易懂的表达方式引发了全城反响。此后的五六年间，WRT团队又参与了不同机构、不同目标需求下的多次滨水区域的规划。尽管任务的业主、使命和目标不同，但工作营制定的滨水区发展原则却是每个提案必须遵从的框架。

回望1682年佩恩登陆时的理想："我们把权力交给人民"，为了防止政府凌驾于公民意志之上，佩恩更多地采用了规划的理念，而非统治的手段，鼓励城市的发展和拓张。在他的影响下，规划渐渐成为市民搭建共识的工具和手段。

—·— —·— —·—

城市是由每个场所的发展累积而成的。时间可催生场所，也可使其发展生变。佩恩登陆地，作为城市的起点，接收了大河带来的移民、商贸资源，把特拉华河滨的一块荒芜之地与北美大陆东岸线的各大城市联系起来。口岸贸易为这块土地吸纳了其他城市的能量，水岸带着费城迅速融入到城市网络之中。

在时间修改了城市网络的联系方式后，场所的命运亦随之变化。从城市网络的接口，佩恩登陆地渐渐地转化为自身历史的展示口，进而寻求成为社区文化的交汇口。这个漫长的演进呈现出一种转变：城市的起点已经在向市民信念支撑点的过度，佩恩登陆地也在拓展着新角色：把历史、现实和未来联系起来。

无论是侯尔莫斯堡，还是佩恩登陆地，不可移动的土地都会受到城市间联系的影响。通过参与，城市场所也培育着自身的影响力，这些影响力形成的合力就构成了新城市的拓张力。

4.1-08/058

2003年，费城观察家报刊登了作者为佩恩登陆地工作营而归纳出的愿景插图（2003，Philadelphia Inquire published Yan's drawing for Penn's landing workshop）

2003年3月9日《费城观察家报》刊登了我绘制的规划插图，建议展示了市民工作营的讨论成果：将佩恩登陆地还给社区，还给城市生活。

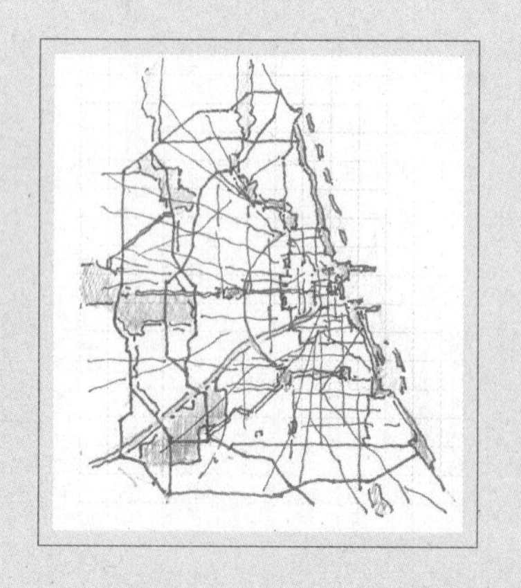

1909　芝加哥总体规划
Chicago Master Plan，1909

芝加哥源于印第安语，是野洋葱地的意思。因为法国人异想天开的梦想，这片密西根大湖畔的湿地成了一个关键的连接点——五大湖水系与密西西比河水系的连接点。衔接的使命成就了芝加哥，也塑造了城市的禀赋。

4.2 节

门户 城市入网的插口

现代城市用gateway命名接口的空间，中文翻译为“门户”。实际上，英文由gate和way，即门和路两个单词组成，它表达出“门户”的双重使命：门户是城市的入口，也是城市与外界的接口。

如果说，费城的滨水口岸是其他城市拓张力的接口，当年的口岸充分利用其门户角色为城市带来了大量的贸易和资源；那么，今天的城市门户，如北京首都国际机场的T3航站楼、芝加哥奥黑尔机场的C指廊，则更加注重通过接口向城市网络展示其影响力，释放其拓张力。

20世纪是现代城市飞速发展的世纪，城市网络的拓展为个体城市带来了巨大的机遇和资源。北京与芝加哥相隔万里，各自拥有完全不同的历史、环境和挑战。当古老的北京正在全力推开千年历史大门之时，年轻的芝加哥则在创新大道上大步奔驰。过去的半个世纪中，两个城市都认识到城市网络带来的机遇，它们都把目光投向城市的新门户——机场。两个城市都在利用机场每年近亿次的客流量增大城市的影响力。

4.2A
北京城的两扇大门
——相隔100年的火车站和空港

空间网络可促成城市门户，时间也可为城市制造接口。如费城进程展示的内容：不同的时间形成不同的接口。

北京城有数百年恒定的格局，与西方城市有完全不同的建城理念和发展路径。今天人们公认的古城，即明清形成的“凸字”形区域，范围约35平方公里。这块古城区域历经7个世纪，发展了外城、内城、皇城和宫城4个城域。古城拥有“内九外七皇城四”20个城门，加上4个宫门，共24个城门。

梁思成先生讲，“……凸字形的北京，北半是内城，南半是外城，故宫为内城核心，也是全城的布局重心。全城就是围绕这一中心而部署的。但贯通这全部部署的是一根直线。一根长达8公里的南北中轴线穿过了全城”（费城规划的长轴方向约三四公里长）。与费城5平方公里的中心城区相比，北京城气势磅礴，戒律严整。24座城门除了拱卫帝都，更要传递信息：表达天朝仪态万方、气宇轩昂的皇权。

维系了近千年之后，这个规矩与现代社会的体系发生了强烈碰撞。时代在原来的规矩上插上了一个接口。

京奉铁路正阳门东站——迎来了民国（4.2A－1）

皇城根儿——北京人称呼自己地境的词儿，一个听起来随意、但颇有盘算的说法：在市井胡同前放上“皇城”，其后再轻轻地加个“根儿”字。这样，皇城就带出了京城百姓的生活场所。外城百姓与内城皇亲国戚有着相互依存的关系。

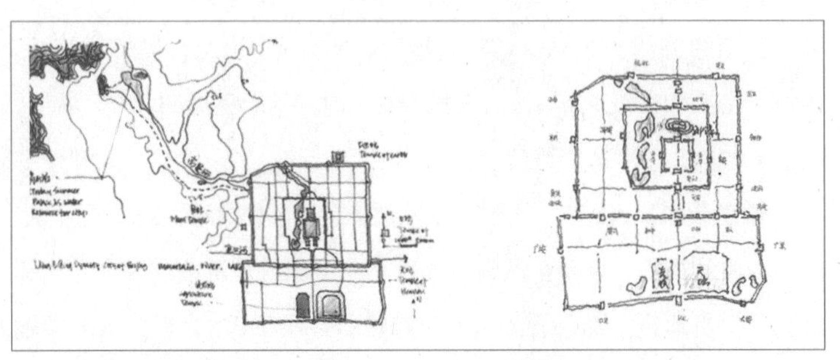

4.2-01/059
北京古城的水系和它的24个城门
（Water system and 24 gates for ancient Beijing）

历经7个世纪的古城被装在4层围墙之内，皇城、宫城、内城和外城，并设置了24座城门——有点像俄罗斯的套筒娃娃。

4.2-02/060

1900年前后，前门城墙外的早点铺子和排子车

（Around 1900，Breakfast stalls and manpower carriage along the city wall）

这片红火的生意源于城墙对面、画面之外的“京奉铁路正阳门东站”——北京最早的火车站。

其实，城市中的场所——内城、外城、红墙深院的皇宫与灰瓦窄巷的胡同，都是休戚相关的。

皇城的统治者将“城门”看作守护城池的“门”，一个黑白区分的交接点。城墙外面的市井小民把“城门”当作“城门口儿”，一个向大门口提供服务的谋生场所，而时代进程则把“城门”变成“城市门户区”。这三种不同的视角同时映射到中轴线上的正阳门上。

正阳门东站，北京最早的火车站，位于晚清末年的商业区和商务区之间。车站以南，是著名的前门大栅栏商业区；车站以北，穿过城墙是东交民巷，清末民国初年的使馆商务区。

19、20世纪交错之际，大清帝国摇摇欲坠。外部影响之下，帝都四平八稳、严整对仗的格局被拉扯得七扭八歪。平民和外族栖居的南城渐渐繁荣起来，城东城南引入了铁路干线，它们刺穿了东部和南部的外城墙。1901年《辛丑条约》签订之后，落荒外逃的慈禧才得以回到了帝都的大内，洋人的使馆区堂而皇之地搬进了帝都内城，在东交民巷落脚。

为方便外国使节的出行，大内衙门不得不同意：把城外的马家堡车站延到内城的大门口——正阳门。正阳门东站1906年建成，它横跨帝都的内城和外城，连接着内城的使馆商务区和外城的平民商业区。

自那时到辛亥年的5年间，正阳门东站成了帝都甚至是帝国的门户。它把外部世界带进了古老的都城，同时，也领着这座古城跨入了新的时代：1912年，辛亥革命后的第二年，正阳门东站迎来了新时代的缔造者——孙中山先生。孙先生从这里下车，把共和带进了北京城。

百年间，城市发生了巨大的变化。京奉铁路线早已不复存在了，正阳门东站成了博物馆，使馆区已经迁移过了几次。虽然东交民巷的街道还保留着，但是百年前的异国风貌只能依稀读出。现今，东交民巷是市中心的一条小街，街道绿荫浓密，两侧偶尔露出西式的柱廊，

箭楼与正阳门之间的瓮城曾是内城的防御中枢，被拆除之后，两座城楼之间的空间成了火车站的站前接客广场。

4.2-03/061
京奉铁路正阳门站
（ZhengYangMen Railway Station on JingFeng rail line）

1915年，为疏通交通，按照德国人的规划，箭楼和正阳门之间的瓮城城墙被拆除。

默述着当年的繁华。

围城的墙已去，通车的路尚在。时代给古老的北京安上了个插口，随后又拔去了这个插口。时过境迁，火车站门户区的角色让位给了机场。

T3航站楼——带来了奥运（4.2A－2）

2008年的北京奥运会直接触发了首都国际机场T3航站楼的兴建。从2003年设计竞赛算起，短短4年的时间，北京完成了T3航站楼的规划、设计、施工和试运行。T3航站楼的建筑面积接近100万平方米，是北京故宫建筑面积15万平方米的六七倍，甚至超过了故宫72万平方米的占地范围。

“世界给北京一个机会，北京还世界一个惊喜”，是这座城市1993年第一次申办奥运会的口号。错失了2000年的奥运会承办权后，北京抓住了2008年的机遇。T3航站楼凝固了那个时刻城市的兴奋。

~盛典时刻

在名家云集的T3航站楼设计竞标者中，纽曼·福斯特爵士（Sir Norman Foster）的方案抓住了要害，脱颖而出。在向机场竞赛组委会提交的设计文件中，福斯特的团队用一张全景图展示了一个特殊时刻：

暝暝暮色中，从落降飞机的驾驶舱俯瞰下去——T3航站区宛如一条俯卧在大地上的红色长龙：巨大的屋盖绵亘数公里，顶盖上排列着三角形天窗，这使人联想到蛟龙图腾中的鳞片状图案。航站楼严谨的对称布局强化了抵临时的庄重氛围；而两翼伸开的弧形姿态，则恰如其分地展示了开放友善的姿态。航站楼前巨型的喷水广场（现改为停车场的屋顶绿化）与特效灯光一起烘托出了戏剧般的效果，逼真地模拟出了城市的期待——期待贵宾和盛会的到来。

运用现代的材料和表现手法，福斯特爵士回答了主办方提出的三大目标：国门形象、奥运需求和枢纽功能。英国设计师将中国皇家的经典色彩娴熟地运用到了现代建筑上：金黄色的屋顶材料和外部朱红色的柱子——勾画出大明宫含元殿的神韵，复兴盛唐海纳万邦气势。

“营造难忘的旅行体验”是T3设计团队对旅行者的承诺。航站楼方案用震撼的建筑设计兑现了这个承诺：机场的入口处，超过50米的巨型悬挑屋檐覆盖了六七条送客车道，延续七八百米的弧形檐口线把视线推向远端的地平线。深深屋檐之下，人、物和车，渺小而简单。

~龙鳞华盖

进入航站楼大厅，6座引桥带旅客步入送客、票务大厅。向下俯瞰，A~L十二组航空公司的服务岛排列有序；向上仰视，一排排的擎天钢柱托起连续的曲面穹顶，好似人造的森林。设计团队深谙中国文化对屋顶的喜好，提出了“空间一体化”的理念。T3采用了一个巨型的华盖，一统地将航站楼内部复杂的流线、高低不同的区域放置其下。

华盖是一个流线型的钢架网壳，从视觉上创造了无阻断的室内天空。T3基本上没有实体外墙，延绵数公里的玻璃幕墙围合了近百万平方米的室内。玻璃透明材料的外墙凸显了屋面元素的控制力，且使之轻盈飘逸。

T3航站楼把屋盖的表现力发挥到极致。在机场流线和功能方略上，T3航站楼采用了相当实际的策略，直接借鉴了香港赤邋角国际机场的布局。尽管T3航站楼与香港新机场有着截然不同的外部形象，但二者在功能安排、流线处理和平面布局上却极为相似。20世纪80年代，为迎接1997年香港回归，美国HOK公司帮助香港新机场进行

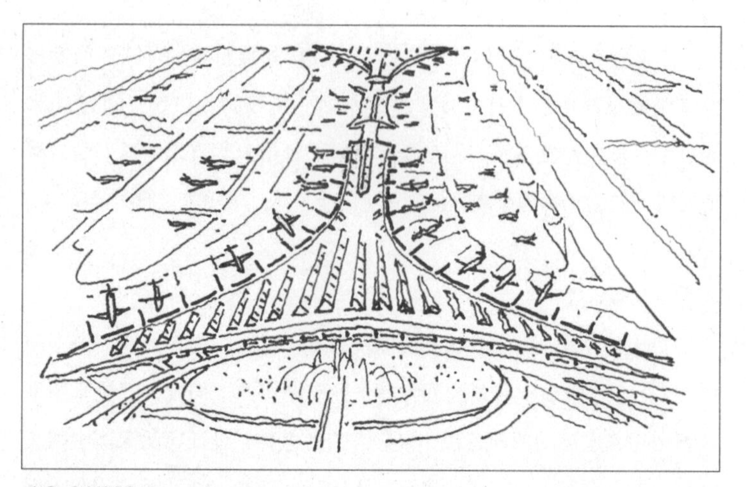

4.2-04/062

北京首都国际机场T3航站楼

（T3-Beijing Capital International Airport）

T3航站楼展示出了国门的宏大和尊威。庞大的屋盖成为后来中国其他城市机场仿效的方向、设计师必须完成的设计命题。

了大量的流程和布局研究，建议香港采用Y形航站楼布局、自动旅客捷运系统（APM）、票务大厅的引桥衔接、机场快线等思路。这些功能和布局策略在香港和北京都得到了采纳。

香港新机场和北京T3航站楼的建筑造型设计皆出自福斯特爵士之手。爵士是个幸运者，似乎总有机会参与重大事件的重大项目。他的作品总试图将城市文化与未来结合。在北京，屋盖成了福斯特中国元素的代言物、大书特书的文化符号。

英国设计团队对历史使命的敏感性有着历史渊源。2008年北京T3航站楼同1851年伦敦世博会的水晶宫有着同样的使命要求。当年，伦敦把市中心公园辟为博览会展场，原本一个临时结构被赋予了特出的使命：景观师约瑟夫·帕克斯顿（Joseph Parxton）看到这个机会对大英帝国的意义，他用当年令人耳目一新的钢铁和玻璃材料搭起一座通透炫目、如水晶一般的宫殿。他的设计展示了英国先进的工业生产技术和能力。后人科尔评价说："世界历史从未目睹过像1851年的世界各国工业大展览这样的盛事。一个伟大的国家正在邀请所有的文明国家来参加一次盛会，比较和学习人类智慧的结晶。"

英国设计师知道北京T3航站楼的国门感对奥运、对那个时刻的北京太重要了。

T3航站楼是机遇的产物。奥运会的机遇为城市甚至国家创造出了搭建新国门的机会。新国门T3航站楼在奥运年成为举世瞩目的焦点。T3航站楼的建造者们抓住了机遇，将历史文化与现代设施结合，成为民族自豪感的表现。

1906年，北京城在内城的大门口安了座火车站；2008年，在顺义盖成了T3航站楼。两扇大门相隔一个世纪，时间为城市安排翻新。2019年，北京又在南郊大兴建成了大兴国际机场。一扇扇大门之后是城市带给世界的惊奇——城市一次次地拓展着它的影响力。

4.2-05/063
T3航站楼屋顶上的龙鳞般的天窗
(Dragon scale shaped sky window on T3)

设计师利用屋盖上的天窗巧妙地比拟中国古典造型中的龙鳞图腾。

4.2-06/064
T3航站楼出挑50m的巨型悬挑屋檐
(50m roof overhangs of T3)

超过50m的巨型悬挑屋檐覆盖了六七条送客车道，延续七八百米的弧形屋檐线把视线推向远端的地平线。深深屋檐之下，人、物和车，渺小而简单。

4.2B
芝加哥的两条连线
——河湖间的托运道与登机口间的指廊

对于费城和北京，网络助推了门户的形成；对于芝加哥，商贸网则催生出整个城市。

1848年，一段98英里长的运河把两大水网，北美五大湖和密西西比河水网联通起来。由此，处在运河和湖畔交点上的小镇开始腾飞。今天，芝加哥已是美国的中心城市——全球期货和商贸的交易中心、全美的交通枢纽、中西部最大的大都会城市。

每年，超过8000万人次的流量经过芝加哥奥黑尔国际机场（O' Hare International Airport），我也是其中之一。芝加哥是我常常使用的中转站，机场的C指廊是我多次进出的地方，指廊中400米的走廊像条连线，为我衔接起几段数千公里的空中旅程。

野洋葱地里的托运道：引爆城市发展的导火线（4.2B－1）

在北美五大湖的岸线中，密西根大湖的南端纬度最低、最靠近北美大陆的中心、最有条件成为内陆的物流中心。面对天赐的地缘，印第安人最先利用了它、法国人最早谋划了它、美国人最终凿实了它——成就了芝加哥这座城市。

芝加哥（Chicago），在印第安语中，是野洋葱地的意思。在中西部，芝加哥特指密西根大湖畔一片泥潭中的野洋葱地。这片湿地位于两大水系之间：五大湖水系和密西西比河水系。五大湖水系通过加拿大的圣劳伦斯河向北流入大西洋、密西西比河向南流入墨西哥湾。两大淡水系的尾端各自有个“末梢”：五大湖尾端的芝加哥河、密西西比河的支流伊利诺伊河。两河之间100英里的陆地就是这片洋葱地（Checagou），一个接近土著单词（Shikaakwa）的法语音译单词。

~内陆寻径

印第安人最早用脚踏出了两大水系间的连线。他们在湖畔和河边建立货站，穿越洋葱泥地踏出了一条托运道。借此，印第安人在密西根湖畔和伊利诺伊河两岸穿梭，经营他们的皮草生意。到了17世纪的中叶，皮草生意的买主中出现了法国殖民者的身影。这些法国主顾的关注点好似不在皮草货物上——他们迫不及待地想掌握印第安人所有的交易点。

的确，法国人带着些许焦虑踏上了北美大陆。新大陆殖民者中，他们是后来者。

16世纪，通过加勒比海，西班牙人一次次地登陆墨西哥湾沿岸。到17世纪，西班牙人已占据了南美大陆的北部和北美大陆的西岸线。17世纪初，英国人也开始大批登陆北美。王室不断地把北美大陆东岸线的大片土地赐封给英国的领主们。17世纪稍晚些时段，法国人开始加入跨洋拓疆的行列。登陆后法国人发现：新大陆岸线上的口岸大多已被西班牙人和英国人控制了。英国人从北美大陆的东岸、西班牙人从北美大陆的西岸各自建立起海上贸易通道。东西海岸线留给法国人的机会不多了。

相对英国人和西班牙人的海岸线拓张经验，法国人更了解河流的通道作用。也许出于无奈，法国人从北美大陆的南北两头入手侵入新大陆。在北部，法国人从圣劳伦斯湾驶入圣劳伦斯河，沿河南下抵达了五大湖区。在圣劳伦斯河沿岸法国人建起了几座城市，并把河中的一个大岛命名为新奥尔良岛（New Orleans Island），名字取自法国中部的一个滨河城市奥尔良。

在北美大陆的南部，密西西比河的入海口，法国人建起了一个城市，也起名新奥尔良。法国人的梦想是把两座新奥尔良连通起来，再连回到母国本土的奥尔良。

~另辟蹊径

冥冥之中，法国人相信相距数千公里的两个海湾——圣劳伦斯湾与墨西哥湾，一定存在着水上联系。法国人有个巨大的梦想——构建第三通道，区别于西班牙人和英国人在东西岸线上建立的两条通道。

法国人想从内陆打通河湖网络。17世纪，英国殖民者一直忙着在东岸创建一系列殖民地：弗吉尼亚、马里兰、特拉华、新泽西、宾夕法尼亚等。这时，法国人不动声色地开始了他们的探险。1670年，法国殖民者让·泰隆（Jean Talon）在渥太华河与圣劳伦斯河的交汇处宣布了法国对新大陆内陆大片土地的拥有权。

法国人心中最关心的事情还是通道的拓展和发现。没有强大军队支持的泰隆，充分发挥了法国人交易和斡旋的天赋。他派路易斯·朱厉艾特（Louis Jolliet）跟踪印第安人的皮货生意网络，寻找到达密西西比河的捷径。1671年7月，朱厉艾特从三大湖交汇点的圣玛利亚出发南下，开始了世界级通道的探索之旅。

朱厉艾特果然不辱使命，他摸清了大湖水系的通路，找到了密西西比河河网，更重要的是他发现了两大水系的最短通道，即印第安人在密西根湖畔的野洋葱地里开拓出的货运通道。从此，Checagou，这个法国人从印第安人口中听来的单词，开始出现在殖民者的地名中，它的原意是指野洋葱或野大蒜之类的当地植物。

在给魁北克殖民当局的报告中，朱厉艾特写道："这次伟大旅行的重要性令人难以置信。我们可以乘坐桦木小船直抵佛罗里达。而且航程可以十分轻松，只要我们开凿一条联通密西根湖和伊利诺伊河的

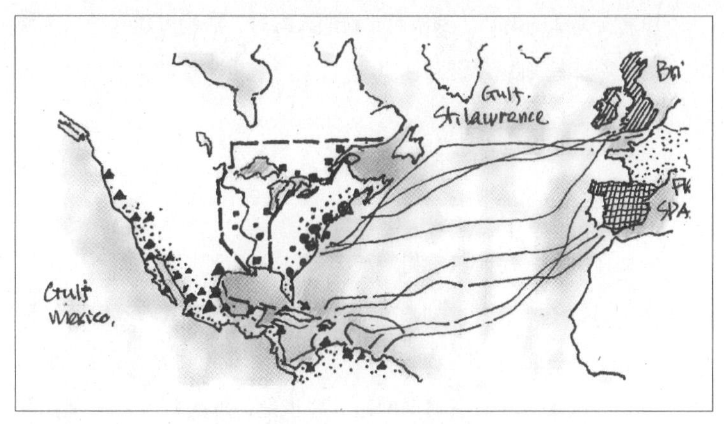

4.2-07/065
英、西、法在北美的势力范围
(British，Spanish and French colonial areas in North America)

英国人在东岸、西班牙人在西岸建立了自己的殖民地，后来的法国人只能在大陆腹地寻求未来的通道了。

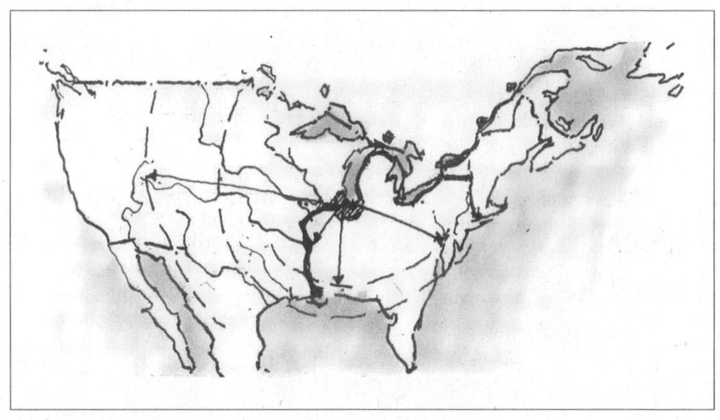

4.2-08/066
芝加哥在北美大陆的核心位置
(Chicago's pivot position in North America)

五大湖中，密西根湖的西南岸是大陆上纬度最低的，也是伸入到大陆最中央的岸线。

运河。”

法国人用最小的代价找到了一个契机：利用印第安人的普通货运通道，构建一个只属于法国的贸易通道，开启一个全新的世界贸易秩序。但是，法国人的精明无法代替开凿运河需要的综合实力。以后的60多年里，法国人只能守在水系沿岸的领地里进行各种交易，运河和通道的梦想不得不留给了美国人。除了第三通道的伟大梦想外，法国人还在网络上留下了一个点，标定出芝加哥位置的唯一性——开启新世界秩序的按钮。

1848年，朱厉艾特发现通道73年后，美国人开通了这条98英里长的运河。这之前的二十几年里，芝加哥人孜孜不倦地做着方方面面的准备。人们认定运河开通后芝加哥会成为北美的中心城市。这种信念吸引纽约的资本以及东岸大量的移民来到芝加哥。同时，芝加哥也成为人们奔向西部的一个中转站。

1848年是芝加哥城市的转运年：运河开通了，电报线拉通了，铁路线开工了，芝加哥交易所开张了……如芝加哥报纸所写：“不是芝加哥走向世界，而是世界涌向芝加哥。”陡然之间，芝加哥一跃成为世界大城市，它的传奇一直流传至今。

奥黑尔机场中的指廊：目的地之前的目标地（4.2B－2）

20世纪60年代，航空时代的来临又为芝加哥带来了新契机，芝加哥成为航空网络的枢纽。美国联航和美洲航空，两大全球航空客运的巨头公司，都将其基地空港设在芝加哥奥黑尔国际机场。奥黑尔国际机场是我使用最频繁的空港，不仅因为美联航的积分吸引，更由于我的偏爱：奥黑尔国际机场使芝加哥成为我职业生涯中的一站。

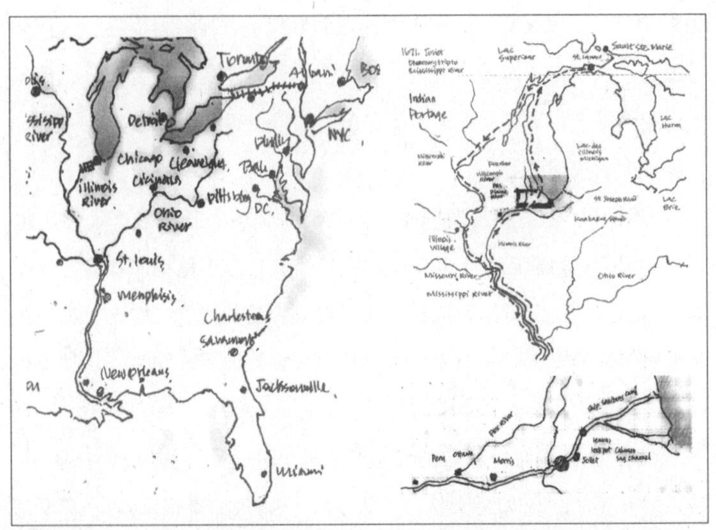

15世纪之后，人类大大地提高了航海技能，水路运输成了贸易、交往、疆土拓张的重要手段。在北美大陆东西两岸被英国、西班牙、荷兰和葡萄牙控制之后，法国殖民者把水上通航探索的目光投向了内陆，联通墨西哥湾和圣·劳伦斯湾——法国人梦想的第三通道。

五大湖和密西西比河水系之间仅有不到100英里的距离，最终伊利诺伊运河把它们连接起来。

4.2-09/067

伊利诺伊运河联通了两大水系

（Illinois Canal connects two water systems）

1671年，法国人在大湖畔的野洋葱地里发现了印第安人的一段托运道，它成为后来伊利诺伊运河的路径，由此成就了芝加哥。

4.2-10/068
芝加哥的滨湖岸线
（Lakefront of Chicago）

近百英里长的运河使湖畔的小小定居点跃然成为世界级的大都会——芝加哥。

“目的地之前的目标地”是奥黑尔机场扩建时设定的愿景目标，即：希望奥黑尔总是旅程之中的目标地，无论是中转站还是终点站。在奥黑尔成为我的终点站之前，它已成为我朋友老赵常选的中转站了。

~指廊里的邂逅

2006年，我在奥黑尔机场遇见老朋友老赵。那时老赵为杜邦公司工作，奥黑尔机场是他常用的转机点。而我第一次落降奥黑尔是为了HOK芝加哥办公室的面试。那天，我的终点站和老赵的中转站在机场400米长的指廊里重合，巧成了一次重逢机缘。分别之前，我和老赵在美联航的候机指廊里喝了杯咖啡，老赵告诉我他现在的这份工作是在飞机场面试得到的，并祝我好运。

机场的邂逅果然带来了运气，我得到了那份工作。此后奥黑尔机场的指廊成了我常使用的目标地。

芝加哥位于美国中部，拥有得天独厚的地理位置：连接东西两条岸线和南北两大水域的中心点。自然而然地，芝加哥成了中部其他城市的汇聚点。芝加哥人知道：城市的气度支撑城市的高度。地缘的区位优势只是城市发展的充分条件，要使城市必然发展还需要更长远的目光：芝加哥应作为整个中西部乃至北美区域的出入口，芝加哥的机场应为其他城市提供便捷的联系。

20世纪80年代，芝加哥扩建了奥黑尔机场。规划强调了机场在城市群中的联络作用。连接其他机场的战略指导了奥黑尔航站楼的设计方向：建筑的布局和设计应服务于迅捷、高效的中转衔接；同时，芝加哥也强调为川流不息的客流提供舒适的环境和放松的体验。

4.2-11/069

奥黑尔机场成为全球的枢纽机场

（O’ hare Int.Airport becomes a pivot airport in global aviation network）

2017年，芝加哥奥黑尔机场的客流量为7983万人次，在全球空港中排名第六。

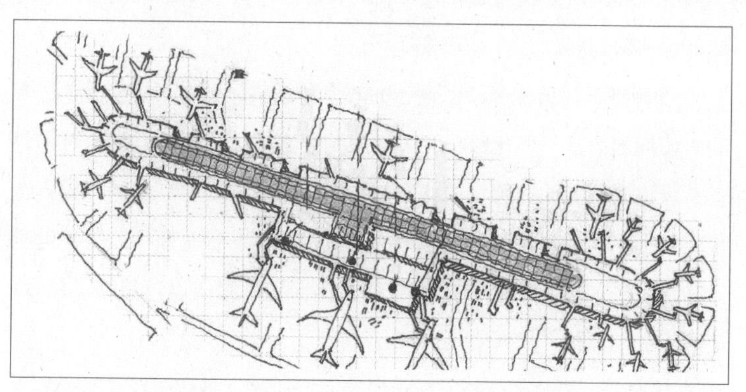

4.2-12/070

奥黑尔机场的C指廊是美联航的中转站

（Concourse C in O’ Hare as United Airline’s international flight transfer hub）

指廊长约400m，有三四个可供大型洲际波音飞机使用的登机口，这些飞机会搭载着四五百名旅客跨越数千英里的航程抵达亚洲、欧洲、非洲、南美洲的主要城市。

~瞬间中的明日

奥黑尔机场管理当局要求设计师更加注重旅程中起承转合的瞬间感受。德裔美籍规划设计师哈米特·扬（Helmut Jahn）敏感地捕获到了这个“瞬间”的使命感。以他特有的德意志设计传统，哈米特·扬为千千万万个旅途之人搭建了一个容纳瞬间转换的圣堂——欢庆不期而遇的场所。

奥黑尔机场扩建的时代正值建筑界批评现代主义的时期，学术界追捧后现代主义创造的复古符号，以图恢复古典主义的形式和空间节奏。

而哈米特·扬却不以为然，他用明日航站楼命名设计。他解释说：“我们的工作是基于对现代主义的相信，相信它不死，相信它的原则仍在继续和发展。我们既着眼于我们临近的过去——已经成为一种传统，也从遥远的过去寻求灵感”。*

设计中，扬首先强调了设计的效率和简洁。他采用了普通工厂车间内使用的梁柱一体化结构，解决大跨度空间的挑战；并将所有的设备、风道管网露明放置，以此来减少装修带来的臃赘和浪费。扬创造性地使用了工业建筑的普通结构，将其提升为一种全新的后工业美学设计语汇。与矫揉造作的流行时尚相比，航站楼的设计清晰、朴素、简洁，却不简单。

其次，更为绝妙的是，扬运用了一个比喻：借用哥特式教堂的空间形式，将空间形式与场所体验巧妙地联系起来：将城市间的旅行与心灵追诉的历程比照。

---

* 哈米特·扬（Hulmet Jahn）的解释原文：Our work is based on the belief that the modern movement is not dead, and its principles can be extended and continued. We look to our immediatepast—which has now become a tradition—and also to our remote past for inspiration.

旅客的目的地是八方发散的，而在中转这一刻，他们是汇聚在一起的。信徒们每天都在为自己的生计奔波，而在祈祷的那一刻，他们心的方向是一致的。殊途同归，候机厅和教堂都在为归途者提供引导，指导下一段历程的方向。扬的候机厅借用了中世纪教堂的拱券模式：中间高起的长廊被用作人流汇聚的指廊（concourse），两侧低矮的部分是服务性的空间和登机口的休息区。

400米长的指廊犹如一条林荫大道。阳光，不是透过枝叶，而是穿过错落有致的建筑构架，倾洒到熙熙攘攘的人流中。地面上，黑白相间，对比强烈的铺装图案使旅客驿动的节奏与古典的构图有机地融为一体。这一切都为目标各异、川流不息的客流构建起一个清晰的秩序——明了却不失欢愉，宛如巴赫弦乐中奏出的一段辉煌乐章。

那次，奥黑尔的阳光洒到了我的肩头。在此后的旅程上，每一次那里的逗留，我都期许着又一次的邂逅、幻想着某个奇妙瞬间的出现。

当许多机场的设计还沉醉在回顾历史成就的兴奋之中时，奥黑尔机场的规划已经将目光投向未来：服务于中转和衔接，为擦肩而遇的旅客提供便利和舒适，给其他城市的大门提供通道——让每个不期而遇的瞬间都浸润在温暖的阳光之中。

芝加哥知道：每次这样的瞬间机缘都在为未来创造着机遇。

—·— —·— —·—

“地球像个村落”是当下的流行语。现代生活需要城市间更密切的联系，日日更新的技术手段和交通工具大大缩短了时空造成的距离感，城市的拓张力促成了咫尺之遥的亲近感。当下，城市间的联网入局，如同人们见面时互扫进圈一样，构成了城市的常态环境。在网络中受到的关注度、与其他城市的关联度已经成为评判城市影响力的重

4.2-13/071

目的地之前的目标地

（The destination before your destination）

奥黑尔机场甘为人梯的使命也是一个门户的具体角色。在输送他人的同时，成就了芝加哥市的聚合力和它的拓张力。

要参数。

拓张力推动着现代城市的发展，也推进着城市中个人的成长。人是好交往的群居型动物。城市强化了人的种群优势，现代城市将人们交往的天性表现得淋漓尽致。城市的拓张性，本质上是人性的反映。

无论是费城水岸开放型的布局、北京T3航站楼拥抱外部的态势，还是芝加哥奥黑尔机场指廊对瞬间机会的把握，都是城市拓张力驱使所致。300多年前，费城采取了不设城墙的开放布局，把城市的一侧全部规划为口岸，实现了与航运贸易网的高度融合。在很短的时间内，费城即跃居为大英帝国的第三大商贸中心。这种充分发挥城市拓张效应的做法对后来的现代城市影响深远。

很多现代城市都把门户视为展示其拓张力的舞台，因而，门户成为观察城与网兼容性的场所。

户门对网络的态度决定着它在网络中的位置和使命，影响着门户甚至城市的可持续性成长。伴随着发展，门户也会与城市的历史相互纠缠；时间的磨砺下，城市的秉性会更加明晰。在门户中，市民对网络的态度常常显露无遗。有持续力的门户是那些既联络空间也联系时间的场所。

第五章

持续力· 搭建出弹性健康的生长骨架

费城 斯库伊克尔河　绿道 被掩埋的密尔溪　澄江 禄充石崖下的车水捕鱼　圣安东尼奥 滨河步道

一个地方是自然演进的总和，而这些演进过程形成了社会价值。

——伊恩·麦克哈格
（Ian McHarg）

在费城时，我工作的设计事务所叫WRT，它的名称由三位董事姓氏的第一个字母组成。事实上，公司曾经叫WMRT。尽管M后来离开了他创建、拥有过20多年的公司，但我师傅依然用diva——最高音，形容M对公司的影响——人们把他视为公司事业的定调人、引吭高歌的领唱者。

M是伊恩·麦克哈格教授（Ian Lennox McHarg）姓氏的字首。在公司我没见过他，但在宾夕法尼亚大学，我亲耳聆听过教授对大自然的讴歌，对生态环境的赞美，以及人们给予这位时代领唱者的热烈掌声。那年，美国规划协会授予教授“规划先锋”的称号，将铜牌悬挂在学院的前厅。坐在轮椅上的麦克哈格精神矍铄，用充满热情和理性的讲话回应了大家的掌声。

麦克哈格从生态学的角度研究人类对自然环境的依存关系，创立了生态规划学的理论体系，被誉为“生态规划之父”。教授事业旺盛期是20世纪60—80年代，这个时段是欧洲、美国、东南亚城市复建和更新的高潮期。面对工业生产对环境的覆盖能力、城市拓张对自然的征服能力，这位“二战”时期的英国伞兵少校用与众不同的目光越过人们的生产能力，审视人类的生存态度。20世纪50年代他率先发问：人类如何才能拥有更健康的栖息形态？

地球看似是个绿色胶囊

我一直好奇麦克哈格的伞兵经历，战争是否留给他一个满目疮痍的大地影像。但在课堂上，教授选用了宇航员的视角：“从太空中俯视地球，地面上的草木和大海中的海藻把地球染成绿色。大气层的包裹下，地球像个美丽的绿色胶囊。靠近细看，看到了表面上的斑点，由城市和工厂发出的黑色、褐色、灰色触须。人们不禁会问：这难道只是人类的灾难而不是地球的灾难吗？”

对于刚刚入行的学生，这是个冲击力很强的画面。世间一切都在胶囊里，其中的人类渺小得难以辨出，微不足道；而人类衍生出的污染范围巨大，使绿色胶囊显得脆弱。在万众欢呼美国国家宇航局（NASA）的惊天创举、仰视登月成就的年代，麦克哈格借用太空人的视角回望家园，警醒人们：人类对其赖以依存的自然环境已经产生严重威胁。

用他的洞察力，麦克哈格提出了可持续发展*的重大议题——人类可持续的生存方式是什么？

---

*麦克哈格从20世纪60年代开始了“可持续发展”议题的探讨。他把这个方向的探讨集中展示在1969年出版的《设计顺应自然》(*Design with Nature*)一书中。这本书的基本来源有两个支持：一是教授在宾夕法尼亚大学带的两门课程*Man and Environment*，*Ecology of the City*，另一个是他在WRT的大量实践项目。麦克哈格的努力为后来联合国的提案作了理论和舆论的准备，1972年联合国斯德哥尔摩《人类环境会议》，1987年联合国环境与发展委员会《我们共同的未来》报告等一系列文件将“可持续”确立为人类的共同议题。

费城　费尔蒙特公园
Fairmount Park of Philadelphia

费城费尔蒙特公园是美国最大的大都市公园，4000多英亩的楔形丘陵绿地沿着斯库伊克尔河插入费城的中心区，公园以东端丘陵上的艺术博物馆结束，与一英里外的市政厅遥相呼应。

5.1 节

开放空间　城市发展的骨架

5.1A　自然的延长线——斯库伊克尔河绿道
全美赛艇运动中心（5.1A－1）
费城市民艺术中心（5.1A－2）

5.1B　城市中的公园——被掩埋的密尔溪
密尔溪社区的三栋高层（5.1B－1）
被掩埋的密尔溪（5.1B－2）

太空中，魔幻般的胶囊成为教授一生的图腾。麦克哈格将我们星球上漫无边际、幽灵般的绿色归因于植物叶片上细小娇嫩的叶绿细胞。他认为：叶绿素不仅用绿色尽染星球，它还为生命执行着神奇的转换作用——光合作用：利用光将二氧化碳和水转化为养料和氧气——这是生命演进过程中最基础的步骤，光合作用是产生氧气和养料的过程，生机从此开始。

这种转换机制形成数十亿年之后，人类才出现。人类是自然世界复杂演进的结果之一。麦克哈格直率地指出，人类生存倚靠地球的自然环境，需要学会顺应自然。在以人为中心的单一信念指导下，“城市如果继续发展，城市核心的病状将扩大，城市将发展成为大墓地。”这种忧患意识成为可持续发展形成的一个动因。

三百多年前，与麦克哈格拥有相同忧虑的还有一人：费城的奠基者佩恩。

工业时代呼之欲出的前夜，城市率先演进为高度复杂、高度密集的栖息形态，以应对大规模商贸活动的需要。彰显人类能力的城市成为自我变革的策源地，但先于伟大工业革命的来临，城市引发出了鼠疫和火灾。

1666年伦敦大火时，佩恩22岁。他对旧世界城市的弊病心有余悸。16年后在规划费城时，佩恩赋予他的蓝图鲜明的性格：兄弟般的友爱，以及绿色城镇（Green country town）。

城市应是一个绿色城镇

佩恩非常清楚费城将会是一个商贸繁荣的国际大都会，但他用绿色和城镇描述费城的前景，显然他把自然环境视作人居环境的必须伴侣。绿色是佩恩引入的自然因素，城镇是他期待的生活形态，这将保障城市持久成长。

佩恩的愿景汲取了伦敦混乱局面中得到的警示，同时也吸收了朴素自然主义的信条。佩恩所皈依的贵格会提倡简朴自然的生活方式、不设层级的平等组织形式、自由开放的宽容态度。信徒们主张人与人之间兄弟般的平等和自由，就像森林里的树木，每一棵都拥有伸展枝叶、拥抱阳光、呼吸新鲜空气的权利。

忧虑于旧世界中城市与自然的对立，佩恩希望城市和自然和睦相处。他用林地命名了他的领地，用树种命名城市的街道，用绅士农庄描绘城市中的宅邸。城市中，房屋之间由树木、花园分隔；花园向城市的街道开放，与街道两侧的树木一起构成“绿色城镇”。

建城之初，佩恩即意识到人类的能力需要自然力量制衡；麦克哈格教授则更直接地挑明人类的破坏力，它不仅能损害自我的栖息，而且已经危及整个星球的安全。两位相隔数百年的预言家都把自然视为人类生存的依托、现代城市持续力的源泉。

佩恩把费城设定在自然的脉络上。数百年间，自然脉络带给城市的机会和养分从来没有间断过，随着城市的发展，自然脉络的补给作用演化成城市发展的支撑作用，成为支持城市发展的持续力量。

今天，人们把城市中存有的自然脉络称为开发空间，把它的作用称作框架作用。

5.1A
自然的延长线
——斯库伊克尔河绿道

20世纪的费城，佩恩划定的街道网格中，城市已经成长为高楼耸立的大都会。我入学宾夕法尼亚大学后，规划专业第一次“认知城市”课程的地点即被安排在费尔蒙特公园的山丘上。城市的天际线下，刚刚相识的同学们在坡谷上抛接着橄榄球；山坡之下，河水绕过城市缓缓向南流去。这幅“公园中的城市”画面像是为新一代规划人准备的教材封面，也是对佩恩绿色城镇愿景的回应。

这条河流就是佩恩蓝图中西侧的河流：斯库伊克尔河，它与特拉华河构成了城市的两个边界。斯库伊克尔河两岸的丘陵河谷被划定为自然公园——费尔蒙特公园（Fairmount Park），4000英亩的开放空间绿地是世界上最大的、在都市中心的自然公园。它像一块巨大的绿色翡翠嵌入城市，公园尽端的艺术博物馆与一英里之外的市政厅遥相辉映。

公园大道把广阔的郊野腹地直接带入都市中心，使这块原生的天然绿色环境极具可达性。斯库伊克尔河两岸的绿道贯穿自然公园，并与街道衔接，把绿色渗透城市。触手可及的自然环境成为费城人生活不可分割的部分：晨曦和夕阳中，河畔成了人们散步锻炼的廊道；周末，公园的球场和绿道是人们最喜爱的地方。

虽然当年佩恩为每家每户设想的绅士农庄没能成为随处可见的城市景色，但自然与人居相伴的场景却通过开放空间得到实现。斯库伊克尔河像条大自然的延伸线，把清洁的淡水、清新的绿地带入城市。

5.1-01/072
斯库伊克尔河两岸的费尔蒙特公园
（Fairmount Park along Schuylkill River）

费城将斯库伊克尔河两岸的丘陵设定为城市的绿色资源，建立了4000英亩的费尔蒙特公园（Fairmoun Park），使之与城市相伴。

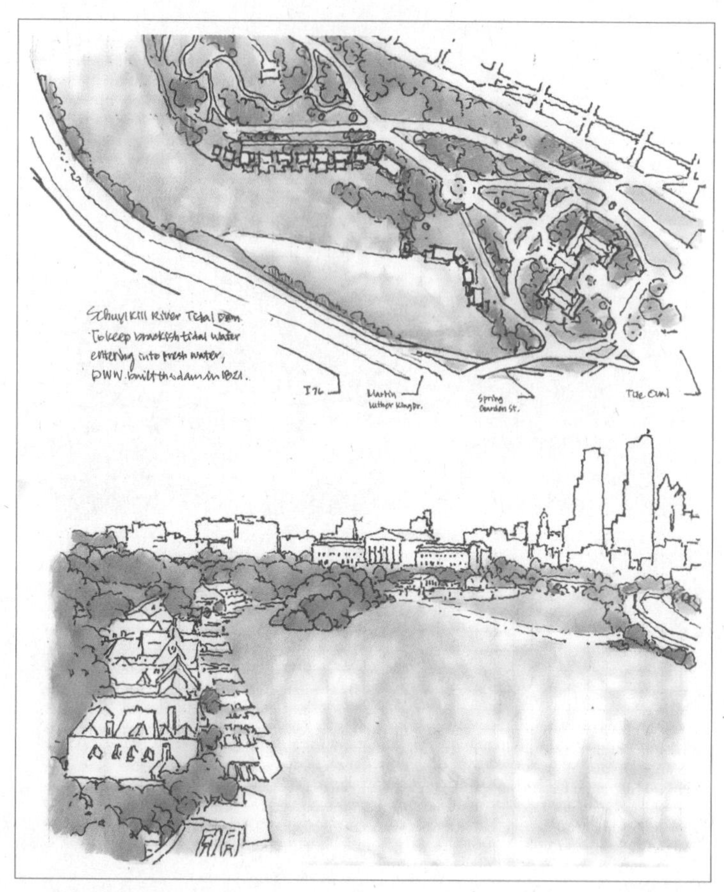

5.1-02/073

斯库伊克尔河岸边的划艇俱乐部

(Boat club houses along Schuylkill River)

原本是为了阻止咸水返潮对上游水质的影响，然而这道浅水坝还改变了斯库伊克尔河河面的宽度和流速，不经意间为费城提供了一个赛艇运动需要的优质水道，从而把许多赛艇俱乐部带到了河畔。

全美赛艇运动中心（5.1A－1）

流入城市中心之前，斯库伊克尔河水面开阔，两岸绿树成荫，景色如画。河岸边排列着15幢的石筑砖砌房屋，它们大多已有百年历史，风格多样、形态各异，但全部用于同样的功能——赛艇船房。这十几家俱乐部涵盖了多层级的水上运动梯队：既有顶级的专业队，也有普及型的青少年业余队。每年这里都举办五六项国际级和全国性的水上赛事，斯库伊克尔河被称为全美的赛艇中心。

这片开阔平缓的赛艇水域是改造而成的。改造的初衷是保障饮用水源的纯净，并不是为了运动休闲。斯库伊克尔河是特拉华河的支流，两河交汇处离特拉华河的入海口大约100公里。特拉华河受海水的影响也有潮汐波动，它的消涨将返潮的咸水带入斯库伊克尔河。1821年，费城水工部（Philadelphia Water Work）意识到返潮对斯库伊克尔河水质的影响，于是在费尔蒙特山脚下修筑了一道浅水坝，挡住返潮的波涌，保证了上游的淡水水质。

这道水坝改变了河面的宽度和河水的流速，形成了一片流速舒缓、水面开阔、风景优美的水域。一些富足的家庭开始在岸边建房，他们在水上以赛艇休闲为乐，引发了水上赛艇活动的兴起。19世纪中叶，费城政府为了设立费尔蒙特公园，收购了滨河的私有地产。为进一步确保水质，城市清理了两岸的滞水沼泽地带，保证绝大部分水域的流动性，驱除了蚊蝇的滋生地。这些努力也为水上赛艇运动创造了一个非常适宜的场所。

作为一个公众项目，赛艇活动在费城已深入人心。如今，斯库伊克尔河以赛艇活动为中心开展了皮划艇、慢漂流、龙舟等多样的水上活动。这些水上活动不是以赛事为目标，而是以服务市民家庭为追求，鼓励更多的人亲近河水、爱护山水，融入自然。

随着水上运动的普及开展，人们把对河道水域的关注延展到对两岸滨河绿带的保护，同时也设置多项运动休闲功能。在西岸，费城人规划建造了供运动人群使用的多条游步道系统：漫步休闲道、自行车道和滑板道、跑步道；在东岸，公园安置了许多郊野烧烤聚会的场所。公园的环境吸引了多种鸟类和其他野生动物栖息于此。1859年，费城在费尔蒙特公园内设立了全美第一家动物园。

费尔蒙特公园是公共艺术的培育和普及基地。除了著名的费城艺术博物馆，公园还设置了多处露天、半露天的音乐剧场。夏季，艺术馆内每周都有室内乐演奏会。公园的曼内音乐中心（Mann Music Center）是著名的费城交响乐团的夏季演出基地，也是全球艺术家交流的舞台。自1935年以来，许多音乐剧团、歌剧团、芭蕾舞剧团、合唱团都造访过费尔蒙特公园。

1868年，费尔蒙特公园协会成立，公园协会成为推动市民价值最积极的民间团体。在它的倡导下，公园大道得以兴建，这使天然的开放空间有了最短、最直接的通道与城市相连。公园协会将市民艺术深深地植入到公园的土壤中，创造出全美最早、至今最佳的赛艇活动水域，进而把体育、运动、休闲、音乐、艺术等内容吸纳到公园中，使都市人的生活溶解在自然的青山绿水之间。

水是生命的源泉，干净的饮用水源是密集人居形态的基本保证。

输水道的建设为古罗马城密集人口的健康提供了保障；对高粱河水系的改造保障了元朝之后北京城的稳固发展。在费城，以绿色城镇理念为引导，人们建立起对斯库伊克尔河的保护策略，并对河谷流域区加以控制，构成了与城市高强度开发相平衡的生态环境。

作为城市发展框架体系中的重要支柱，斯库伊克尔河不仅为城市

5.1-03/074
斯库伊克尔河上的赛艇比赛
（Canoe regatta on Schuylkill River）

河水和公园把健康的生活方式带给了费城人。

提供了清洁的水源，它还哺育出与自然休戚相关的市民文化和价值体系，成为城市数百年发展的持续力。

5.1B
城市中的公园
——被掩埋的密尔溪

城市是人造之物，为了提高建造的速度、规模和坚固，人类发明了工程技术。

工程技术使我们家园的规模远远超过其他种群。工程征服式的力量可以在短时间内改天换地，迅速创造几十年的商业价值。工业时代里，效率是工程技术最有力的背书。人类在工程手段的帮助下，用自我逻辑取代了自然脉络。

现代城市常会挤走农田、夷平山川；曾经的河流、谷地、湿地、坡地也会被城市的混凝土沥青覆盖。后起的亚洲更有甚之，30多层的超高住宅可以蔓延几十公里；在北美，巨型的化工储油钢筑体占满了河口和滩地。借助资本的吞噬力、工程的覆盖力和城市化的高效进程，过去几十年里的现代城市建设规模超过了人类数千年建造的叠加。

现代城市发展中，技术手段的盲点在于它的时效参数设定和目标设定。

“百年大计”是大多数工程的计算寿命。然而，一个项目所在地的地貌形成常常需要数百万甚至上亿年，即便人类自己的城市也有成百上千年的寿命。更长的寿命设定会使工程项目更坚固，但这会引发另外的忧虑：超坚固设计对环境因素的排斥性，从而使城市失去了呼应自然规律的弹性。

显然，更大的时间因素和更广泛的自然系统应是城市需要倚靠的支撑体系。

如果项目依存在时间和柔性自然环境之中，城市的生命便可从环境中汲取营养，与周围环境的脉搏共振。那么，规划师就应认同城市生命体的概念，规划工作只是城市新陈代谢的一部分。项目规划的意义在于设计者参与和融入——真实感知都市脉搏的跳动和血液的流动。顺应自然脉络的城市才会拥有长效的健康。

密尔溪社区的三栋高层（5.1B－1）

20世纪90年代末，我参加了费城密尔溪（Mill Creek）社区复兴项目，它给了规划者一个机会，修正以前规划的错误。为了避免重蹈覆辙、被以后的规划者修正，我不得不回想麦克哈格提出的问题：可持续的生存方式是什么？

这是我在WRT设计公司遇到的一个社区项目。费城住建局要求公司对它管辖的三栋高层住宅和其周围的街区提出社区改造建议。公司总监哈弗曼（Huffman）派我和另一位规划师玛瑞亚·埃里索瓦（Maria Elisova）负责环境分析。

密尔溪项目位于费城西部的低收入社区。项目的核心目标是三栋高层住宅，它们是区域犯罪的高发点。三栋塔楼占据了一块异形的大街坊，它的面积相当于一般街区的六七倍。塔楼远离四周的街道，它们的首层入口被周围的灌木包围，单独矗立的公寓塔楼显得孤寂落寞。这与费城密布的小街网社区形成了鲜明对比。

美国是个可合法拥有枪支的国家。出于安全的考虑，社区巡警常把警车当作移动掩体，在运动的车内巡视社区治安。这种巡街方式适于小街坊、排屋式的街区，而大街块和高层公寓使警车很难靠近建筑。警员走入地块、进入高层建筑的徒步巡视大大增加了工作的风险，从而变相地鼓励了非法活动的滋生。

通过社区安全调研和分析，设计小组建议拆除三栋高层建筑。接到初步结论后，费城住建局要求咨询公司作进一步深入调研，收集周边的街道和邻里的环境、治安、就业和住房市场的信息，提出一个综合性的规划方案。

密尔溪区域的城市系统是当年佩恩规划的街网延伸。20世纪50年代，宾夕法尼亚大学建筑系教授路易斯·康曾为这个片区作过一次规划：区域沿着一条主要的城市大道布局，两侧规划了公共建筑、城市广场，也有高层的住宅建筑。但规划只实施了很少部分，其中落地的项目就是这三栋站在大街块上的住宅塔楼，但方案中城市体系并未实施。

高层住宅建成后分配给了低收入家庭。密集的人口需要更多的绿地空间，因而塔楼脚下的大街块被视为与之匹配的布局方式。一般认为，20世纪50年代的大街坊、高层塔楼的布局受到了柯布西耶的“未来城市”理论影响。而我和玛瑞亚的调查却发现还有其他原因促成了塔楼脚下的大街坊。

我们花费了几天的时间到密尔溪街区走访。除了塔楼地块的异类布局，我们还发现周围几条街道上的排屋墙上出现了裂痕，它们的屋檐线明显低于身旁的房屋，这显示房屋出现了下陷。然而，出现问题的排房并不是沿着街道发生的，而是间或跳跃性地出现在不同的街道上。这大致可以说明：问题的出现不一定是房屋施工质量所致。

不是建造质量引发的问题、问题的出现点也没有沿着街网系统，这使我和玛瑞亚不得不寻求其他诱因。我问密尔溪社区委员会为什么见不到密尔溪呢？他们说这名字是一直是流传下来的，没人见过这条溪水。

被掩埋的密尔溪（5.1B－2）

在网络和智能手机尚未普及的20世纪90年代，我和玛瑞亚在费城图书馆中花了一天的时间，发现了密尔溪的答案。

密尔溪曾是一条流过社区的溪流。它发端于费城北郊，有数英里的河段流经城市。1866年，费城测量局决定将这段溪流埋入地下。从1869年到1895年，费城人采用当时世界上管径最大的污水管道，直径20英尺（6米），将溪流和生活污水导入下埋的管道内。耗时26年的工程为城市提供了平整的土地，创造了开发和卖地的条件。

然而，这项征服河流的下埋工程并未使河道内地质松软的状况得到改善，为城市留下了隐患。填埋区域里的城市设施和房地财产不断出现问题：

· 1930年，43街与44街之间的胡桃树街上的房屋坍塌。

· 1955年，43街与桑索街上的房屋坍塌。

· 公交车34路和13路线路上的道路反复出现路基塌陷问题。

20世纪90年代，我们调研发现的下陷房屋也坐落在密尔溪掩埋的河道上，三座塔楼的大街块的边线也与河道相重合。这也许是当时设计师采用大街坊和高层塔楼方案的原因：用占地较小的塔楼方式避开河道区松软的土质，同时高层楼体基础下埋较深，深桩基也可穿过松软的土层，接近坚实的持力层。大街块的绿地下面可能就是曾经的河道。

另一个调研结论是：一个项目规划需要综合性考虑，规划框架应适应社会的不同情景。区域规划与建筑设计不同，规划项目需要更长的时间落地。经常性地，规划方案不能完全落地，在漫长的实施过程中，规划之初设定的因素会发生变化，从而改变了因果逻辑。不完全实施是规划项目的常态。在密尔溪项目中，没有完全落地的社区发展计划带来其他问题：规划的生活轴线没有形成，这个区域的人口和收入结构没有改善，与城市街道隔离的塔楼成了费城最危险的犯罪点。

这个项目中，我们除了对20世纪50年代路易斯·康的规划进行了检讨，也对19世纪70年代的费城西部改造工程进行了审视。它使规划师深刻地认识到：工程的覆盖力是巨大的，其副作用是长期的；规划的初衷是美好的，而其后果可能是多层次的。

发现问题的缘由之后，我绘制出一张图纸，把街网和掩埋河道叠加起来，标出受到影响的街道和地块，交给公司总监哈夫曼，同时我们提出了新的规划原则：

1. 在河道区上留出社区公园，不建房屋。
2. 拆除高层，去掉大街坊，恢复小街网系统。
3. 新建社区采用排屋布局，贴近街道，便于警察巡视。
4. 回迁人群建议混合收入，避免同质化社区。

2002年，三栋17层高的公共住宅被移除。费城房管局用国会议员的名字布莱克威尔命名了复兴后的社区。新社区里，掩埋的溪流上设置了开放空间和公园，街坊恢复了费城传统的小街网，不同的价位住房吸引了不同收入的人群迁入到新的社区。

自然环境脉络和城市脉络并不完全契合。面对这种挑战，19世纪的费城对密尔溪采用了征服性的手段，用直径6米的工程管道将其疏导、埋入地下，从而获得了大量便于开发的土地。在竣工的头二三十年，大范围的覆盖区由工程力量主导着新建区的面貌。

5.1-04/075
被掩埋的密尔溪在费城西部
(Buried Mill Creek in West Philadelphia)

图中绿色的位置即三栋塔楼的地块，密尔溪就埋在下面。三栋高层拆除后改为社区公园。人工建造的城市逻辑在大地上开出了机械的几何图形，而自然的降水在起伏地形上留下的是河流重力逻辑，两者之间并不一致。

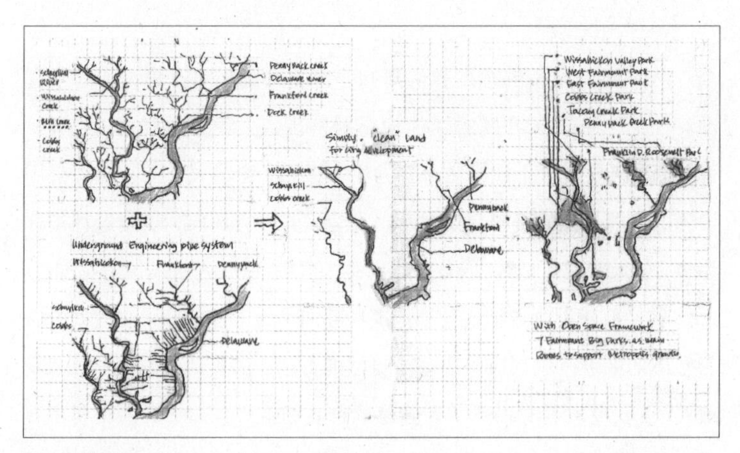

5.1-05/076
费城城市重塑的排水系统
(Urban gird configuration reshapes drainage system in Philadelphia)

设计记述了人们利用工程下水道消灭了许多支流，为城市发展清理出大片"干净"的土地。但随着人类对环境认知力的提高，人们恢复了水系周围的绿带、甚至意识到自然环境对城市的约束和框架作用。

密尔溪流长达27年的下埋工程为费城西部大规模的城市建设提供了大量的土地资源，而且，也有助于迅速延展佩恩的城市街网规划。1682年，佩恩规划费城之时，蓝图的范围仅仅覆盖了两河之间的土地，街道的数字仅仅编码到了28街。事实上，费城用了近一个半世纪才把城市推进到西侧的边界。

19世纪上半叶开始，费城开始了大规模西部拓展，人们将街道的编号数向西排到64街。显然，街道网络的推进需要工程技术手段支持。人们利用工程手段消灭了城市西部的地表溪流，形成了大片方正规矩的土地。

随后的建成社区在享用工程带来的效率之时，时不时地需要面对它们的后患。

—·— —·— —·—

人们对待城市的态度和认知有一部分来源于对工程技术的掌握度。任何一块用于开发的场地均需要整理，人们常提到的“七通一平”是为将要施工土地提供必要的给水排水、电、气、路、热等公用设施的连通，同时平整自然地形。在建设开发行业内，这个过程被称为将“生地变成熟地”，以备土地出售和开发。

曾经，建设行业把这种小范围局部的场地工程处理手法放大，认为整体的城市区域都应采用整治自然的方法，并把改造环境称为“发展”。工程能力确实增强了人们改造自然的信心。为了提供有利于开发商的“熟地”，土地的管控机构常常把自然环境视作人居环境的对立面，把征服和改造自然视为己任。

细节和局部使人忽视了本源：自然环境是人居环境的依托，自然环境不需要改造和拯救。为了自身的需要，人们才要改造自然环境。

工程能力有时会制造本末倒置的幻觉。

工程的效力在短期内就可感受到，然而，自然力量的韧性在更大时间阶段才会显现，这种矛盾性给城市带来了隐患。密尔溪社区更新项目是城市可持续发展议题的有力案例。它从一个微观的角度证实了麦克哈格提出的命题：顺应自然脉络的城市才会拥有长效的健康。

自然环境为高度聚集的城市提供了发展的持续力。城市开放空间就蕴藏着这种力量，开放空间是自然环境在城市中的延伸线，它们默默地为城市的生长提供着养料，为城市居民提供健康的生活环境。

斯库伊克尔河绿道和被掩埋的密尔溪从正反两方面证明了开放空间的作用，它们是引导和支撑城市持续发展的框架。

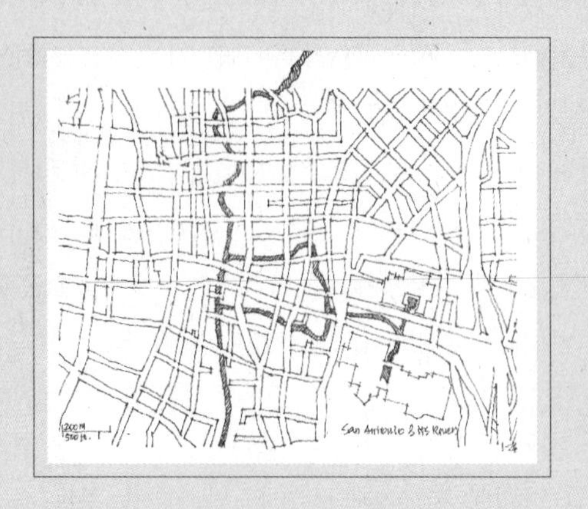

圣·安东尼奥的叶脉
San Antonio's Vein

宛如一条绕颈相缠的丝巾，圣·安东尼奥河悠然地划过一片土地，不经意地挽了个丝扣儿，滋养出了一座城市——圣·安东尼奥，留下了一世不解。

5.2 节

自然环境　人类生存的依托

5.2A　风物载情——营建圣安东尼奥河滨河步道

三种文化的溶剂（5.2A－1）

哺育城市的乳汁（5.2A－2）

5.2B　自我救赎——拯救云南抚仙湖中的濒危生灵

竭泽而渔的效益和效应

《设计顺应自然》

医学之父希波克拉底（Hippocrates）指出：人的生命“无论生病还是健康，都与自然力量息息相关。”

两千多年后，被誉为生态规划之父的麦克哈格把古希腊医生的生命逻辑引证为人居环境的健康依据，他借用美丽的绿色胶囊影像表达：我们的星球是全体生命的家园，这里当然也包含人类。

麦克哈格用他在宾夕法尼亚大学的教学和WRT事务所的实践提醒着人们：“自然要素与人类一起成为宇宙中的共同居住者，它们参加到无穷无尽的探求进化中，生动地表达了时光消逝的经过，它们是人类生存的必要伙伴，现在又和我们共同创造世界的未来。”在他的名著《设计顺应自然》一书中，麦克哈格从多个角度强调了人类的栖息形态对自然环境的依存关系。

另一位自然环境的信奉者——佩恩，在规划费城时就将“绿色城镇”的信念植入蓝图之中，他充分意识到了自然环境这个伙伴的必要性。经受了文艺复兴的洗礼，现代城市在启航之初学会了调动人性中的各种能动力。佩恩敏锐地洞察到了人性力量的两面性，而在亲和力、包容力、拓张力等各种城市推力之中，最具持续效应的是自然环境的支持力。

面对现代人居环境的挑战，佩恩和麦克哈格两位时空穿越者都试图从自然环境中寻求解答，他们用不同时代的实践为现代城市提供了相同的济世良药：被善待了的自然环境定会回馈人类更美好的人居环境。

在费城，斯库伊克尔河的绿道体系保障了天然水源的纯净，同时也塑造了城市的市民价值。这个案例成功地支持了佩恩和麦克哈格的观点：自然要素是人类生存的必要伙伴。它们的相互支持在全球范围里是一致的，得克萨斯州的圣·安东尼奥河（San Antonio River）和中国云南的抚仙湖也呼应了环境主义者的观点。

5.2A

风物载情

——营建圣安东尼奥河滨河步道

有一年，美国规划协会把年会安排在得克萨斯州南部的城市圣·安东尼奥。协会知道“眼见为实”的道理，借助年会，协会向规划师展现了一幅生动的场景：穿城而过的圣·安东尼奥河十分近人，婆娑斑驳的树荫和波光粼粼的水面交相呼应。水面上，荡漾着人影和桨影；轻风中，飘溢着咖啡的浓香；绿影中，行人在河畔悠然自得。置身其中恍若步入画境。

千山万水中，圣·安东尼奥河天姿平常、普通而渺小：它没有旖旎的风光，没有浩瀚的气魄，也没有澎湃的激情，但却拥有一种迷人的气韵，绿荫如织的河畔上，普通的生活细节无拘无束地展示着平凡的质朴和真实。河畔的步道用平缓和平静打动了人心。

圣·安东尼奥的滨河步道被誉为得克萨斯州皇冠上的明珠，吸引着来自各地的游客，每年为城市创造数十亿美元稳定收入，远超“马刺队”对城市的贡献。

三种文化的溶剂（5.2A－1）

若以其流域的覆盖面积和河道的宽度而论，称圣·安东尼奥河为溪流也不为贬义。而孱弱的河水却魔法般地把西班牙殖民者的异域文脉、墨西哥人辛辣质朴的民风以及西部牛仔粗犷直率的性情风格融为一体。

圣·安东尼奥河流量有限，流速缓慢，两岸风貌平常，入海口普通——这些使见过大山大海的殖民者难以对其寄予厚望：吞吐货物的

5.2-01/077
得克萨斯州传奇的牛仔
（Legendary cowboy in Texas）

得州广袤的土地上西班牙、墨西哥以及西部三种地域文化并存：面对圣·安东尼奥的河水，个性鲜明的地域文化表现出了柔情的一面。

航运需要港口的深度和宽度，工业生产使用的动力要求河水的流量和落差，旅游观光要求与众不同的风景。这一切，圣·安东尼奥河都没有。它只有任何一条河流都会拥有的资源——水。

广漠之中的水弥足珍贵。得克萨斯州地广人稀，是美国除阿拉斯加之外最大的州。百姓盛行牛仔精神，崇尚拥枪单练。水源需要用枪来捍卫，自由也一样。这是得州人血液里流淌着的信念。得州炎热的气候和贫瘠的广漠中，西部牛仔、西班牙人、墨西哥人都为了水源付出过艰苦的征战，最终三种民风的彪悍都溶化在潺潺的流水之中。

早先，圣·安东尼奥河是得州南部炎热干燥荒漠之中一条默默无闻的小河，河水源于广漠中的几股泉涌。涓涓流水积少成多，最终汇聚成一条二十多米宽的小河。河水信步游荡数百里，流入墨西哥湾。

为了制衡法国人向西的影响，西班牙人沿着这条溪水建立了一系列的传教点和城堡。自1718年起，西班牙人陆续建立了5个布道所，据此向当地人传播他们的宗教和文化。依托水源和5个堡垒，西班牙殖民者在得州的中心地带扎下了根基，并用第一任总督圣·安东尼奥（San Antonio De Padua）的名字命名了这条河流。

19世纪初，墨西哥人从西班牙人手中夺取了圣·安东尼奥河流域的管辖权。19世纪30年代，得州人掀起摆脱墨西哥统治的独立运动。河畔的城堡成为胶着战场的前沿。南北战争后，大量牧牛从墨西哥引入，得州成为美国养牛大州。19世纪60年代，冷藏车厢的发明，把东部巨大的市场与西部广阔的牧场联系起来，刺激了牧场主疯狂地扩充牲畜数量。圣·安东尼奥成为这个链条上重要的一环。

得州广袤的大地好似为奔驰的烈马猛牛设定的。牛仔们学会了像兽群一样适应数周的奔驰。彪悍的牛仔文化流行于得州大地。艰辛的路程上，只有寒夜里篝火中散发出的暖意、溪流畔涓涓清水倾泻出的甘泉，才能把牛仔带回到人性的尺度上。溪流帮牛仔洗去征尘、放下重负，让他们的真情自然流露。

时过境迁，西班牙殖民者、墨西哥人的争斗已成为过往，牛仔的迁徙征程也让位给现代的运输方式，而这泓历经三种文化、百年纷争的溪流依然如初，悠然地穿过时空，令人感觉这条潺潺溪流才是这片土地的长久主人。

哺育城市的乳汁（5.2A－2）

在圣·安东尼奥河回转曲折的南下路途中，河水对一处土地情有独钟，依依不舍地划了一个“几”字形状。西班牙人显然读出了河水的心思，不仅在“几”的一端头建立了布道所，而且在“几”的另一端头建立了定居村。后来的圣·安东尼奥城市就是从这两个点出发，利用“几”字划出的河岸发展成了城市。命里注定地，河与城相依为伴。

今天闻名于世的河畔绿廊曾经是圣·安东尼奥人的隐痛。早期，河岸两侧的树丛草地被商业活动和城市垃圾蚕食，弱小的河道成为排污明渠。1913年和1921年的两次暴雨，使得洪水漫堤，冲走了大量的房屋、桥梁和生命。

灾难过后，市政府着手复建，议会和百姓开始讨论河流的未来。一些工程崇拜者认为应该运用科技的力量，让河水改道，用混凝土覆盖河道，为城市创造平整的土地。另外一些人则认为河流是城市的生命源泉，也是城市中最美的部分，应该把它从私家后院的垃圾场变成公共的客厅。

圣·安东尼奥有一位目光敏锐的建筑师哈格曼（Hugman）。年轻的设计师带着他的天性、直觉和挚爱闯入了市政厅。哈格曼游说达官政要，激情四射地颂扬了城市自有的西班牙传统。他谈及了西班牙城市的魅力：那些远离汽车的街坊，那些光影对比强烈、曲折幽深的街

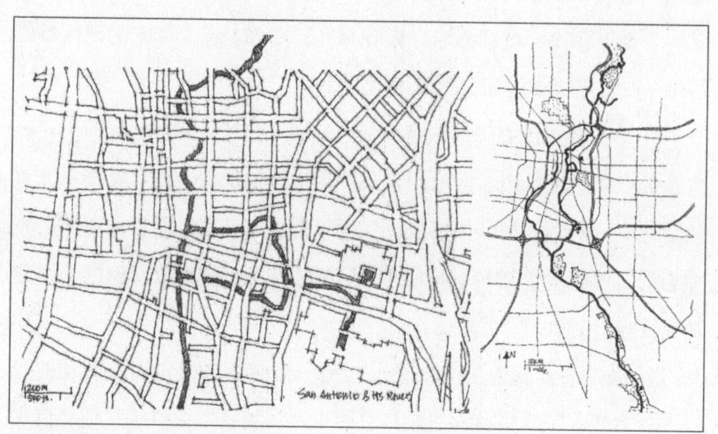

5.2-02/078
城市街网中的圣· 安东尼奥河
(San Antonio River in urban grid system)

河流在大地上画出了个“几”字，萌生出对大地的留恋，成就了圣·安东尼奥城市。

道，以及街道上优雅的酒吧、咖啡馆、俱乐部。

哈格曼的愿景不是从形象创意开始的。他的构思源自生活体验：从城市的商业街道步入店铺，店面的通廊将人们直接引入后面的露台。凭栏下望，一个清新别样的都市神话展现在眼前：浓郁枝叶之间河水静静地流淌着，两侧是面河而置的商铺。绿荫之下是溪畔咖啡，水面上徐徐而过的游船，载着游客、亦载着船夫带来的墨西哥风情——一组得州的“威尼斯”风情画面。

哈格曼推崇地方民俗风情，他把地域文化注入河畔的场所中。哈格曼的设计风格沿用了西班牙建筑的手法。他把精力放在对场所气氛的营建上，恰到好处的细部处理强调了都市与环境的融合。心和心是相通的，哈格曼的激情感染了圣·安东尼奥人。城市沿着他的思路重新审视自身的价值和发展方向。

哈格曼的蓝图中，流水成了画笔，在城市之中勾画出流动的长卷；他将流水定为主角，使设计意图自然流淌，不留痕迹；他将流水化作时空的隧道，使人们穿梭于现实、历史和虚幻之间。人们在光影和桨声中回味历史的片断，追寻岁月的痕迹，憧憬未来的幻梦。

今天，圣·安东尼奥已经扩张数倍。横平竖直的街道推开一切阻碍，向四面八方伸展。建筑的布局、店面的方位、市政管线的铺设、人们活动的方向，都沿着街道划出的方格，系统有效、按部就班地生长着。但面对河流，机械理性的街道却显得谦卑恭敬，退让三分。优哉从容的清波碧水、自由蜿蜒的随性河道，无拘无束地漫游在沥青和混凝土的丛林之中，胜似闲庭信步。

人说风物载情，在几代人的努力下，圣·安东尼奥河终于修成正果，炼成一处人间灵境。如丝带般与城市缠绕在一起的河水又一次印证了麦克哈格的论断：被善待了的自然环境定会回馈人类更美好的人居环境。

5.2-03/079

圣·安东尼奥河上的游船

(Tourist boat on San Antonio River)

哈格曼采用了许多地方的手法留下特有的风貌。国际主义风格大行其道的年代，圣·安东尼奥河的设计选用了大量的地方材料和砌筑风格。

5.2-04/080
经典的圣·安东尼奥河畔步道
(Classic Riverwalk along San Antonio River)

圣•安东尼奥河滨水步道已经成为经典：如一条丝带，河水柔柔地与城市缠绕在一起，引颈相吻，人说风物载情，圣· 安东尼奥人持之以恒的悉心呵护使圣•安东尼奥河，终于修成正果，炼成一处人间灵境。

5.2B
自我救赎
——拯救云南抚仙湖中的濒危生灵

麦克哈格是生态旋律的领唱者。在他创立的WRT事务所，对环境的责任已成为每位设计人的使命。

我的师父哈夫曼曾说，咨询工作者受雇于客户，对支付我们脑力劳动的甲方负责是工作的基本线，但我们项目的客户不止一个，比如开发商背后的政府、商会、社区，有时会遇到鲜有诉求表达的弱势群体，甚至还有那些无声的主体，比如自然环境，专业规划者应是公众利益和自然环境的永久代言者。

在费城的许多社区复兴项目中，我们把工作的侧重点放到交流和沟通上，为众多参与者建立共识平台。这项工作花费的时间远多于描绘愿景的时间。这种工作逻辑与其后我参与的亚洲项目略有不同。亚洲城市处在迅速发展中，不少项目特别注重近期可实现的愿景目标。随着发展速度的趋缓，前期开发效果的沉淀，越来越多的城市和社区把注意力转向寻求可持续的发展动因。

前几年，一种濒危的小鱼种成为我们项目中的主角。

2017年夏天，受云南澄江县规划局的邀请，我带着帕金斯·威尔(Perkins Will)团队参与了抚仙湖沿岸的规划工作。时值澄江撤县建市的历史机遇，地方政府欲谋取一篇社会经济发展与生态环境保护相辅相成的大战略。

217平方公里的抚仙湖拥有两个稀缺资源：全国天然净水50%的储量在抚仙湖，以及一种濒危的国家二级保护鱼类——抗浪鱼。这两个稀缺因素把自然环境推到了项目的主体位置上。

抚仙湖是目前中国极为稀有的天然净水储存地。据澄江县规划展览馆的数据，抚仙湖贮有206亿立方米的Ⅱ类以上的净水资源，占全国天然湖泊高品质净水的50%以上。这是一个令人喜忧参半的数据。喜，来自目前抚仙湖良好的环境品质；忧，来自中国整体天然水体质量的恶化。在中国众多的山川湖泊中，抚仙湖不大的储量竟是全国高品质天然水的一半，这说明大部分天然水质恶化的规模巨大。

令人忧虑的数据从一个侧面反映出中国40年高速工业化、城市化付出的沉重代价——大量的江河水质已降至Ⅳ类以下，也凸显了保护这池净水免受污染的紧迫性。生态环境的保护在中国城市化的进程中已经是刻不容缓的议题。

抚仙湖项目是我们遇到的少有项目：用指标引导为目标。两个明确的指标——确保水质稳固保持在Ⅱ类以上以及濒危物种种群的恢复——成为研究课题的主线。

竭泽而渔的效益和效应

抗浪鱼是抚仙湖独有的一种野生小鱼，它被誉为云南名鱼，据说是康熙年间的上朝贡品。抗浪鱼的肉质细嫩，味道鲜美，是食客们趋之若鹜的盘中佳肴，很多人因为抗浪鱼才知道抚仙湖。

贵为国家二级保护动物的抗浪鱼，属鲤形目鲤科白鱼属。体长124~186mm。体细长而略侧扁，整个身体呈狭长的纺锤形；背部平直，腹缘呈浅弧形。抗浪鱼平时深居40多米深的水下，不见踪影，难以捕捞，但在生卵期异常活跃，常到岸边的沙滩礁石处寻找流动的清泉，逆流排卵。

人们抓住了抗浪鱼的生活习性，在渔洞口支起水车，人工造成湍急的水流，引得抗浪鱼争先恐后地游到湖边戏浪。鱼儿抢着钻进鱼笼

5.2-05/081
云南高原上的抚仙湖
（FuXian Lake on YunNan Plato）

217平方公里的湖面拥有206亿立方米的II类以上的净水资源。

5.2-06/082
用于车水捕鱼的丁坝
（Extruding dam for puddled fishing port）

崖壁、古榕、溪流和石穴塑造的车水捕鱼场景与抚仙湖的湖光山色融为一体，成为澄江的一张风景名片。

里，成为人类的囊中之物。

抚仙湖西北岸的禄充尖山崖壁之下多出温泉，四季常温。以抗浪鱼的天知，认定这里是排卵繁衍的最佳栖息之地。聪明的渔民利用此天性，在崖壁之畔筑堤引渠，模拟山泉，守株待兔，以逸待劳。自然地貌、生物习性、栖息氛围、人类嗜好、市场价值等多方因素叠合出了场所的特殊意义。

峭壁、折堤、古榕、溪水构成的静谧幽深环境与碧空万顷的开阔水域形成了鲜明的对比，也为抗浪鱼的市场价值作了最佳的广告推介。而，崖壁侧古榕下车水捕鱼的场景也成了抚仙湖景致一张绝世无双的名片。

在这条貌似多赢的重复杂链条中，人们忽视了两点：无止境的利益索求和对繁殖期抗浪鱼的猎捕——致使抚仙湖独有物种在20世纪90年代大量减少。

稀有资源成为推高价位的原因，而高价诱使人们更高效地猎捕。这个循环中，抗浪鱼几近灭绝，最终导致游客的大幅减少，地方经济和民生开始受到影响。

抗浪鱼物种的命运为人类敲响了警钟。修复环境的使命已经超出专业领域的任务，需要全民生态意识的觉醒；抢救物种的目的已不局限于重新助推地方经济的发展，它已成为人类自我救赎的行动。

为抢救濒危的抗浪鱼物种，玉溪市、县两级规范了捕捞行为，把禄充风景区和明星鱼洞列为抗浪鱼生态自然保护区。每年6月6日成为国家法定的“放鱼日”。云南省科技厅承接了人工驯养繁殖抗浪鱼课题。通过激素处理和人工模拟鱼的自然产卵习性，项目组科技人员已初步掌握了抗浪鱼的整个生活周期和生活习性。不断深入的人工饲养管理技术和疾病防治措施，为下一步恢复抗浪鱼种群奠定了很好的技术基础。

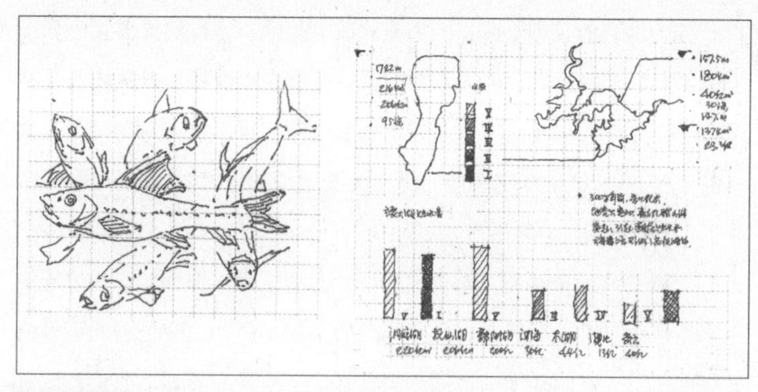

5.2-07/083

抚仙湖中特有的抗浪鱼

（Endangered small fish：Schizothorax Taliensis）

抚仙湖是北京密云水库储量的5倍，湖内的抗浪鱼是一种珍稀的小白鱼。

5.2-08/084

抚仙湖畔的大榕树

（Old Banyan Tree along FuXian Lake）

抚仙湖湖畔少有粗壮大树，而在人们从事车水捕鱼的劳作场地，人为地种植并养护出高大的榕树。

作为进化的顶端物种，人类喜欢改天换地，将自我价值置于环境系统之上。其实人类对环境体系的依赖度远高于他物。自然体系是框架和规范人类活动的出发点。野生抗浪鱼濒临灭门之灾的同时，人类自诩“百年古老”的车水捕鱼工艺也近于绝迹。人类的欲望和聪明造成了“竭泽而渔”的后果。

云南的高原湖泊原本都拥有同样的净水质量。但大城市的迫近使得滇池水质很差。天然净水，和纯净的空气一样，本应是随处可得的天赐资源，人类对环境的扰动却大大降低了净水品质。工业化和城镇化的疯狂发展使得净水变成了稀缺资源。即使在最好的湖水中，在人类高效的捕获能力面前，抗浪鱼种群亦几近灭种。

濒危的抗浪鱼从另一个角度，印证了人与环境的依存关系，规范人类活动才可保住抗浪鱼种群的延续，从而得到持续的生产价值。敬畏和责任才会给湖区周围的城镇社区带来长久的未来。

依据联合国经济和社会事务部2019年的报告，全球已有55%的人口居住在都市里。到2050年近70%的人口将成为都市人口。全球范围内，城市的吸引力越来越大、规模也越来越大。寻求平衡甚至制衡城市迅猛拓张已是迫在眉睫的战略。

费城斯库伊克尔河的楔形绿道、圣·安东尼奥的滨河绿廊从正面讲述自然环境与城市相依共存的关系；费城下埋的密尔溪流、云南抚仙湖濒危的抗浪鱼种群则从反面证实：忽视环境因素，城市会得到惩罚。

—·— —·— —·—

都市化迅猛发展的300年中，要求城市重视环境品质的呼声一直不断，规划师在理论和实践中不断地探索着可持续的人居环境策略：

5.2-09/085

抚仙湖畔的古老村子

（Old village along FuXian Lake）

周围的村落中人们依然用泥土筑房、石板铺道，保持着质朴的生活方式。

从霍华德的花园城市到奥姆斯特德的都市公园体系，从伯翰的芝加哥开放空间系统到麦克哈格的顺应自然分析方法，规划前辈们无一例外地建议采用开放空间框架制衡城市的侵略性。

1969年，WRT公司的创始人、宾夕法尼亚大学景观系奠基者麦克哈格出版了《设计顺应自然》(有中文版译为《设计结合自然》)。这部被誉为“我们世界的使用手册”的规划巨著在人类栖息场所和自然环境之间建立起沟通的桥梁，在人类城市化进程中树立了一块里程碑。它指明遵从自然、顺应自然、善待自然是城市可持续发展的必由之路。

《设计顺应自然》

在《设计顺应自然》*一书中，麦克哈格重新审视了城市进程中的价值系统。带着“把这本书变成起诉书”的动力，“通过生态学和生态设计，宾夕法尼亚大学教授向我们展现了一幅有机体获得繁荣和人类得到欢乐的图画，麦克哈格唤起了人们对一个更美好世界的希望”(刘易斯·芒福德)。这本书的出版从理论上重新定义了景观、城市和区域规划以及环境生态学科的方法论，同时强化了设计学与其他学科、设计学院内部各学科之间的联系。麦克哈格告诉都市人：自然是城市生长的基础养料和基础环境，遵从自然法则的城市才能持续地发展。

在《设计顺应自然》第六章“都市里的自然”(Nature in the Metropolis)中，麦克哈格介绍了他的WRT团队为宾夕法尼亚州和新泽西州城市

* 麦克哈格的*Design with Nature*已有中文译本。我认为书名应译为《设计顺应自然》，而不是现在的《设计结合自然》(天津大学出版社，芮经纬译)。“with”一字含有顺应、呼应的意思，“*Design with Nature*”的词句中主体虽是设计，但也强调了自然的主宰地位，故而，这也合乎WRT的工作逻辑——总把建立生态环境框架体系放在第一位，以此引导和规范人为活动。

重建管理局（Urban Renewal Administration）完成的费城大都会开放空间规划。

这个项目中，麦克哈格从自然界的水文条件、地质地貌以及植被分布出发，列出了自然演进过程中的土地价值分类：地表水、沼泽地、洪泛区、地下水回灌区、地下含水层、斜坡地、森林和林地、平地共8种类型。据此他绘制出了城市的自然环境分布图，帮助城市确定生态环境中城市的发展依据。从此，环境分析方法成了完成都市土地规划、构建城市开放空间的基本工具。

运用麦克哈格的规划原理和方法，WRT公司规划团队创立了“顺应自然”的研究逻辑和工作程序，并成功地为全球多个城市制定出长远的发展规划。经过五六十年的发展，不少项目如巴尔的摩内港、斯普林菲尔德谷地等已经证实了当初规划团队的远见——城市的持续发展需要自然环境强有力的支撑。

第六章

感染力 · 激发出多种元素的相互感应

费城　宾夕法尼亚大学校园步道　富兰克林公园大道　　香港　皇后大道　些利街上的混行通廊

交际越是广泛，越是感到幸福，这就是人类社会的起因。

——福泽谕吉《劝学篇》

游街是个古老的传统，老得人们几乎忘掉了街道这个久远的用途。只有在迪斯尼这类主题场所里，当花车驶过身边，人们才会触景生情重新找回曾经的场景感。

大城市里，特殊日子还会有万人空巷的场景。空巷是指人们从家里和小巷子跑到主街上参与欢庆活动。元宵节、元旦、感恩节常常是这样的日子。还有一类不是节日的日子，人们也会涌上街头，比如城市英雄，特别是冠军之队班师回城的日子。

2018年费城老鹰队赢得了全美橄榄球冠军，当球员们把超级碗奖杯带回费城时，人们涌向本杰明公园大道（Benjamin Franklin Parkway），与球星们欢庆胜利。大道尽端美术馆的柱廊上挂起了绿色的队旗，美术馆的多级台阶变成了演出的舞台，大道上挤满了身着老鹰队服的人们，喷泉颜色变成了球队特有的绿色。都市廊道里沸腾着绿色的血液。

本杰明公园大道是费城的迎宾道，它的一端连着山坡上的艺术馆，另一端指向市政厅。大道两侧排布着许多博物馆和美术馆。平日里，这条大道是费城的展廊，用它展示城市风貌、感染来访的游客；节庆时，它成了市民们相互感染的都市廊道。在欢庆胜利的时刻，城市的荣耀感染着人们，公园大道成了欢乐的长廊。

交往产生感染力

有感染力的场所为城市产生魅力，感染力不仅塑造城市空间，也推动城市发展。感染力源于人们的天性。交往中，人们之间相互感染。城市压缩了人们之间的距离，增大交往的强度和频繁度，强化了人好交往的天性。

如果说城市强化了我们物种交往的优势，那么现代城市则将优势推至极致，将其转化为发展需要的创造力。人们思想的相互感染、相互撞击常常激发出惊人的创造力。诸多创造力中，知识的交流对人类生产水平的提高影响最大。

知识经济时代中，创新能力对城市发展的影响越来越显著，而与创新直接相关的是人、企业之间频繁的撞击和交流。不少城市不惜代价地营建特色场所，用它培育、催生城市的感染力。而本质上，感染力产生于人的交往，场所只会有助于它的产生。

从栖息场所到交往场所，现代城市为满足人们对现代生活的追求创造出更加复合的形态，以促进多种生活内容的融合：当游街变成了逛街，主街的氛围就会促成商业走廊的形成；当假日逛街行为变成日常健身房、咖啡馆和书店中的生活规律，商街就会延展为混合社区；当混合性的生活服务中心吸引了一系列的就业基地和产业基地迁入，城市的发展廊道就会蔓延形成……许多城市学会了从成功城市中汲取经验，举一反三地从结果入手，直接构建廊道，以期促成不同元素的交叉反应，催生感染力迸发。

有魅力的都市廊道往往是承载多种交往的容器。通过都市廊道，人们可以观察到感染力对城市的影响。交融性廊道促进都市繁荣，引发交流碰撞，产生新的活力。无论是灯火阑珊的滨水岸线、万头攒动的商业大道，还是创新集聚的科技走廊，都市廊道都像一条彩虹，不同的色素在廊道中相互映射，合成出绚烂的魅力。

6.0-01/086

人们在富兰克林公园大道上欢庆费城老鹰队夺得NFL冠军

(People celebrated Eagle's NFL Champion on Benjamin Franklin Parkway)

公园大道是城市的艺术展廊，也是承载市民欢乐和幸福的容器。

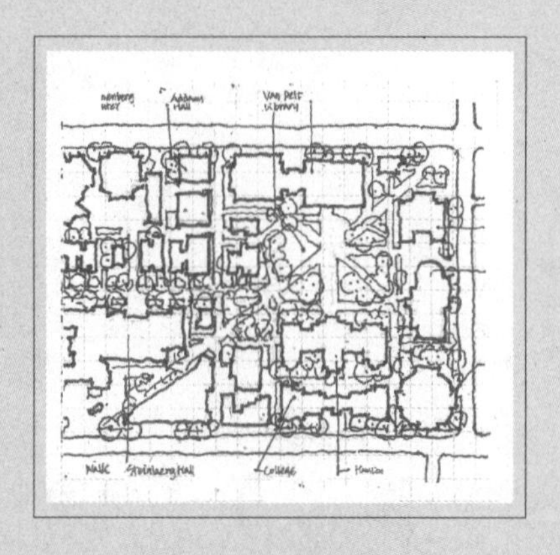

宾夕法尼亚大学　主校园
UPENN Main Campus

宾夕法尼亚大学校园位于费城西部，校园是按照城市的街道网络逻辑布局的，它的主要区域由8个街坊合拼形成，对车流封闭、向人流开放。

6.1 节

城市廊道　激发碰撞的加速器

城市，有别于村落、部落、教区，拥有开放的系统，欢迎不同元素自由进出，由此产生了多样性。不同元素通过交流产生了感染力，得以共存。能留住差异元素的城市拥有更大的多样性，多样性使城市拥有更强的感染力，城市的雪球效应因而产生。

感染力不同于城市的感召力，它更强调个体间的交往，个体间的认同或相互挑战激发出城市的活力。今天在纽约、香港、伦敦的街道上，人们能够感受到不同肤色和文化人群为城市增添的魅力。城市中，街网是交往的基础渠道。城市繁荣的秘密不仅在于建构了畅通的街网，还在于拥有富于感染力的交往廊道。这些廊道催生连锁反应，它们是驱动创造的传动轴。

每个大都会城市都有这样的廊道，无论是北京海淀的中关村大街、洛杉矶的星光大道、班加罗尔的电子城大道，还是亚特兰大的桃树大街，这些城市廊道中，不同的元素随时都发生着交互反应，推进着城市的运转。

规划费城时，佩恩了解生意间的连带作用，为此，他规划了两条走廊：沿特拉华河岸的商贸走廊和沿市场大街的商业走廊，这两条廊道对城市初期的成长至关重要。至今市场大街依然是城市的商贸主轴。然而建城数百年后，原蓝图上没有规划的两条廊道逐渐地发展起来，这两条廊道——宾夕法尼亚大学校园的步道和本杰明公园大道，成了费城的人文思想和市民价值的孕育地。

6.1A
人文交往的渠道
——宾夕法尼亚大学校园的步道

宾夕法尼亚大学校园在费城西部，是个开放式的城市校园。校园的布局遵循了城市缔造者佩恩制定街网的原则：街道限定建筑，建筑围合庭院，庭院服务人流。校园与城市保持着良好的互通性，同时又拥有可识别的边界和自我特征。

校园没有围墙，也没有特别明显的入口标志，但34街和胡桃树街交角处的一片林地给人印象深刻。枝繁叶茂的树林间，一条条斜径贯穿其中，小径上人们从四面八方走进走出。人流、林木、校园相映成趣。

许多大学里，宽阔的草坪往往是校园中的主导景观，校园利用草坪主轴组织建筑群体。宾夕法尼亚大学校园则与众不同，它的中心是片林地。校园的景观与学校的名称颇为匹配：宾夕法尼亚（Pennsylvania）由两个词组成：Penn，佩恩的姓氏；Sylvania，林地，合起来就是词的意译“佩恩的林地”，这是当年英王查理二世赐封给威廉·佩恩领地的命名。

校园风貌呼应着佩恩的绿色城镇理想：建筑掩映在草木之间，街道贯穿在庭院之间。开埠之初，费城曾有过这样的市景。但是，过度土地投机和高强度商贸活动很快就使建筑物占满地块。街道两侧的建筑之间不再有空隙，沿街紧凑的商铺成了街景。如今，建筑四围被绿树包围的场景只在宾大校园和费城历史街区还可见到。

校园的气质体现了教育“树木育人”的宗旨，体现了宾大对教育信念的理解。建筑师路易斯·康——出自宾大的伟大建筑教育家——认为：“学校之初是一个人坐在一株大树下，与一些人讨论他的见识。

6.1-01/087

宾夕法尼亚大学校园中的林地

(Campus Woods in University of Pennsylvania)

林地是校园的核心，通往四面八方的斜径上有着川流不息的人流，创始人富兰克林端坐其中。校园没有围墙，也没有特别明显的入口标志。但34街和胡桃树街交角处的一片林地给人印象深刻。枝繁叶茂的树林间，一条条斜径贯穿其中，小径上人们从四面八方走进走出。人流、林木、校园相映成趣。

他并不知道自己是老师，而他们也不知道自己是学生。”

林地中有两条步道：洋槐树步道（Locust Walk）和林地步道（Woodland Walk），它们由此向西、向东、向南延展，连接了主要院系和宿舍区。

洋槐树步道（6.1A-1）

洋槐树步道是校园的绿道主脉。步道贯穿东西，把宿舍区、沃顿学校、校园林地、工程学院和滨河的体育设施联系起来。步道上，上下课的学生们行色匆匆；步道两侧，三两好友在草坡上休憩；树荫下，学习小组围坐一起。绿荫交织的廊道上人们形态各异，但每张面孔都表露出对知识的探寻、对交往的渴求。

绿道边上的建筑跨越了近250年。学院主楼（College Building）1872年落成，是幢用青绿色毛石砌筑的哥特式建筑。它与旁边邻居费舍尔艺术图书馆（Fisher Fine Arts Library）的红色墙身形成对比，枝繁叶茂的林木调和了两者的个性。林地中央矗立着一座铜像：宾夕法尼亚大学的创始人、美国独立宣言的起草人之一——富兰克林。端坐着的老人用坚定、睿智的目光注视着穿梭的人流，传递着殷切的期望。

洋槐树步道的另一处还有一座富兰克林坐像：手拿报纸的老人坐在长椅的一端，另一端像是为后辈留着的空间。在宾大，人们习惯用交流的神态刻画这位长者，以展示出他的感染力。学校主图书馆前有个纽扣雕塑，巨大的白色扣子一侧折裂，落在广场上。宾大师生称这颗扣子是从富兰克林马甲上坠落的。而雕塑家自己说，他的创作灵感源于费城的另一位先贤佩恩，佩恩规划的四个方形绿地化为四个扣眼，裂痕是城市河流斯库伊克尔河的化身。

校园内的雕塑被放置在人群之中，它们好似人群中的一件家具、

6.1-02/088

宾夕法尼亚大学校园中树荫下的草坪

(Shaded lawn in Penn’s campus)

林地是校园的核心，通往四面八方的斜径上有着川流不息的人流，大学创始人富兰克林端坐其中。

6.1-03/089
洋槐树步道旁的富兰克林雕像
（Franklin sculpture on Locust Walk）

富兰克林坐在长椅的一侧，手中拿着他创办的报纸，另一侧留给了宾大的后生们。

一块背板、一个伙伴，这种刻意的安排缩短了现实和历史的距离。步道上的氛围是随意的：

路边随时都有驻足的地方，道旁随地都有开敞的大门，供人们自由地进出停留。用这样的方式，洋槐树步道连接着人与人、人与知识、人与建筑、建筑与草木、场所和时间、现实和历史。

在宾大，人们把洋槐树步道称作最具感染力的大课堂。

林地步道（6.1A－2）

如果说洋槐树廊道具有历史人文的感染力，那么林地步道则展示了校园与城市的紧密关系。

两条步道最初都是城市街道。林地大道曾是条跨县公路。到19世纪，城市越过斯库伊克尔河向西拓展。过河之后，从市场街向西北、西南放射出两条区域公路。林地大道是其中的一条，它通往德比郡和巴尔的摩市。19世纪70年代，宾夕法尼亚大学在这条路旁收购了一块地势较高的土地，自此开始了学校西进的发展历程。

19世纪70年代末，宾大校园经历了第一次跨越式大发展。1876年，费城举办了建国百年世界博览会，世博会的兴办带动了费城西部的发展。这个时期，学校在林地大道旁兴建了学院楼、老图书馆等几幢重要的建筑，校园的雏形初见端倪。

1913年，宾大建筑系主任保罗制定了整体性的校园规划，他提出了校园内部空间主导校区规划的方针。保罗建议校园与城市街道分开，建筑围合出内部空间，建筑物的正立面应面向校园空间而不是面向城市街道。建设世外桃源成了规划的目标，但成为“市内桃源”不是一张蓝图就可以实现的。

20世纪前后，费城大举向西拓展，兴建了许多大型项目，这其

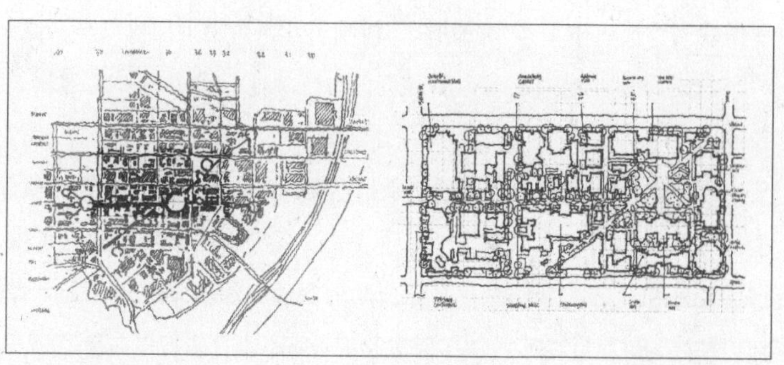

6.1-04/090
宾夕法尼亚大学校园平面
（University of Pennsylvania campus map）

两条步道成为宾大校园的灵魂主轴，许多思想、法典、理想都在小径上、树荫下讨论，洋槐树步道和林地步道已成为学校师生交流知识、碰撞思想的渠道。

中就包含宾夕法尼亚大学校园的建设。那时，城市街道穿过校区，过路的车流和校园的人流混在一起，使校园难以形成安稳的氛围。战后城市的衰败也带来了校区环境的恶化。20世纪50年代，一名韩国留学生在学校被谋杀，这个极端事件强化了改善校园环境的呼吁。

20世纪五六十年代的校园改造提案是围绕着交通和安全进行的，其核心点是构建相对独立的校区：通过关闭校区内的街道、让快速公路改线等方式，实现步行主导的校园环境。随着滨河快速路的建成，费城规划委员吸纳了宾大的建议，切断了几条街道上的机动车交通，将洋槐树街和林地大道改为步行道，为校园核心廊道的形成创造了条件。

尽管保罗构建校园环境的愿景早已提出，但形成今天熙熙攘攘、生机盎然校园的切入点是出于安全考虑。基于此点，学校建立了城区、校区和社区的合作平台。综合性的交通组织方案制定了如下目标：校区与城区联而不通、车流与人流分而不合、步行道与街道相互融合。通过城市、学校和社区的协同努力，校园在佩恩的街网系统中形成了一块8个街块聚集一起、没有机动车穿过的区域。在这块34街到38街的超大街块中，洋槐树步道和林地步道成为校园主轴，人们在这里可以安全地汇聚、穿行、交往。

如果说佩恩为城市勾画了发展的网络，那么宾夕法尼亚大学校园则从网络中甄别出两条既有的街道，重构出一个交织的步行系统。洋槐树步道和林地步道成为师生们交流知识、碰撞思想的渠道，它们的氛围感染着一代代学子。这两条交叉的步道就像罗盘上的指针引导着校园发展的方向，也指引着许多人的生活轨迹。

6.1-05/091

设计学院迈耶森楼前的步道

（Campus path in front of Myerson Hall，Design College）

我上学的时候学院叫做 GSFA（Graduate School of Fina Art）。迈耶森楼的现代混凝土，相比起校园中其他殖民风格的老房子，给人留下了冷酷的印象。

6.1B
市民价值的苗圃
——本杰明·富兰克林公园大道

1907年，宾夕法尼亚大学建筑系主任法国人保罗与另外两位设计师一起，规划了费城版的“香榭丽舍大街”——公园大道。这个规划，早于保罗的1913年宾大校园规划，采用法国布扎艺术风格，突出了市民价值在公共空间中的作用。

用本杰明·富兰克林名字冠名的公园大道连接着城市王冠上的两颗明珠——费城艺术馆和费城市政厅，也为城市串联起璀璨的文化群星。沿着一英里长的公园大道，十几家艺术博物馆、数十家文化教育机构、一连串的城市公园和不计其数的城市雕塑及公共艺术品集聚两侧，形成了费城的文化长廊。

同巴黎的林荫大道一样，公园大道绿树成荫，端头的重要建筑向人们提示着城市的焦点所在。沿线的喷泉、雕塑广场强化着主轴效应，体现出公园大道的纪念和展示氛围。然而，也许是费城在城市网络中的地位不同于巴黎，也许是规划方案中没有香榭丽舍大街两侧的连续商业，费城人很少把这条走廊当作城市的前廊客厅使用，更多地把它当作起居室式的城市派对场所：感恩节、圣诞节、新年、圣帕垂节、夏季音乐会、国庆节……不同文化、宗教、种族的社团都愿意在大道上展示自己的文化。

公园大道的使用方式回应着初心，它的形成是集聚市民力量、共筑市民价值（Civic Value）的过程。过程中的共建为建成后的共享奠定了基础。

都市廊道与感染力的关系是相辅相成的，既有市民力量对城市的感染，也有城市空间对感染力的传播。本杰明·富兰克林公园大道就是一个例证，市民组织和社区精神推动了它的诞生，公园大道的落成也催生了费城博物文化区的出现。

费城发展的早期吸引了周边乡村道路向城市的汇聚，其中一条是斯库伊克尔河东岸上的小路——公园大道的前身。这条小路经过河谷畔的丘陵山岗通向城市中心，这群山丘被叫做费尔蒙特（Fairmount）。19世纪，为了保护斯库伊克尔河水质，河谷丘陵被划作水源保护地，并命名为费尔蒙特公园（Fairmount Park）。

1868年费尔蒙特公园协会成立，这标志着民间组织中环境意识的觉醒、非政府公众力量的成熟。公园协会成为推动公园大道建设的主导力量。以往，城市区域的塑造往往依靠王权、教会、政府和资本力量；公园大道则不同，它是由多种社会机构合力促成的：由市民集体提案、有影响力的机构倡导、城市议会支持、专业设计师主持而建设城市廊道。

1876年，费城世博会在费尔蒙特公园举行，费尔蒙特公园协会借此机会迅速发展，成为市民价值和环境保护的代言人。20世纪初，费城建成了两个重要的项目：费城艺术馆和市政厅。支持这两个项目的诸多民间机构中，公园协会是重要的推手。

费城市政厅耗时30年于1900年建成。落成时，它是世界最高的建筑。费城艺术馆1928年建成，它的前身是世博会的展会纪念大厅。世博会后，纪念大厅改成为博物馆。博物馆开始在全球范围内大量收集绘画、雕塑和现代艺术品，特别是以法国为代表的印象派绘画，它还大力推行会员制和大众普及教育，把艺术和文化的感染力传播到人

6.1-06/092
本杰明·富兰克林公园大道东望费城市政厅
(View of Philadelphia City Hall from Benjamin Franklin Parkway)

从艺术馆到市政厅的一英里是开阔、庄重的公园大道，与佩恩紧凑经济的城市棋盘街道形成了鲜明的对比。显然，法国人心中的城市需要用艺术和堂皇展示城市集体性的品位。

们心里。与此同时，博物馆开始了费城艺术馆的筹备工作。1902年，馆址确定在费尔蒙特公园的山丘上。

这两组建筑落成之前，公园协会预见到了它们的重要性，公园协会携手费城艺术馆和市政厅以及其他民间机构推动了连接两者的构想。1907年，费尔蒙特公园协会提出了一个具体方案，用1英里长的林荫大道把城市地标联系起来，沿路布置艺术学院、美术馆、图书馆、博物馆等市民公益机构。这个由宾夕法尼亚大学规划的方案，得到了城市西部诸多社区、几个教育机构和若干发展委员会的支持。

1929年，公园大道主体建成。

从构想到提案、从提案到方案修订、从方案调整到周边功能布局，公园大道在其成长过程中，为不同机构提供了相互学习、相互感染、共同规划的机制，长达半个世纪的孕育过程又衍生出若干个新的民间机构。公园大道例证了感染力对城市的影响：各类机构合作推进廊道建设，城市廊道反哺社会机构和团体成长，培育出城市的市民价值。

巴黎风貌搬进了费城（6.1B－2）

19世纪，方格街网已被众多美国城市仿效，芝加哥、纽约、旧金山、里士满、萨瓦纳等均参照了费城体系。规矩的街网为城镇化提供了高效工具，城市很容易把地产价值和建设速度当作发展的衡量标尺。事实上，19世纪的许多速生城市的确是资产累积和产品堆积的混合物。

19世纪中叶，法国人采取了不同的路径构建现代城市。1851年至1869年间在拿破仑三世的支持下，哈斯曼爵士（Sir Haussman）进行了长达18年的巴黎改造。他集中了国家和王权的意志，把效率、典雅和秩序注入到城市改建中，创造了林荫大道这个流行全球大都会的廊道做法，并借此重构了巴黎的城市空间。

哈斯曼的林荫大道是个综合系统：地下是现代城市需要的下水道、地上是放射性干道，林荫大道的两侧辅以多层次的高大乔木，成为都市绿廊。在哈斯曼手中，林荫大道还是制定城市规矩的戒尺，他严格要求大道两侧建筑采用相同的高度和风格。建筑、园林、交通和地下工程的协同规划给城市带来了迥然不同的风貌，令巴黎脱胎换骨、焕然一新。

巴黎改造工程助推了布扎艺术体系的成长和传播。在拓建工程中，哈斯曼发展出了一套设计规范指导城市建设，设计美学原则由御用的巴黎美院制定。

这套体系被称为布扎艺术体系。19世纪下半叶，巴黎美院的布扎艺术体系开始传播到美国。芝加哥、旧金山、华盛顿等城市的方案中出现了放射性林荫大道，和它主导的新古典主义公共场所。

欧洲和美国其他城市发生的一切使得费城对新古典主义城市产生了兴趣和好感。这个时期，法国人保罗·克尔瑞带着布扎艺术体系来到了宾夕法尼亚大学。当时，崛起的资产阶级和市民阶层要求费城在发展中体现市民价值。1907年，在公园大道规划中，保罗采用了放射性的林荫大道连接两个城市焦点，同时用布扎艺术体系规范城市秩序，用设计逻辑回应了市民价值的诉求。

景观环境主导的城市设计（6.1B－3）

1917年，费尔蒙特公园协会提出了公园大道的景观方案。这次的方案由法国景观设计师葛瑞贝提出。1919年，费城成立艺术审定团（Art Jury）审查并批准此方案。而这个艺术审定团成为费城艺术委员

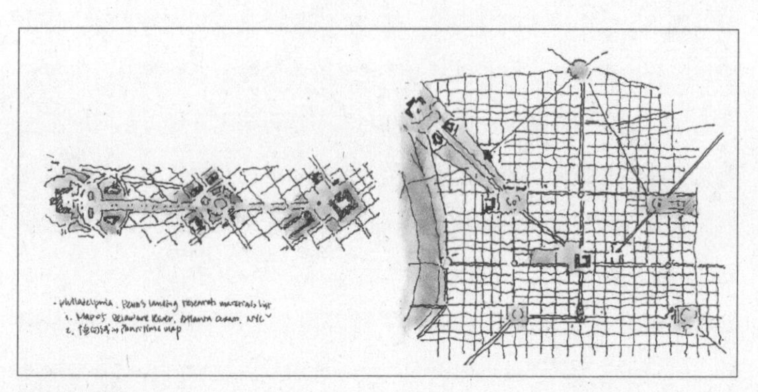

6.1-07/093

法式巴洛克的放射大道影响费城的街网体系

（French Baroque radiated boulevard influences Philadelphia urban grid）

巴黎的星形放射大道在19世纪末风靡全球。费城的规划师也开始在它保守规整的街道网格中加上气魄的城市广场和恢弘的斜向大道。

会（The Art Commission）的前身。

依据保罗方案，葛瑞贝在放射轴线的两侧增加了两条宽阔的绿带以化解异形地块对城市街网的压力，同时为各类公共艺术和服务设施留出用地。有人把葛瑞贝方案视为楔形城市公园，他的设计采用绿地渗入的方式完成了自然开敞空间到城市格网的过渡。

作为景观师，葛瑞贝重新定义了城市流动干线：城市绿廊簇拥城市轴线，绿地中树木引导视廊，雕塑广场和喷泉控制廊道节奏，公共建筑配合城市广场。葛瑞贝改变了费城既有的城市规划逻辑：街网服务地块，地块服务建筑，建筑物和私有土地价值主导城市空间。法国布扎美学体系强调了公共艺术和空间对城市的控制力。葛瑞贝规划为以后几十座公共文化设施和市民机构提供了土地资源，为公园大道博物馆区域的形成打下了基础。

1924年，公园大道上建成了斯万纪念大喷泉（Swann Memorial Fountain），它占据了佩恩蓝图中四块绿地中的一块。艺术家考尔德设计的三座青铜雕像与水池、石阶、花坛完美地结合到一起，喷涌的泉水与两端的市政厅和艺术博物馆交相辉映，把公园大道装扮得美景如画。

公园大道上的纪念性绿地彻底改变了佩恩低调谦卑的绿色公地理念，法国人把社区绿地改成了城市广场，社区的日常活动场所变成城市展廊。

葛瑞贝既专注展示集体意志，也注重城市整体与城郊开阔的自然环境的对话。斯万广场中的三股喷泉分别代表了费城的三条河流——斯库伊克尔河、特拉华河和瓦萨黑肯溪流，它们寓意着城市的生命之泉。

公园大道的理念得到了费城公共机构，特别是文化教育组织的支持。一系列的民间、半官方、官方的文化机构聚拢在大道沿线，寻求

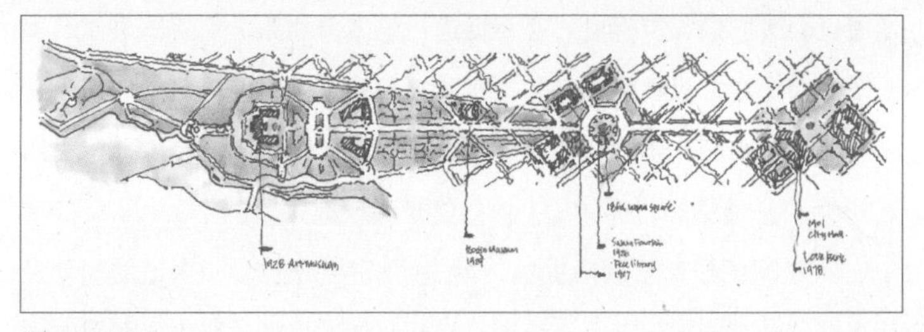

6.1-08/094

法国景观师葛瑞贝设计的公园大道

（French Landscape planner Jacques Grebe’s proposal for Benjamin Franklin Parkway）

由景观师规划城市大道的做法改变了由规划师、建筑师主导规划的传统方式，让人们看到公园和道路是可以组合到一起，形成新的城市面貌的。

6.1-09/095

富兰克林公园大道上的斯万纪念大喷泉

（Swann Memorial Fountain on Benjamin Franklin Parkway）

斯万大喷泉用巴洛克的雕塑和激情四射的喷水改变了费城贵格会主导的朴素、谨慎的城市风貌，而且，大喷水池还占用了佩恩规划的四个社区绿地中的一个，彻底把城镇社区绿地亲切而小气的氛围变成了堂皇而张扬的大都会气派。

发展机会。它们相互感染、互相促进，艺术博物馆、免费图书馆、童子军协会、富兰克林研究院等项目几乎与大道同步完成，构成了没有围墙的博物馆城市走廊。为了这条文化廊道的建设，城市购买了沿线近1300块土地资产，拆除了上面的建筑和设施。

在费城的城市规划历史上，本杰明·富兰克林公园大道的规划设计占据着独特的地位。它将法国巴洛克富丽堂皇的风格引入到费城固有的英式朴素实用体系中，它改变了佩恩四个社区绿地的城市均衡布局，它强调了公共文化艺术对城市发展的意义。公园大道规划提出了城市公共价值主导城市发展的理念，这个愿景成功地聚集起费城众多的机构性力量，它们之间相互支持形成了一股强大的社会力量，推动着这条城市廊道的发展。

从1903年宾夕法尼亚大学提出规划方案，到1929年公园大道主体落成，公园大道用了27年规划建设，这段时期它是费城建设领域的焦点。这期间还有一段十分独特的历史重合时段：1918—1928的十年间，有28位来自中国的留学生就读于保罗任教的宾夕法尼亚大学学习建筑学，那时中国刚刚走出帝制、步入现代共和。这批学生中有杨廷宝、梁思成、童寯、林徽因、陈植等一批中国现代建筑、城市规划、历史保护、现代建筑教育的开山大家。

研究中国现代建筑史的学者曾注意到宾大和保罗的布扎艺术体系对中国的影响，但少有人提到公园大道的建设对这代中国建筑师的冲击力。作为这批学子老师的保罗是公园大道的积极参与和推动者。在他们就学费城期间，保罗和宾大为公园大道的规划投入了大量精力，他们推崇的公共艺术价值体系在宾大建筑系的学生作业中得到了充分的展示。事实上，公园大道在后来南京、北京、上海、重庆等中国城市的发展中留下了长长的影子。这也是感染力跨越时空在不同文化中相互影响的一个例证。

—·— —·— —·—

2018年，公园大道百年华诞之际，公园大道议会组织了为期一年的各类文化、教育、艺术、宗教、节庆活动。百年活动委员会成员哈瑞缇说："公园大道把我们连接起来，把艺术、文化、科学、园艺、教育和每个人联系起来。""公园大道100年活动给我们一个史无前例的机会，欢庆这些连接。公园大道世界级博物馆和各类公众机构之间的卓越合作给人带来了欢庆，这些机构形成了艺术博物馆区。"

市民价值、环境意识、艺术热情和社区自豪感，多重养料点点滴滴地滋养着公园大道，辅以坚持不懈的努力，培育出公园大道博物馆区的文化精神。这条都市走廊被誉为费城的"朝圣之地——文化麦加"。

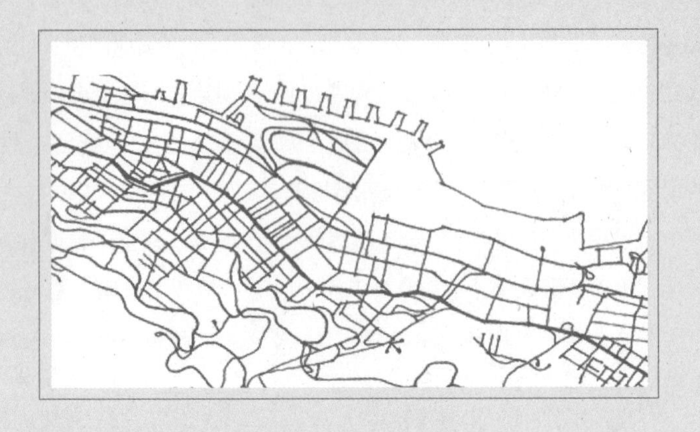

香港　中环区域　街道网络
Hong Kong Central Area

香港街道纹理表达着一种复杂交织：山体等高线刻画的折线和曲线、工程填海形成的平行廊道、价格奇贵的狭小地块，它们混合在一起，像树木年轮一样富于叙事感。

6.2 节

都市热谷　驱动发展的传动轴

6.2A　资本的纽带——海里填出的皇后大道

跳板、支点和纽带

6.2B　移动的看台——半山上架起的自动扶梯

华而不实的“大白象”(6.2B-1)

世代交融的都市热谷(6.2B-2)

都市热谷把多种元素汇聚到一起，促成相互感应。不同的城市廊道有不同的成因。富兰克林公园大道是费城多个市民机构相互感应、不懈努力的结果。而香港的廊道，如皇后大道（Queen Avenue）上的金融走廊和些利街（Shelley Street）上的活力热谷，它们虽有着不同的缘起，但都反映出感染力在都市中的串通效应。

香港被誉为金融之都，鳞次栉比的金融大厦紧紧地拥挤在中环一带。高楼充分利用每寸地皮，把脚下的土地占得满满当当。不同于费城丰厚的天赐，规划师能奢侈地在两河之间的平地上一次性画出大片的街网。在港岛，平地是一次次人工填海填出来的，街道是一段段地拼起来的。

香港每次填海都以既有的街道为基准线向外拓展，新的街道再把填出来的土地一块块连起来。城市就这样从山脚下向海湾一圈圈地长大。因而，港人天生就认同都市的廊道概念，他们对街道的依赖度远超其他城市。

不同于方格街网，香港的街网更似树干的年轮。年轮是树木成长的记录表。每年生长环境的变化会影响年轮的形态。日照充足、雨量丰沛的年景，细胞生长得较大，颜色较浅，因之年轮排列得疏松；而日照少、天气干燥的年景，纹理会记录得致密些。年轮较稀疏的一面朝向日照方向，纹路密的一面朝向背阴方向。时疏时密的图形反映着一次次的生长过程。

皇后大道是这些致密纹理中的主脉，它的形成，用当下流行的词汇，就是殖民者精心打造出来的。皇后大道之后，其他的街巷依附着这根主脉在岛上蔓延开来。对比街道对城市空间的影响，皇后大道对资本聚集的效能才是它真正的作用。有着远东第一金融街称号的皇后大道，通过资本吸附力，深深地介入到大清帝国的经济脉动之中，影响了帝国最后的运势。

而些利街曾只是港岛众多小巷中的一条，若不是港府一次偶然的“失误的规划”，它无从成为今天闻名遐迩的活力热谷。些利街上的活力虽源于无心插柳的巧成，但它背后的诱因再次证实了都市感染力的连锁效应。

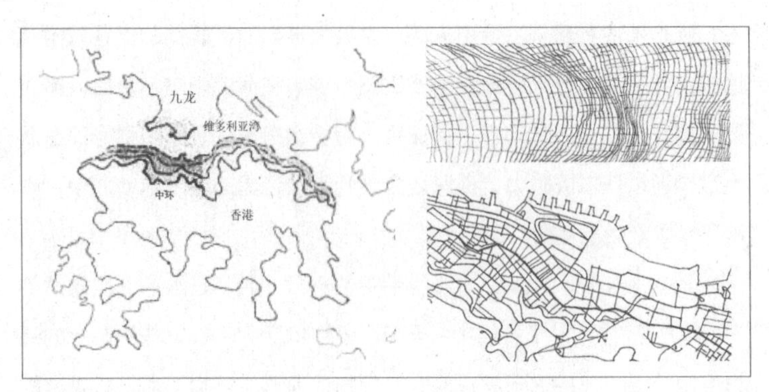

6.2-01/096
香港街网如同树的年轮一样
(Hong Kong urban grid likes the growth ring of a tree)

香港每次填海都以既有的街道为基准线向外拓展，城市就这样从山脚下向海湾一圈圈地长大。

6.2-02/097
香港岛和维多利亚湾
(Hong Kong Island and Vitoria Harbor)

100平方公里的香港岛是山地岛，城市集中在北麓面向维多利亚湾的一条狭长的带状走廊上。

6.2A
资本的纽带
——海里填出的皇后大道

1840年鸦片战争前，香港岛是珠江入海口东侧的一个不大的渔村岛，几公里宽的海湾把它与大陆隔开。香港岛北面对着博大无边的大清阔土；背后的南面是浩瀚无垠的蔚蓝色大海。在暮气沉沉、黄天厚土的大陆文明和朝气勃勃的蓝色海洋文明之间，香港渺小而单薄。

然而，这块100平方公里的荒芜山岩，却成了煞费心机、远涉重洋的英国殖民者的猎获目标。在被殖民者称为“通商战争”的鸦片战争中，清朝廷割让了香港岛。而当时英国议会却认为这个不毛荒岛是件令人不悦的战利品，因为他们为战争开列的清单上还有舟山群岛、厦门及台湾。不过，不悦的英国人倒是十分务实，他们不以小而不为之。

1841年和1842年的割让条款让殖民者们放心大胆地开始了对香港的潜心经营。深谙商贸之道的海上帝国十分了解香港在其利益扩张版图中的地位——一块坚实的跳板：它将支撑着大英帝国踏入世界上最后一块尚未开发的巨大市场。

跳板、支点和纽带

英国人把跳板的支点选定在太平山下的一个小山岗上，山岗得名总督山，周围的区域被划为中心区（Central）。后来港人依据延山伸展的环状城市形态，把这个区域叫作环带的中心区，即今天的“中环”。

殖民者明白，资本控制的利益远远大于商品买卖的利润；只有输出资本才能把握大清帝国的血脉。为了做到这一点，他们需要打造一

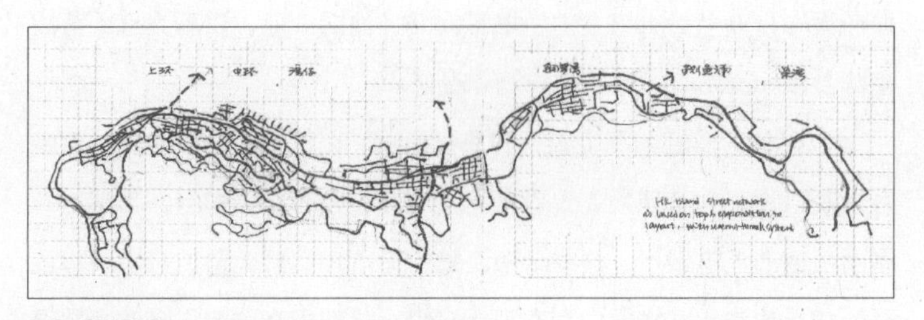

6.2-03/098

香港的城市脊椎—皇后大道

（Queens Ave as urban spine in Hong Kong）

1841年得到了割地条约后，英国开始经营小岛。殖民者并没有像大陆城市一样兴建围墙，他们在海中填出了一条路，既皇后大道，路边云集了大量的金融银行，建成了远东第一条金融大道，在帝国资本与封建市场之间连起了一条纽带。

条纽带。在清朝朝廷沉溺于歌舞升平的后庭风情之时，港督已决意在香港这个小小的跳板上建造一条强有力的金融纽带，把国际资本推向市场的最前沿。1841年，在驻军的营盘山和总督山之间，港府举资填海，从水中铺出了一条临港大道——皇后大道。

随后，众多的西方资本银团机构蜂拥其侧，面向海湾比肩并齐，构成了远东最早的一条金融海岸线，这条银行街先于20世纪才初见端倪的上海外滩。另外一点不同于上海的是：外滩朝东，面向浦东、面向大海；而皇后大道上的金融带向北，面向大陆。皇后大道的落成意味着国际资本有了远东的户籍和身份。

以伦敦为总部的利生银行和渣打银行、以巴黎为总部的法兰西银行以及以孟买为基地的亚太资本巨头利升银行和有利银行，当然也有刚刚出道的汇丰银行，这些金融巨擘纷纷落户皇后大道。对中国市场共同的兴趣和相互之间的利益把众多银行机构绑在一起。自此，香港为海外资本和内地市场打造了一条纽带。

19世纪的后半叶，是长达数千年中国封建王朝的最后时段，许多城墙围起来的城市还停留在一两条商街的格局上，英帝国已经在五大洲不同的领地上建起了一个个殖民地城市。在香港，他们没有垒墙，而是从填海建港开始。英国人把贸易需要的开放格局带到了租界地。香港把经济功能摆在了地域辖制和军事防御之前，它利用皇后大道把口岸交易、资本管理、商品流通等主要商贸功能结合起来。

很快，皇后大道就成为商贾云集、万人攒动的繁华大道。特别是大道上的金融业，它们虽身在小岛，但相互支撑的联络使它们生意辐射全球，渐渐地成就了港岛全球金融中心的地位。历经百年后，皇后大道依然是亚洲资本聚集的廊道。

6.2-04/099
1986年落成的第三代香港汇丰银行
(The 3rd generation HSBC tower built in 1986)

从汇丰大厦顶层俯视中环：皇后大道贯穿其脚下，中环区内密布的金融机构分置两侧。一侧是中资象征的中银大厦，另一侧是外资银行的高层建筑组群。汇丰粗壮的交叉形钢架像一把铁钳，把中资和国际资本牢牢地铰接在一起。

6.2B
移动的看台
——半山上架起的自动扶梯

港岛的每次填海造地都有背后动因：有的为商业区的拓展，有的为驳岸的加宽，有的为置地的需求。港岛就这样一节节、一层层、年轮般地生长出来。新生的街道大多与岸线平行延展，成为城市的主干街道。有身份的地产和生意也愿意落户在这些街脸上。而垂直于岸线方向的往往是窄小有坡的小街，业主把货道和侧门开在上面。些利街曾是这些高高低低、曲曲折折通道中的一条，然而，港府的一个交通项目改变了些利街的命运。

2015年2月27日，美国有线电视新闻网络（CNN）评选出全球七大高效运输系统，香港些利街上的大扶梯榜上有名，它是从岸线中环至半山的自动滚梯（Central-Mid-Level escalator),《吉尼斯世界纪录大全》将它列为最长的户外滚梯。

大扶梯的效率，很难用个人体验判断；但对它的效应，我深有所感。十几年前，我从美国回到亚洲，香港是我的落脚城市。那时HOK香港办公室在大扶梯与荷李活街的拐角处。公司同事帮我在大扶梯附近找到一处住所，自动大扶梯成为我每天上下班的交通工具。每天，它不仅送我到办公室，而且带我步入到城市的体内，感受它流动、跳动甚至振动。在扶梯上感受城市，用台湾导演王家卫的话讲："我们之间的距离只有0.01公分。"

一般城市常常把街道当作城市的画廊，沿街建筑用最生动的面孔向路人展示。精致的街面是城市最好的代言。而些利街的自动大扶梯却像一把手术刀，把靓丽的表皮一层层地切开，径直穿过街巷，进入街坊。随着移动的扶梯，人们仿佛被置于一个移动的看台上，从内到

6.2-05/100

香港中环到半山的自动扶梯

(The big escalator from Central to Mid-level in HongKong)

800米长的自动扶梯穿越山地中最稠密的群屋，带人走入香港的体内观察城市。

外、由下向上地观察香港。眼前一幅幅鲜活的画面不断切换着：既有触手可及的店铺菜摊，也有光鲜夺目的玻璃墙身；既有喧嚣嘈杂的食肆酒吧，也有开阔悦目的港湾风景。

华而不实的“大白象”(6.2B－1)

港岛是个山城，不同于平原城市中的平直道路，山上的路是依山就势的“之”字形山路。这种街网的效率大大低于方格街网，对坡地城区的畅通性提出了巨大挑战。出于减少汽车流量、缓解交通拥堵的目的，1987年11月规划师提出了兴建自动滚梯的建议：把半山腰的居住区域与水岸上的商务区用滚梯连接起来，使人们依靠它步行上下班。

在曲曲弯弯的“之”形路网中，规划师找到了一条穿越大街上山的小街：些利街，它是条少绕弯路直接上山的小巷，但是巷子的坡度陡、台阶多，汽车无法行驶，行人步行也十分辛苦。规划师设想在些利街上空敷设滚梯，让它成为上下山的近道。实施方案中，扶梯总长约800米，爬升高度为135米，跨越中环和半山区人口稠密的14个街道。大扶梯全程共设20段滚动升梯，3段平面移动带，全程载客时间为20分钟。

1993年，经历5年规划和建设，滚梯项目落成。工程建设造价从当初预算的1亿港元，陡升为结算时的2.4亿港元。一年后，港府交通局统计出更新的数据，结果显示车流量没有明显减少，交通状况也没有显著改善。1994年，港府审计署发表了项目评估报告，认为滚梯项目华而不实，是“白象”(White Elephant)工程。

然而，这项评估为负的公共设施却在其后20年带动了周边区域的发展，成就了兰桂坊、Soho等香港知名的社区，并大大提升了半山区住宅的开发品质。

6.2-06/101
从半山俯瞰维多利亚湾
（Overview of Vitoria Harbor from mid of hill）

自动扶梯好似生活中的蒙太奇，人们站在扶梯上就可以看到一幅幅变幻的城市画面。

6.2-07/102
些利街上的小摊贩
(Vegetation and fruit stalls along Shelley Street)

些利街自动大扶梯像一把手术刀，把靓丽的表皮一层层地切开，径直穿过街巷，进入不同时代的香港。

世代交融的都市热谷（6.2B－2）

生活在严苛环境中的香港人有种穷尽物性的天赋，他们特别善于因势利导、择机而动。对于政府视为败笔的项目，港人却从中嗅出了无尽的商机。在稠密的都市区内，慢行系统意味着为这条路径带来人流，每日上上下下的人流就是商机。于是，以滚梯为主轴，大量的商业店铺在两侧的街道蔓延、伸展，形成像鱼刺一样的商业骨架。

滚梯项目的设计细节也为日后区域的繁荣积淀下了功德。面对既有都市街坊中的复杂条件，设计方案充分尊重现状，强调工程技术服从于都市设计。空中走廊与地面上的街巷形成了立体的交通流线。尽管大滚梯是个公共通道，但设计并没有夸大公共设施的路权范围，而是最大限度地保留了原有社区的肌理和文脉。滚梯穿越社区内的商业形态被原汁原味地留存了下来，同时又提供了新的发展机会。

今天这里的商业和生活形态有如一块活的化石，展现了不同年代的香港。有的是20世纪五六十年代的街边作坊，有的是80年代的茶坊酒楼，也有21世纪电子网络的商业模式。多种形态的相辅相成，形成了共生相依、几世同堂的奇观。

多样化的商业形态吸引了多层次、不同品位的消费者，丰富多样的营商环境带给外部游客香港特有的地域风情。大扶梯把穿境的过客、到港的游客、当地的消费客以及上下班的乘客混合到一起，形成了观赏都市的万花筒，而行人也乐于欣赏穿梭于钢筋混凝土丛林之中的多彩人流。这种蒙太奇式的交织体验为都市生活提供了一个新的诠释角度。它像一块磁石，吸引全球不同的文化相聚于此。

如今，些利街已经成为全球最富感染力的都市乐谷。许多沿着滚梯排列的酒吧、餐馆都会在下班时推出“欢乐时光”的折价销售时段，不同肤色的人们聚集在高高低低的台阶平台上，展示着多种异域风情和文化，滚梯为香港国际大都会编织出一道靓丽的文化交流彩虹。

信息时代的网络为人们提供了更多割裂现代生活的手段和借口，每个人都有机会迅速地逃离人群、遁入自我空间。而慢行扶梯则反其道而行，它利用低速行进的公共设施，把生意、人群、活动聚拢到公共廊道中，构成了多种元素交融的场景。这个无心插柳的项目却如剖切线一样，把人们从城市光鲜堂皇的大街面带入到城市的肌体内部。滚梯不加修饰的连通方式激活了原来惰性状态中的个体，使人们又回到了相互感染的群体之中。

—·— —·— —·—

人们喜好交往的本能是城市生成的动因，都市廊道是交互反应的催化管道。无论宾大校园中川流不息的洋槐树步道，费城市政厅前风景如画的公园大道，香港维多利亚海湾畔高楼林立的皇后金融大街，还是些利街上穿市入巷的自动扶梯，它们都从一个侧面揭示出城市中相互感染的力量、廊道里交融的魅力。

如今，人们越来越看中创新产业对城市生长的助推作用。科技创新技术使现代社会更加个性化，而产生创新技术的场所恰恰是充满交互感应的科创廊道：加州的硅谷、波士顿的98号公路走廊、广州的松山湖、北京的中关村大道、班加罗尔的电子城大道，它们都是知识人才、独创企业、研发机构相互吸引的创新走廊。将它们连接起来的纽带不是基础设施，不是高回报的诱惑，而是人类群体中发自本能的相互感染力。

6.2-08/103

大扶梯两侧高高低低的平台

(Various terraces along Big Escalator)

大滚梯两侧大大小小的止步平台成了人们喜欢的步行者天国，不必担心各种轱辘工具的袭扰。

第七章

内生力· 簇生出肌体生长的代谢机制

费城　自由广场的天际线　社会山社区的变更　　苏黎世　利玛特河上的泳池　　成都　文殊坊的禅道

生活并没有清清楚楚的开始和结尾，生活就是不断地在进行。你应当从中间开始，从中间借宿，而一切就在其中。

——奈保尔

城市规划师生活在蓝图和现实两重世界中。蓝图中，规划师表达人们对城市成长的期待；现实中，规划师体验两种感受：从前蓝图形成的结果，以及其蓝图中没有提及的后果。

今天，费城既有佩恩当年期待的商贸繁荣，也有不曾预期的社区衰败。即便是城市的中心区内，每块土地并没有一致性的价值功用表达。我曾就职的WRT事务所 在市场街和18街，那里是费城办公楼聚集区。然而这个区域的三五个街坊之内，仍有空置的地块。相互毗邻的地块上，有的高楼拔地而起，有的排屋旧貌依然，有的被低效的停车场占用，而有的则是杂草丛生。

更可持续的内生力

这种多样性的土地使用情形与规划师渲染图中表达的美好愿景不尽一致。在近年新崛起的国家和地域，客户明白大规模的发展愿景需要多年甚至数十年方可实现，但客户仍然特别看重渲染场景的号召力。

相比之下，经历数百年发展的客户更愿意花费时间对内生力进行深入分析，更愿意投入精力促成长效机制的形成。

法国哲学家皮耶洪说：城市不仅由文章组成，也由纹理构成。细腻的纹理中隐匿着生命的悄声细语，暗含着彼此间的细微联系。纹理之中，城市不再是天际线的呈现，而是叙事民谣的娓娓道来。规划师虽参与城市文章的创作，更多的却是在为城市纤维编织纹理。编织纹理与绘制蓝图之间的穿梭使规划师得以拥有双重角色，得以触碰到城市的内生力。

很多从业者认同城市的新陈代谢理论，即：城市是有机体。有机体的持续生命力在于内生力推动的新陈代谢，城市场所的演进是代谢或更迭的表现。规划已从仅仅关注目标结果转向更加注重发展过程。

城市的生命过程远远长于人的寿命。时间不仅是城市测度生命的参数，而且还是吸纳能量的载体。与大多数人一样，规划师往往被既定的复杂环境包围，城市往往是新旧、好坏、惰性和活力的混合体，只有将内外部元素充分调动起来，将其转化为内生力的规划才具备可持续效应。

数百年来，费城从河滩荒野发展成商船云集的港口、再到天际线丰富的大都市，它的变化演示了前瞻性的预见力转化为内生力的过程、内生力推动城市场所变化的持续效应。古往今来，内生力一直是推动力，在欧洲内陆的苏黎世、中国腹地的成都，两个万里之遥的城市用历史证实了内生力的作用，也用新生展示出了内生力的活力。

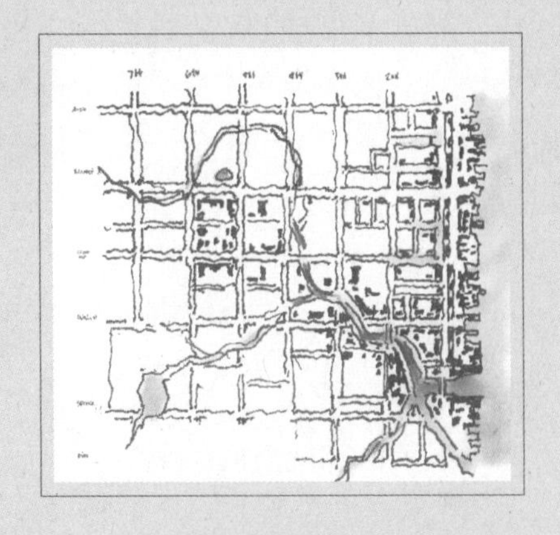

协会山社区和码头街
Society Hill & Dock Street

协会山社区是费城最古老的社区，当年佩恩就是在特拉华河支流的码头溪边靠岸登陆的。这片社区历经了多次变更，成为费城最成功的邻里范例。

7.1 节

城市　自导剧目的舞台

设计行业中，专业的负责人被称作总监，它的英文原词是principal，即掌控原则的人。中文的译文过多强调了管理和监控的角色，并没有表达出原文的本意，也就是对专业技术方向和原则把控的责任。我的第一个“总监”颇有中文中师父的感觉，用“授人以渔”的方式带人入道。

理查德·哈夫曼（Richard Huffman）是我在费城WRT事务所规划部门的总监，工作中的师父。事实上，每年入职的毕业生都会安排在他手下一段时间，那时的培训方式更像是师父带徒弟。我上工的第二天，就被经理带到哈夫曼的办公室。

哈夫曼是位说话慢条斯理但语气坚定的老人，他清晰平缓的语速一开始就让我觉得十分亲切。他的办公室给人紧迫的压力感，好像真实城市的缩影。办公室的小窗面朝城市的一个背角，窗外是个几层高的立体车库，眼前面对着的是面没有窗户的山墙，楼宇之间缝隙中露出的是摩天楼撑起的天际线。窗内，不大的房间里堆满了书籍、资料和地图。

谈话开始时，哈夫曼了解了一下我在宾大的学习内容，简短地回顾了他在学校师从路易斯·康的记忆，然后交代我一个城市衰败区域的项目。哈夫曼指着一张土地权属地图向我讲述了城市南部的历史和近况。

“图纸只是抽象的土地分割和建筑物记录，缺少使用者的生活反映。实际的设计工作，60%以上的时间是了解分析城市、街道、店铺的使用状况和成因。如同看病，80%的时间是诊断。即使20%的治疗时间，也不全是立竿见影的切除移植，而是一个疗程、一个疗程的渐进过程”，理查德说。

“职业的城市设计者，80%的时间会浸没在细致入微甚至繁琐的诊断和疗程中。那些水银灯下的宣言时刻只是很短的瞬间……城市，如一个生命体，需要大量关怀”。听着哈夫曼关于城市医生的比喻，我感觉他更像个牧师。

那时哈夫曼窗外的景象至今还印在我的脑海中：废弃地块、停车场以及参差不齐楼宇的凌乱画面，与远端壮丽的天际线形成的强烈对比。这种对比也暗示着这份职业的责任：不仅要为现实的芜杂和凌乱开出处方，还要为生活其中的人带来慰藉和希望。

7.1A
变化的天际线
——规划中心向城市核心演变

哈夫曼有过万众瞩目的时刻，那是触动费城天际线的时刻。他在市议会的陈述不仅改变了费城天际线，还改变了城市的君子协定。费城发展的三百多年中，制高点和天际线是个不断变化的过程，大致分为四个阶段：

第一个阶段，开埠的第一个百年里，建成区集中在特拉华河岸港口区域，东部几个教堂的尖塔都靠近河岸。第二个阶段，第二个百年中，城市的重心慢慢地向中心移动，围绕着社区绿地，几幢高大的教堂拔地而起。第三个阶段，20世纪的第一年到20世纪的80年代，费城市政厅落成，它的钟塔是城市的最高点，是控制天际线的视觉中心。第四个阶段：20世纪80年代后，新建的摩天大厦后来居上突破了市政厅钟塔控制的最高点，形成了由多幢大楼组成的天际线。

规划之初，佩恩就在蓝图上设定了城市中心的位置。但口岸城市的特性使商贸、政治、生活重心一直放在东侧的特拉华河畔。18世纪中叶，城市稍稍向西推进了若干个街坊，当时的宾州议事厅仅仅在第5街和第6街之间，而佩恩划定的中心在第15街上。图纸上的中心在很长时间里是城市的郊野。

直到19世纪30年代，开埠后的150年，城市的管理当局和立法机构才开始讨论在规划的中心点建立城市中心的可能性。建造业行会力挺移动案，而商贸、律师等行业支持城市中心留在河边。不同的政治机构也有不同的意见。按规划设立城市中心的提案变成了一场拖拖拉拉、反反复复的争论。

7.1-01/104

费城市政厅的钟塔，曾经城市天际线上的制高点

(Bell Tower of Philadelphia City Hall, past highest point on city skyline)

167m的钟塔曾经保持了7年的世界最高纪录（1900—1907年），但它控制了费城的最高点近80年。

世界第一高建筑（7.1A-1）

19世纪中叶之后，费城城市的拓张力和影响力终于达到了适度的程度，市议会两院认可推进市政厅提案的讨论。三个直接条件把建设中心的议案放到了议会的桌面上：1865年南北战争结束，北方大举兴建工业城市吸引了南方劳动力北上；费城的行政管理机构构架重设，更大的政府需要更大的空间；费城为迎接美国建国一百年申办世博会。

尽管内外部条件已经成熟，但议会对新市政厅的选址和规模依然犹豫，城市不得不要求建筑师麦克阿瑟（John McArthur）为两个选址点设计两个方案，以此为基础进行投票表决。最终在佩恩规划的中心绿地上建造市政厅的方案胜出。

1871年市政厅开工建造。这是一座法式第二帝国风格的白色大理石建筑，它的裙楼含有700多个房间，它的塔楼高达548英尺（167米）。建筑群体还包括250个大理石雕像和1尊青铜像——佩恩塑像，人们把这尊37英尺高的铜像放到了塔楼的顶端。

市政厅耗时30年建成，是当时世界上最高的建筑，并保持了7年。1908年，184米高的胜家大楼（Singer Building）在曼哈顿百老汇大街上竖立起来，取代了费城市政厅成为世界最高建筑。

1901年，费城人终于在佩恩规划的中心点上建造了城市的制高点，这时距1682年规划蓝图已过了219年。当年，对比身边的3层褐色砖墙建筑，这组巨大的建筑群太高、太白、太大而且太贵了。一些人不喜欢这个异物。20世纪50年代都市更新（Urban Renewal）时期，有人甚至提案拆除市政厅。

然而，很多人高度赞美市政厅：它实现了佩恩的规划梦想，它拥有壮丽的建筑形态，它成为城市的标志和荣耀；最重要地，这个空中

7.1-02/105
市政厅钟塔上的佩恩雕像，俯瞰费城
(Penn sculpture on City Hall Bell Tower，overseeing Philadelphia)

佩恩，城市的缔造者，被人们放到了市政厅的钟塔之上，整个城市在他的脚下。城市为此定了一条不成文的“君子协定”：所有建筑不得高于市政厅。

的制高点与地图上的中心点相吻合。自从市政厅落成，费城即有了一条不成文的君子协议（Gentlemen's Agreement）：所有建筑均应在佩恩雕像的脚下。

突破制高点的争论（7.1A－2）

佩恩雕像在费城天空的制高点上站了80年。之后，有人打破了规矩。

触动天际线的人是理查德·哈夫曼，WRT的规划总监。哈夫曼是路易斯·康的学生，毕业后进入费城规划局，师从培根（Edmund Bacon），是他团队里的一名城市设计师，几年后离开公共机构加入设计咨询公司WRT。

20世纪80年代，长期衰退的费城迎来了一轮发展的契机。在靠近市政厅的一个地块上，开发商提出了一个"自由之地"（Liberty Place）的大型开发计划：它由两栋写字塔楼、一个酒店、一个商业中心组成。设计师是芝加哥机场的设计者哈米特·扬（Hulmet Jahn）。方案的雄心引起了轩然大波，它的双塔超过了市政厅上佩恩雕像的高度，打破了费城的"君子协定"。

费城规划委员会中分成了截然不同两派：以规划师培根为代表的强烈反对派；以委员会执行主任芭芭拉·卡普兰（Barbara Kaplan）为代表的坚定支持派。培根认为费城的魅力在于对城市天际线的控制和"君子协定"，规划委员会主席格瑞翰穆（Graham Finney）认为天空是城市的公共领域，应属于城市控制的范围；芭芭拉则认为"自由之地"项目是复兴城市的契机，应抓住这个发展机遇。

第一轮论辩之后，规划委员会决议禁止市中心的建筑超过市政厅高度。

而后，开发商要求在城市范围内讨论这个议题。参与方案规划的哈夫曼在议会听证会上当庭陈述。这成就了一场哈夫曼与培根师徒间的辩论。哈夫曼说：过去数月的讨论聚焦在城市的天际线，历史沿承了费城默认的“君子协定”，而当下城市发展的机会是复兴中心城区。这个项目能衍生出12000个工作岗位、每年数千万的税收。天际线的突破是城市生长的需要。

哈夫曼的证词得到了响应。最终，“自由之地”开发方案得到了议会和市长支持。

这场争论使佩恩雕像不再拥有“至高无上”的制空权，城市的最高点被突破了。如今，在四五座超高摩天楼簇拥下，市政厅的钟塔依然是天际线中的核心点，依然保持着它的中心尊严，费城用更开放的天际线显示着对未来的信心。

费城中心的发展历程印证了城市的发展逻辑：从图纸上的原点到城区的中心点、从中心点再到辐射大都会的核心，这个形成过程不仅是规划的高瞻远瞩，它是内生力形成、成长、发展的过程和表达。初期，城市需要汲取外部环境给予的能量；成长期，城市能够把初期的优势条件转化为空间资产；发展期，城市的资产和价值能够聚集出内生力；成熟期，内生力成为城市肌体新陈代谢的主导力量。

7.1-03/106
20世纪80年代后期，费城的天际线被摩天楼控制
（Late of 1980s' skyscrapers reshape Philadelphia skyline）

从“自由之地”的双塔开始，费城的最高点一次次地被刷新。

7.1B
成长的城市社区
——码头客栈向混合社区转化

城市的痕迹是叠加的印迹，新旧之间的更迭构成了城市历史。费城横平竖直的街网中，有条弯曲的小街——码头街（Dock Street）。它异类和不规则的格局暗示着费城原先岸线的位置，以及滨水社区不寻常的经历。

码头街所在的社区是费城最老的社区，这里保留了大量18世纪殖民时期和美国建国初期的建筑。社区的名字“协会山”据说与佩恩的一项承诺有关。

1682年，一群贸易商人随同佩恩踏上了费城的土地。他们当时在一条小溪与特拉华河的交汇口靠岸，岸上有座山包。上岸后，佩恩当即容许了这批商人的免税自由贸易权利，他们因此成立了自由贸易协会（The Society of Free Traders），这批人定居的山岗区域则被后人称为“协会山社区”，靠岸的小溪被称为码头溪。

2008年，美国规划协会将十佳伟大社区奖授予了协会山社区。因为这个社区展示了丰富内涵：历史的吸引力、当代的智慧规划以及社会构成的多样性。美国规划协会认为协会山社区经历了一次次的规划，从1682年佩恩的规划到20世纪60年代培根领导的社区更新，这些规划的承接性帮助协会山实现了今天的成就。

码头溪变成了码头街（7.1B－1）

在费城的蓝图上，规整的街道方格网特别避开了码头溪水域，佩恩希望它成为费城的港湾区。费城第一家客栈蓝锚客栈（Blue Anchor

7.1-04/107

开埠之初，特拉华河的一条支流码头溪成了费城的内港

(In its earlier time, Dock Creek became Philadelphia's inner harbor)

特拉华河岸边的土地全被从事转口贸易的私人占据，城市的公共驳岸地是码头溪两侧的岸线。居住在这个区域的商人们成立了自由贸易协会，也就是要求政府不赋税。溪流南岸有个小缓丘，因而这个社区被叫作“协会山”(Society Hill)。

Tavern）即在前街与码头溪的交点处。据说这家客栈是佩恩上岸后喝杯啤酒歇脚的地方，蓝锚客栈成了费城访客的落脚站。佩恩还在码头溪建立了开放型的公共码头。

尽管特拉华河水岸和码头溪水岸都在佩恩划定的自由贸易区内，但两条岸线却因土地属性的不同形成了两条不同的功能带：特拉华河岸因私有产权直接靠近水域，大量的沿河码头使之成为运输仓储产业带；而岸线资源有限的码头溪，却因其公众性和开放性，成为城市商贸的服务岸线。码头溪直接给城市带来了客栈群的兴起，客栈群进而推动了餐馆、酒吧的发展，构成了浓郁的商业氛围。

商业和贸易的繁盛吸引了一些产业，如酿酒、制革、贸易所等沿着码头溪兴建。同时，一批富足的家族开始沿溪流置地盖房，慢慢地形成了社区的雏形。佩恩也在靠近溪流的第二街建造了一栋官邸，据说从他的窗口即可感受到水面吹来的徐徐微风。

人的聚集带来生意，生意为社区带来更多的人流，繁荣由此产生。人居的副产品也随之而来——污染产生的传染病。

协会山区域从开始就是混合型的发展模式，居住、商贸、工业、仓储、河运等功能交织在一起。共用的水道资源受到无节制人类活动的袭扰。码头溪两岸忙碌的工业和繁盛的社区都将溪流当作了开放的污水道，原本的净水资源不久便成了城市的污染源地。18世纪90年代，费城爆发了大规模的黄热病，沿码头溪的发病率大大高于城市的其他区域，上苍恩赐的共享资源成了城市的公共滋扰负担。

城市被迫开始了下埋溪流工程，工程用了70年时间分段分时地从上游向入河口推进，最终溪流从费城的地表上永久地消失了，取而代之的是方格街网上的一条弯曲的街道——码头街。

市政工程抹去了地表的污染源，并未改变协会山社区的混合功能。混杂的社区吸引了大量低收入人口流入，社区渐渐地从商贸演变为加工、物流和仓储区。人口结构的变化带来了贫困和衰败。随着美国郊区化进程的发展，专业人士和精英阶层开始离开协会山搬到城市的西郊。20世纪30年代的大萧条加速了社区的恶化进程，到了战后，协会山区域已成为费城最大的贫民窟之一。

城市中心区衰败是战后美国大城市的普遍现象。面对衰败，联邦政府提出了“都市更新”计划。都市更新计划要求地方市政厅提出复建方案，联邦政府辅以项目和资金的支持。利用这个计划，大多数城市采取了移除和植入式的外科手术方式，治理城市中的衰败区域。

破败的杂乱城区变成了成功的混合社区（7.1B－2）

战后，费城的两任市长克拉克和迪尔沃兹领导了协会山的更新计划。如果说市长们控制着更新计划推进器的开关，那么计划的方向盘则掌握在规划师培根手中。

培根为协会山社区提出了不同寻常的治愈路径。社区的更新计划并没有建立在某个方案或项目的成败上，培根创造性地提出：利用修复历史社区的规划，推进城市的新陈代谢、更迭换代。他认为社区内大片的衰败和空置资产是机会。复建后，拥有历史风貌的街区将吸引大批的中产阶级和专业人才回流，而社区更新过程本身就应吸纳民间分散资本，邀请个体参与到建设之中。

协会山社区复兴过程是公众参与的过程，没有立竿见影的效果。但是培根采用的细雨润物、深耕培育的方式深刻改变了社区的人口结构和功能布局。更新计划导入了多种不同的社会机构，为社区发展提供了丰富的社会资源，成为过去七八十年持续改造的推动力。

历经了半个多世纪的发展后，美国规划协会回访了当年贫穷衰败的社区，感受到了协会山社区的勃勃生机：社区内丰富的历史文化，当年盛极一时的码头溪，仓储和客栈云集两岸。

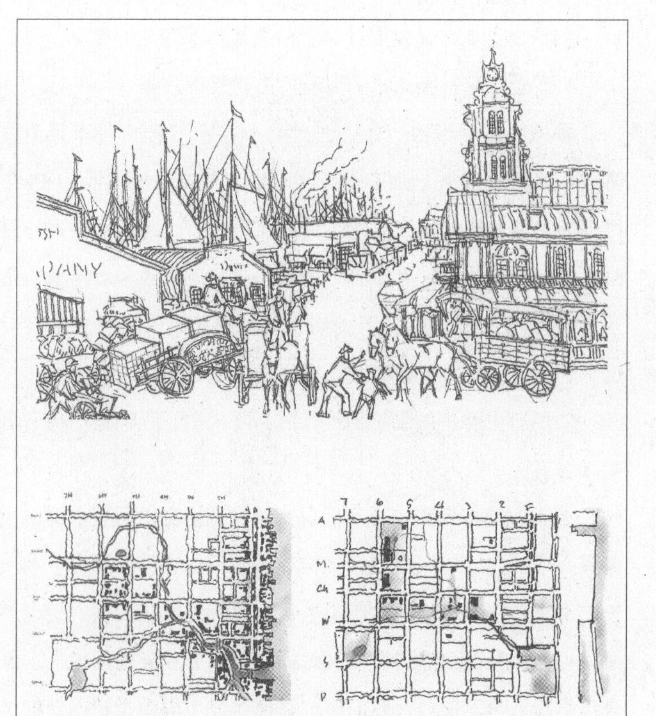

开埠时，码头溪与特拉华河形成的内湾。码头溪被掩埋后成为社区的绿地。

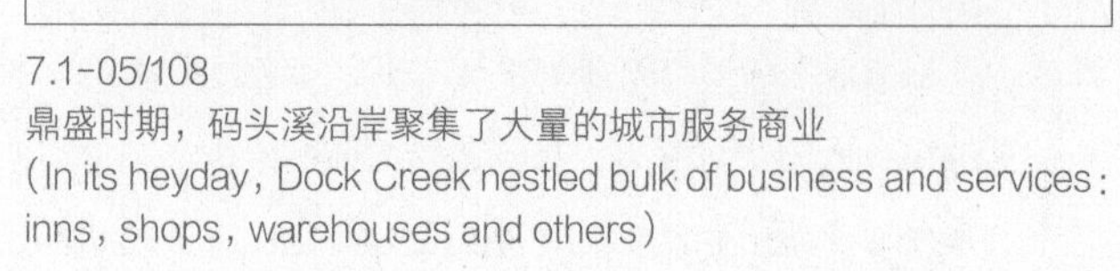

7.1-05/108

鼎盛时期，码头溪沿岸聚集了大量的城市服务商业

（In its heyday，Dock Creek nestled bulk of business and services：inns，shops，warehouses and others）

由于土地的出让和街道的布局，特拉华河岸成了私人的货运岸线，码头溪岸线则成了公共服务岸线。

多样肤色种族和多层次收入人群的和谐相处，宜居社区拥有的现代生活内容。

归纳协会山社区发展计划中的思路，下面几点贯穿始终。

1.鼓励多重社会力量的参与，搭建共识共赢平台

费城的多个机构（PRA、OPDC、GPM、PHC）以多重角度参与了协会山区域的规划。都市更新规划由老费城发展集团（OPDC）领导，得到伟大费城运动（GPM）的支持。GPM由六大银行、六大产业领袖、两大保险公司和八家有影响力的律师事务所组成。政府机构透过费城开发监管局（PRA）指导了更新计划。同时，费城历史委员会（PHC）也为老城复建提出了城市设计规范性的要求。

2.用历史保护的手法助推社区新陈代谢，吸纳资产拥有者参与复兴计划

鉴于佩恩规划贯穿百年的可持续性和协会山区域丰富的历史文化资源，培根领导的城市规划机构和费城历史委员会提出了利用历史保护的手法恢复部分街区的历史风貌，改善旧城区破败的街道环境。费城历史委员会建议老费城发展集团收购遗弃和破败的地产，低价卖给合格的新入户，这些社区的新成员应遵守历史委员会制定的地产修复规范，自觉地加入街区历史保护计划之中。

3.编织社区的步行绿道，延展佩恩的街网体系

在吸纳多个设计机构参与协会山复建计划之前，培根的规划管理团队预先搭建了未来发展的框架体系：他们特别注重街坊内部的绿道布局以及绿道系统之间的联络性，同时，发展框架还明确了区域发展的使命和目标，确定了社区周边的重要城市地标，制定了开放空间的位置和设计要求。

4.邀请开发公司带方案参与项目竞标

对于社区内整片的发展机会，培根采取了邀标的方式，邀请开发

商带着设计方案参与社区项目竞标。这种将开发商与设计人绑定的方式，既要求项目方案的高品质，又解决了方案落地性的要求。在多家机构中，培根选中了全美知名的Webb & Knapp开发商参与协会山核心项目——滨河社区的开发。培根不仅看重其品牌效应，而且还看中了开发团队中的两个关键成员——赞肯多夫和贝聿铭。前者是业内知名的项目操盘手，后者是年轻有为的建筑设计师。

培根希望设计方案为协会山提出新标志——能够将现代设计语汇与城市历史融合到一起的方案。1964年，贝聿铭在培根的授意下提出了三栋27层的塔楼和周边排屋组合的方案。赞肯多夫选择了先期启动塔楼建设。然而项目尚未完成，项目公司就宣布了破产，留下三栋空置的现代主义风格塔楼。在周边低矮殖民风格排房的包围中，孤单、高耸的白色塔楼十分刺眼。费城开发监管局不得不回购项目。

直到1977年，城市才完成协会山社区整体更新计划，挽救了滨河项目和塔楼的命运。这时协会山已是完全不同的社区了：街道采用了宜人的尺度，许多住宅的入口仍保留了拴马桩和地下室出入口这些殖民时代的细节。建筑立面的砖砌工艺十分考究。这些使得人们很容易将1776年美国独立的历史与协会山的氛围联系起来。

—·— —·— —·—

一个社区的生长周期远比房地产项目长久，一个邻里街坊的生命力远比一件建筑艺术品旺盛，一个居住环境需要的关爱远远超出商品包装所涵盖的范围。温馨的社区环境、厚重的文化、丰富的周边设施，使协会山社区的居民成为历史长河中的幸运者。

社区生长是混合养料的产物，是自我吸收、分解和再生的结果。三百多年的时段依然是城市的成长阶段，但三百年的社区演进已经列出了长长的剧目：从自由商贸区、城市口岸、服务中心，到城市污染源地、工业和仓储区、贫民窟，到历史街区、宜居社区。

协会山的发展凝聚了社区居民、市民机构、城市政府、规划专业人士、市场资源等多种力量，它展示了这片区域对不同角色的适应性、对不同情形的应变性。没有顽强的内生力，协会山就不可能汲取各种资源，实现一次次的自我转变。

7.1-06/109
协会山社区的塔楼安定周边的联排排屋
（Towers and townhouses around them in Society Hill neighborhood）

这组当年曾获得“建筑设计进步奖”的项目，落成之后即成为烂尾难题。随后，是社区复兴计划，而不是设计奖项拯救了项目和社区。

苏黎世和利马特河
Zurich Limmat River

苏黎世是由利马特河浇灌出来的，阿尔卑斯山的融雪流经两岸，哺育出苏黎世。在数千年的历史中，河流演绎着一个又一个的角色，带动着城市一次次的发展和变型。

7.2 节

场所　时间进程的标尺

城市是个容器，承纳许多偶然，高频次的偶遇便有了耦合的机缘。偶然成为必然不仅依靠密集的接触，还源自容器内的内生力。

“联系”在拉丁语中是ligion，在它前面加上个“再”字形成了新词re-ligion=religion，中文译为宗教、信仰。这个词的解析是著名设计师圣迭戈·卡拉扎瓦（Santiago Calatrava）告诉我的。当时我是武汉花山河项目的总规划师，卡拉扎瓦是河流上的桥梁设计师。在去考察现场的汽车上，我问卡拉扎瓦：山川河流是上帝创造的秩序，桥梁会不会改变了原本的条理。卡拉扎瓦绕了个圈子，用这个拉丁词回答了我的疑惑。

这位罗马教皇的艺术顾问认为：人与上苍建立的联系形成了力量，“再联系”产生的内生力塑造了人间的秩序。

再联系，即拉丁语的re-ligion，对卡拉扎瓦不仅是简单的重复，而是再生。这种再生孕育出新生、希望和信仰。

大师在摇动的汽车上用铅笔画出了这张经典的人类场景，在自然万物中，少男少女之间的联系碰撞出希望。大师简单的勾勒中流动着西班牙艺术家的血液，同毕加索一样，白鸽张开的翅膀寓意着人类灵魂的再生和生化。

殖民时代和工业革命催生了现代城市的诞生，也加速了旧城市向现代方向的转型。三百年前，只有少数人住在城市，极少数人能预见到城市的巨大影响力。尽管，交往是人类的天性，但人与人的关系、城市场所与人的关系、场所与场所之间的关系在最近的城市演进中才受到了特别关注。城市着重点的转变强调了内生力的作用，内外力量的结合才会给城市提供更持续的动力。

7.2-01/110
卡拉扎瓦在我速写本上画的“信仰”— 再联接
（Calatrava’s sketch on my drawing pad，explaining “Religion = Re + ligion”）

在武汉花山河项目讨论时，卡拉扎瓦用草图解释 Re-ligion，即信仰这个拉丁词的来源。

我走过的城市中，苏黎世和成都的更新努力给我留下了深刻印象。它们是两座特点迥异的古城，强韧的内生力不仅支持它们走过千年的历史，也使城市每每面对变化的环境时，都展示出灵活的适应性。

7.2A
历史的延长线
——老房子里的设计工作室和河道中的泳池

武汉花山河项目中，卡拉扎瓦注释了桥梁的另一个作用：连接空间，还衔接现在和未来。

西班牙建筑师卡拉扎瓦擅长以结构逻辑和动态韵律为他的构筑物注入活力。2018年落成的纽约世贸中心地铁站是他诗意的诠释：在曼哈顿的高楼丛林之中，卡拉扎瓦用优雅纤细的白色混凝土构件排列成鹰状的塑形，展示出罕见的力量美感。

卡拉扎瓦毕业于苏黎世联邦理工学院。从这所爱因斯坦曾经就学的学院中，卡拉扎瓦得到了两个博士学位。与大多数建筑学背景的设计师不同，他的两个学位是结构工程和科学技术。在此之前，卡拉扎瓦还曾在西班牙的瓦伦西亚和巴黎美院学习绘画、雕塑和建筑。

业界公认：卡拉扎瓦的作品是匠人逻辑、结构力量和艺术诗意的有机融合，他的设计拥有脱俗的气质，如《纽约时报》建筑评论家穆讪普所说："……为这些凡世的项目罩上神圣的气氛。"而卡拉扎瓦自己则在这个秘笈中加上了当地纹脉——这项不能缺失的要素。

在花山河项目中，为了深入探索规划区域的人文地理，我们在武汉和苏黎世两个城市参加了多次工作营，共同研究当地的脉络和肌理。交流之桥把我带入了苏黎世，这座欧洲腹地的千年古城。

古董老房子中的魔鬼（7.2A－1）

苏黎世城以苏黎世湖命名，城市主城区沿着利玛特河发展而成。这条只有35km长的河流是条纽带，它从苏黎世湖流出、流入艾尔河

7.2-02/111

卡拉扎瓦设计的世贸中心地铁站

（World Trade Center subway station，designed by Calatrava）

在高楼林立的曼哈顿，卡拉扎瓦为世贸中心设计了一个地铁站。这是一个洁白孤傲的造型，大师用一条条龙骨排列出一双灵动的翅膀。混凝土森林的僵硬人造场景中，这份灵动为大都市注入了生机，事实上也是升华——人间与上苍的联系。

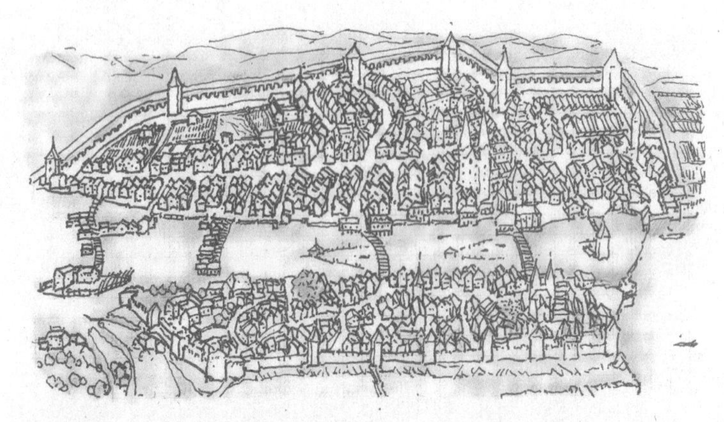

7.2-03/112
1576年，利马特河两岸的苏黎世城
（1576 city of Zurich along Limmat River）

与中国的城市不一样，河流在城外，或绕城走。环城的是护城河。欧洲的河穿城流过。从那时的描述可以看到，苏黎世是个哨卡，利马特河穿城而过，河面上一座座浮桥实际上是一个个税收检查站。

(Aare River)，最终汇入莱茵河(Rihne River)，把阿尔卑斯山的谷地与莱茵河三角洲联系起来。当年，古罗马帝国看中了这条水上通道，在利玛特河畔设置货物税收站，使得苏黎世成为帝国腹地的物流集散地，这也为苏黎世日后金融产业的繁荣作了铺垫。

1576年的缪尔地图描绘了利玛特河道两岸的情形。城内街巷垂直于河岸排列，河中的栈桥既是跨河的桥梁，也有码头货岸的作用，同时还可用作货运的检查收税站。两侧的城墙保护着利玛特河带给城市的财富。

今天，河道中用于敛税的栈桥已经不在，跨河的石桥仍随处可见。利玛特河在阿尔卑斯山脚下浇灌出了一座欧洲古城。人口仅为40万的苏黎世却是全球著名的金融中心，这得既益于城市自古的税收管理传统，也与瑞典奉行的中立政策相关。近千年免于战火的历史成为最强的国家信誉背书，因此，吸引了全球富豪将世代累积的财富存放在苏黎世。

作为金融之都，苏黎世有着稳健保守的个性。城市风貌相当传统，城市依然按照中世纪的街巷排布，古老的教堂钟塔控制着城市的天际线。而另一方面，城市拥有注重技术和创新的血统。钟表和机械制造曾使瑞士在世界制造业中占据领先地位，苏黎世联邦理工学院是全球知名的学府。拥有稳健和创新双重性格的苏黎世是世界大都会城市中的重要一员。

到苏黎世之前，我想象中的卡拉扎瓦设计室是简洁明了的现代建筑，没想到他的设计大本营是座具有五六百年历史的老房子。房子三层高，是个法式孟莎屋顶的住宅。这个社区有不少知名的体育机构，国际足联的博物馆(FIFA World Football Museum)仅距设计室两个街坊。设计室之前的主人是国际冰球联合会。

卡拉扎瓦的设计室，不像其他的事务所，刻意地把公司打扮成作品的陈列室。房屋保持了住宅格局，在原有的基础上略作更新以适应设计室的需要。就风格而言，它更像个作坊。最有创造力的房间是模型制作车间，像个小型的木工厂，拥有3D打印机、各种台钳、五金器具和抛光设备。就是从这作坊中诞生出许多全球最前卫的设计。

我们的工作营设在一间会议室里，会议室的一整面墙被巨大的壁炉占据。壁炉表面嵌满了15世纪烧制的陶片，每片陶片都是一幅手绘风景，描绘着六七百年前苏黎世的风光。

卡拉扎瓦站在7个世纪的历史文物前，从理念到细节、一步一步地与设计团队讨论着他的方案。造桥大师认为：大自然由起伏的山地、丘陵、谷底和漫坡构成；溪流、江河、湖海贯穿其间。丰富的地貌是上苍开创的秩序。人们在自然环境中试图搭建自我生活环境。桥梁是一种构建新秩序的手段。人的信仰将原本分开的地貌联系起来，桥是这种信念的呈现。

卡拉扎瓦团队用草图和模型介绍了设计的每一个细节：弧形的曲面桥身、挺拔的斜拉钢索、富于韵律感的结构支件……这些现代工程设计元素与这幢15世纪房子中的橡木花纹地板、洛可可式的黄铜五金、文艺复兴时代的天花线角交融在一起，仿佛教堂管风琴发出的和声，飞跃了时空。

置身其中，我突然感悟到卡拉扎瓦技艺精湛的作品与历史悠久的瑞士钟表同出一炉、一脉相承——严谨工匠精神中的逻辑美感。据说场所里有魔鬼，它的魔力昭示了苏黎世的基因（DNA）。

天然河道中的泳道（7.2A－2）

走出卡拉扎瓦火热的“熔炉”，水岸城市的浸润扑面而来。

苏黎世的水来自阿尔卑斯山的融雪和冰川，利玛特河把雪水注入

7.2-04/113
瑞士苏黎世、利马特河以及苏黎世湖
(Swiss Zurich，Limmat River and Zurich Lake)

苏黎世城市是由利马特河水浇灌出来的，阿尔卑斯山的融雪流入苏黎世湖，湖水从北端流出形成了利马特河，苏黎世城就在它的两岸生长出来。

7.2-05/114
有两个高度不同水面的利马特河
(Limmat River with 2 water levels)

人们在河道中筑起一道墙，原本作为吃水较深的水槽，为货船设置的码头卸货区。

城市。湖水、河水、池水和喷泉随处可见，如晶莹剔透的精灵闪烁在城市的各个角落中。利玛特河两岸的绿廊贯穿城区，熠熠发光的河水时不时地跃入眼帘，人们在河畔散步、跑步、骑行，更为神奇的是许多人竟把它当成了天然泳池。

几乎所有的城市，都会禁止人们在江河中游泳。在苏黎世，我第一次看到天然河道成为大众畅游的泳池。惊讶之余，我从专业城市设计师的角度探究河道开放的条件：天然水质的等级、河道岸线的控制、河水流速的稳定性、城市设施的安全度……只有这一切达到相应标准之后，才有可能支撑一条都市河道的泳道功能。但是身为游客，我已经深深地被这条天然泳道中洋溢出的热情所感动，按捺不住心中的冲动投入利玛特河的清波之中。

时光退后四五十年，北京中心区的许多水域也是开放的，北海、什刹海、玉渊潭、八一湖等很多河湖都是人们畅游的水域。而今天高速城市化后的城市，绝大多数的开放水域已经没有了供人下水的条件，苏黎世市中心的天然泳道用最简单而单纯的元素向人们展示了城市环境的水平。

今天，苏黎世自然环境与人造城市共生的美景是后工业时代深刻反思的结果。

由于地理位置和天然条件的优势，苏黎世自古就是欧洲腹地的物流、商贸中心，18到20世纪的工业时代强化了其区域中心的地位。城市把铁路的站场放在了与利玛特河道平行的西北侧，在铁道和河道之间兴建工厂，利用河水的落差盖起了发电站，电输送到厂区——在城市西北部成就了繁荣的工业区。

除了为工厂提供电力，利玛特河码头还是重要的物流集散地，它与铁路的货场相连形成了陆路和水路的联运中心。为了保证码头和船坞的稳定水位，苏黎世在利玛特河道中建起了巨型的蓄水槽，保证了货船要求的水深。

希勒河（Sihl River）是利玛特河的支流，两河在利玛特主河道的拐弯处汇流。但这里的河面“汇流不汇道”，河道拥有一高一低两个不同高度的河面。人们在汇合后的河道中央设置了一道平行于河岸的水坝，用它把支流与主流分开，同时在交汇点上设导流坝，使大部分湖水导入河面高、水位深的船坞河槽。船坞河道下游设置的留水坝保证这段河槽中水位的稳定，同时，也减缓河槽中的流速。

20世纪80年代，工业区受到技术升级和运输方式改变的双重打击，许多工厂搬出西区，船坞和货岸的生意渐少。这时人们开始思考水岸的其他功能：水位稳定、流速舒缓、水域可控的船坞河槽可用做天然泳道。

后工业时代中，人们把曾经的货运水岸转化为生活水岸，在工业区内注入生活元素是苏黎世都市更新的主要内容：适度加宽河道中央的平行坝，形成河中长岛，在上面安置公共浴场需要的服务设施；在河的北岸设置人工沙滩和漫步绿道；沿河道兴建几个人工泳池。通过一系列的更新改造，苏黎世建成了欧洲最长的天然泳道，围绕着它形成了独特的滨水运动休闲走廊。

每年八月，人们从欧洲各地涌到苏黎世参加夏季游泳活动。山地的气候和清凉的水岸使苏黎世成为避暑之都。游泳季节，全城开放近20个湖滨、河滨露天浴场。利玛特河畅游（Limmat Swim）已成为城市的标志活动，如同波士顿、北京、伦敦马拉松一样，畅游把运动、休闲和旅游结合起来，带给城市新的生机。

再生河道的同时，苏黎世也开始了工业区的复兴计划。再生计划的核心是对一条运煤高架铁路进行改造。依托桥下巨大的拱形结构，社区建成了超市和食品市场。将老旧运输和工业设施转为商业和服务用途，这项改造收到了奇效，高架沿线吸引了各类创意工坊，它们加

7.2-06/115

利马特河上欧洲最长的天然泳道

(Longest natural swimming lane in Limmat River)

后工业时代，河道被改造为天然泳道，水岸成为城市的运动休闲场所。“畅游利马特河”成为苏黎世城市的一张名片。

入桥下空间的改造。

除了桥下空间，人们还把桥上的路基改造成空中的骑行和漫步系统，为工业区引入了一条人气通道。这条主轴带动工业厂区的改造：重构的音乐公园、特色酒吧街巷、现代艺术创新展览馆等，它们把老旧的工业仓储区改造成了“苏黎世-西”特色独具的文创街区。

苏黎世数千年来一次次再生的过程，证实了新陈代谢原理：城市地理位置的基因、城市网络赋予节点的机遇使命、机遇塑成的地方秉性和文化、内在性格在时间进程中的成长，这些要素一起将外部集聚的条件转化为城市生命的内生力，内生力驱动着城市内部不断地吸纳和分解，完成一代一代的城市更新。在苏黎世的迭替演化中，利玛特河的使命一次次地获得重新定义和发现，为城市不断注入新的生机。

7.2B
成长的城市社区
——市井中的寺院和林地中的禅道

时过境迁，利玛特河对苏黎世的作用随着时间的变化而更迭，但河流对城市文化的源泉角色始终如一。物是人非，与苏黎世相隔万里的成都有着相似的更新故事。

成都有座文殊禅院寺庙，寺庙周围的环境发生一次次的变化，而寺院依然像磁石一样吸引人们，保持着社区的核心效应。

成都文殊坊街区，类似于香港的些利街，拥有一种芜杂：不同时代的生意方式、生活方式交织在一起共存共生。这里的场所和功能难以用新旧分类，新的店铺模仿传统的布局、老铺面努力地吸取着新鲜的招数，新旧内容混在一起。

文殊坊因文殊院得名，它像化石一样保持着寺庙与社区互动的

7.2-07/116

由文殊院衍生出来的文殊坊一文化历史商业街区

(WenshuYuan mixed-use blocks affiliated with WenShu Temple: historical retail blocks)

紧靠文殊院寺庙周边的商业零售街区，这里的业态丰富，保留着寺院和市井的互通交流。

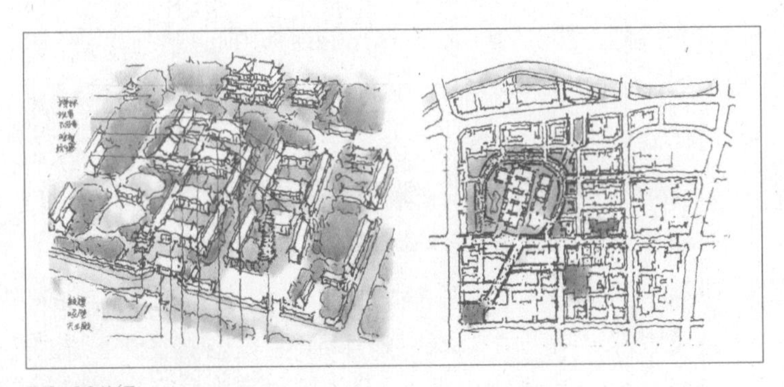

7.2-08/117

文殊院和它周边的禅林

(Wenshu Temple and its Woods)

文殊院寺庙后有一片禅林，它把道场与市井联系起来。

关系。改革开放前，北京、上海也有庙宇道观与胡同弄堂混杂一起的街区。城市进入飞速生长的时段后，管控方从规范和土地交易角度考虑，把城市划分成不同功能区域，消灭了自发生长的芜杂。寺院与周围市井混杂一起的世俗场景已经十分难觅了。

文殊寺院有千年历史，历经多次毁坏复建，至今香火不断。酒肆茶坊、艺人店铺、会馆旅社围绕着寺庙而存。2016年，文殊坊区域的资产持有者请我团队参与街区的提升规划。这里的市井的芜杂和混生引起了团队的兴趣，设计师们把注意力放到了社区自发的都市生态上。

庙宇衍生出的市井（7.2B－1）

中国原本有不少混于闹市的庙宇道观，对芸芸众生，它们是“风送水声来枕畔”的脱俗之处；对僧侣道士，它们是“月移山影到窗前”的破俗之域。然而，人们印象中的中国寺庙，或是布局严整、脱俗超然的宏伟建筑组群，或是山野林间令人高山仰止的灵境古刹，因而慢慢淡忘了市井中的寺庙。

人们对寺庙场所的期待大致可分为庙宇、庙堂和庙会三种。庙宇欲烘托气宇轩昂的氛围，建立上乘天意的对话通道；庙堂试图构建光明豁达的局势，形成异于凡尘的清静世界；庙会则溶于市井街巷之中，与在地社区的脉络交织在一起。文殊院兼有后两者的气质。在成都众多的休闲街区中，文殊坊有种随遇而安的闲适，保持原生的真实，很多场景游荡在世俗和禅意之间。

寺院前的街道上立有几棵石柱，与人齐高，混杂在熙熙攘攘的人流之中。每次步入这条街巷，我总有人神两界、错进错出的恍惚：径、途难分，影、像难辨，境、界难识，愿、望难析。迷茫之间，我却发觉了同一词组中的字词所处的两个境界，合二为一之后制造了穿越的意念。

文殊院这份禅意源于慈笃禅师的修行和德行。

寺院始建于隋大业年间（605—617年），起因于蜀王杨秀为圣尼“信相”建的庙堂，因而寺庙初名为信相寺。五代时改为妙圆塔院。明末，寺院毁于兵火，只留下了两株千年古杉和10尊神像。清康熙二十年（1681年），慈笃禅师步入草庐废墟，于古杉之间结茅而居，秉持禅修，数年间名声远扬，募得官民捐助复建。百姓在慈笃禅定时见到祥瑞红光，认定禅师是文殊菩萨现世，寺庙因而得名文殊院。

康熙皇帝闻此功德，便三次下诏请慈笃禅师进京，但均被禅师婉拒。康熙四十一年（1702年）康熙皇帝御赐“空林”绢本横幅，派专使赐抵文殊院，因此文殊院又名“空林堂”。今天，人们将文殊院慈笃禅师坐禅的林地称为“中国都市第一禅林”。

文殊院禅林是开放的，道教圣地五岳宫、爱道堂、金沙庵等多个庙宇和道观共享着这片绿林。这些寺庙道观的四围是文殊坊街区。茶肆酒店、工艺商店、会所画廊沿着三四条街巷交织排布，有的是沿街店铺，有的则是院落作坊。街区内的空间不断地在庙堂、街道、合院、林地之间变幻；场所间相互叠合生成出难以划界的生意：寺庙斋堂的素食、宗教管理部门的文化展廊、紧靠寺院的茶馆等。

到文殊院喝茶是一种意境：袅袅回响的晨钟暮鼓、缕缕不绝的淡淡梵香伴着眼前的清澈茶汤，凡夫俗子亦获得片刻的宁静。这片禅林也许受到慈笃禅师的感化，将禅意播散到四围的邻里。与当年禅师结庐为舍、荒芜偏僻景象相比，今天绿意盎然的林地中不断有熙攘的人流走过。那个林深草茂、人迹罕见的空林已成为引导众生近禅入境的绿地。

7.2-09/118
文殊院前的街道
(Street in front of Wenshu Temple)

立在寺庙院墙前的几棵石柱，混杂在熙熙攘攘的人流之中，给人以人神两界错进错出的恍惚：径、途难分，影、像难辨，境、界难识，愿、望难析。

禅林散发出的惬意（7.2B－2）

禅宗为市井大众接受并流行，很大程度上源于其与中国本土朴素思想的结合。禅师们的悟力与老庄的见地一致。铃木大拙分析得非常清楚，他说："禅师最明显的特质在于强调内心的自证。这种自证，和庄子的坐忘、心斋和朝彻是如出一辙的。"禅宗六祖惠能法师建立了"即心是佛""平常心是道"的精神。

南禅宗更强调每个人的灵性。修行可在日常生活中，可不离世间又可超于世间，拨云见日后每个人都有"明心见性"的顿悟。这些信念使禅意在市井民间广为流传。历经跌宕，文殊院香火依然旺盛，文殊坊生机依然盎然，这离不开它的初心本源。

虽然受命于开发建设集团，设计团队有责任兑现历史文化的商业价值，但我们依然向客户讲明商业开发与历史文化的"鱼水之情"，这份情意保证着文殊院的繁盛经久不衰。成都有些项目的过度商业化造成了寺院布景化效果，这种竭泽而渔的方式会损害社区的长久利益。文殊坊的芜杂共生景象是其可贵之处。寺院对市井的感召力、街巷对庙堂的亲和度应是这个街区的关键。

根据项目的特点和规模，设计团队并没有采用常规的老旧社区改造手法，以拆建为主。这次工作更注重策略研究，建立了疏通脉络、营建气场、促进街区自发成长的方针。方案提出了一坊四林的思路，在既有街巷结构中，小心翼翼地构建出三块绿地，呼应现有的一院一林。同时，把寺庙中的禅道引出院墙，形成一条斜穿方格街网的人行步道，直通地铁站。这种布局使人流使用的步道与人们心中的禅道重合在一起，彰显出文殊院历久弥新的价值。

禅宗不拘泥于形式，强调顺应自然的法理，强调尊重他物的自由，强调包容性。

7.2-10/119

文殊院中的步廊和禅林中的步道

(Corridor in the Temple and path in the woods)

寺院中的经塔由林地和步廊环绕，少了一般庙宇中的庄严，多了芸芸市井中的慵懒。

7.2-11/120
文殊院旁的茶馆
（Tea house near Wenshu Temple）

寺院旁的茶馆好像市井和佛界的过渡区，俗念放到茶水中也许会清淡许多。

文殊院散发出的闲适禅意模糊了现实与未来的界限，却表明了闹市繁荣的原因：它强大的内生力源于混生和交织。基于文殊坊“自然而然”的现状肌理，设计团队提出了“自然使然”的可持续发展策略，诱发商业业态的自我更新和生长，强调业态和场景之间互换的灵活性：也就是现有的商业店铺可以升级出新业态模式，而未来更新翻建的场所也可以容纳传统的经营内容。

—·— —·— —·—

城市的生长性可从两个方面感知：时间的纵断面和横断面。纵断面累积城市沿时间轴的演化，比如费城协会山300年的变迁，把视角放在空间固定的场所上，在相同的位置上历数场景的变化，加以比较。横断面锁定时间元素，观察固定时段内不同目标携带的时间信息，比如成都文殊坊内的寺院、商业街坊、进香和休闲的人群。

人们常用自我生命周期的时间标尺，三四十年，衡量场所的进化。而城市的生命周期远大于人。这使得人们或把场所内的环境视为一成不变的既定条件，或把改变场所的努力视为一劳永逸的伟业。在《设计顺应自然》一书中，麦克哈格认为：环境亦为生命体，环境为现实提供的是动态平衡的片段。

作为生态规划学的奠基者，麦克哈格从生命系统角度定义人类的社会栖息环境，他认为有生命系统的进程是“负熵”，也就是“使无生命的物质秩序向生命秩序进化，使简单生命向复杂生命进化，使单一向多样、少量物种向无数物种进化。”而复杂事物产生多样性，生命体往往具有“有组织的复杂性”。

麦克哈格指出：没有一种有机体能独立存在，它们为了自身生存而合作，相互依存中的“利他主义”是一条基本自然法则。在严密复杂的生态系统中，所有的有机体必须让出它们的一部分自主权，目的是为了维持整个体系和体系中的其他成员。

积极、有生命力的系统都是在提高秩序水平的过程中演进的。这一过程对生命体健康的意义甚至超过结果，特别对生命周期超长的城市。无论是“负熵”中的秩序升级还是“利他主义”中的协同，麦克哈格的生态视角都为社区中内生力的作用提供了充实的理论依据。城市是有生命的活体，系统内部的转换和平衡无时无刻不在进行，秩序的调整促成了内生力的成长。

费城天际线的演化是个不错的例证，它证实了规划工作者在演化过程中感知城市并参与城市进化的过程。

除了周期漫长，城市生命涵盖的范围还相当芜杂，由适应性和弹性支撑的内生力是不可忽视的要素。内生力不仅表现为迅速吸纳正面有效的能量，推进肌体生长；还表现在超长生命过程中遭受损伤后纠正、自愈和免疫能力的获得。

苏黎世利玛特河的例子呈现了城市内生力的形成：天赐的河道浇灌出城市的生机，城市把从身旁流过的水流变成了货流的商机，进而发展出管理流量和提取税赋的经营能力，直到金融管理的城市特色。另一方面，河道也不断地调整在城市中的角色，成为支持城市内生力的重要源泉。内生力保证了城市新陈代谢长久健康地运转。

成都文殊坊中，滋养社区、持续千年的内生力是种禅意。禅意把尊重他物的自由、强调包容性的精神演化成闲适自由的社区性格，应验了“风物载情亦传情”的说法。

结尾

归宿·历程和航向　现代城市的未来

北京　二环路边的办公室　　佛罗里达　海边社区的小巷　　纽约　宾夕法尼亚火车站旁的杂货店

人生的本质是诗意，人应该诗意地栖息在大地上。

——海德格尔
（Martin Heidegger）

2008年全球金融危机后，芝加哥至北京商务舱的往返价曾达到一万美金。

危机时段中，全球锐减的商务旅行中，这条航线的流量却逆势激增。尽管如此，中国客户对我们芝加哥的合作团队仍然翘首以盼。那时，我和迈耶——我在芝加哥的合作者，几乎每两个月就要在两个城市之间往返一次——这种定期的对驶让我俩成为托拉斯公司的两个铰链：链接巨大的新兴市场和丰富的人力资源。

面对削减成本的压力，迈耶先生对美联航的价位颇感无奈：“可笑，一把椅子，仅借用十几个小时的座位，每小时就要支付几千元人民币。”“但，它把你从芝加哥驼到北京，经济寒冬中最火热的市场！”我回应迈耶。

迈耶是芝加哥团队的负责人。当年，我们曾一道为HOK公司在芝加哥构建了一支服务全球的城市设计团队。金融风暴使美国的建筑业暴跌，国内设计任务骤减。危机面前，集团公司的优势尽显，公司的网络成为不均衡市场中的资源调配渠道。

因为我和迈耶的熟识，北京与芝加哥形成了紧密的联系。迈耶拥有典型的中西部性格——开朗直率且幽默：有时他在亚洲客户面前喝咖啡不加牛奶，他会解释不愿让自己更白。这种自我解嘲风格使他在不同文化背景的客户中得以迅速融入，颇有人缘。

美联航降落北京的时间大概在下午1点到3点之间。落地后，迈耶的团队会直奔我们在二环路边的设计室，与北京团队会合。接下来的常常是长达四五个小时的项目审核会，复查过去一两个月中两个办公室的工作：框架结构、案例分析、方案推敲等。

这是个全球化联网的经典场面，它诠释了大集团公司对现代城市青睐的原因：城市是劳动力、资源和市场的连接点。

UA88和UA87，美联航的一趟往返航班曾是我常乘坐的航班，带我跨越太平洋。

8.0-01/121
美联航飞机机翼下的城市
（Urban landscape under UA plane' wing ）

2008年的金融危机迫使设计事务所将市场重心转向国际市场，设计师成为空中飞人队伍中的一员。

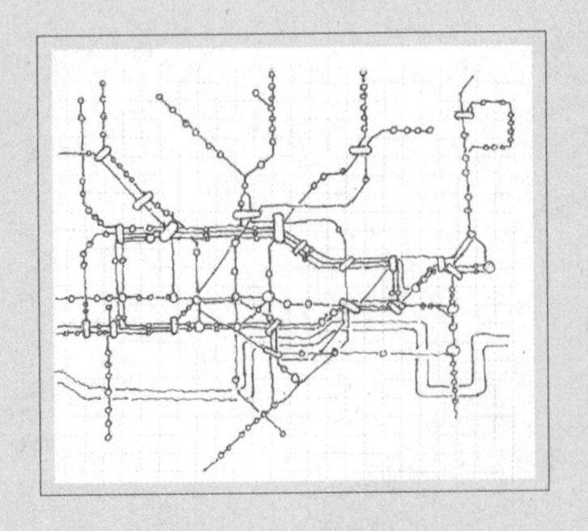

伦敦现代地铁地图
London Subway Map

1933年，“二战”之前，伦敦地铁雇佣工程制图员哈利·贝克绘制了一张被后世顶礼膜拜的现代地图。贝克摒弃了空间和位置在地图中的统治力，他让要素如同电路板中的元件一样表达自己。这种图示无意中表达出城市的普世特性——集聚点和联络网。

8.1 节

战后的历程　现代城市的迅速蔓延

很难确切地标出现代城市起始的具体年份、具体地点，不同人群会有不同的答案，但大多数人会同意17世纪的后半段是现代城市的诞生期。17世纪末叶，大批的清教徒、异教徒已踏上了北美大陆；英国资产阶级革命接近尾声。追求精神家园的清教徒、异教徒们，与带着光荣和梦想的新兴资产阶级，一道开始了对新栖息方式的探索。

恰好在此时，佩恩继承了北美大陆上一片广袤的土地，他在费城的大胆尝试对现代城市的形成起到了推波助澜的作用。从那时开始，现代城市的蔓延在全球从未停止。

新千禧年前后，全球一体化的趋势加速了城市化步伐。2008年的金融危机重创了欧美发达区域经济。这一轮由网络创新带动近十年的持续增长突然遇到了断崖式的跌落，房地产和各类建筑产业急剧萎缩，设计公司不得不寻求其他地域的市场。

8.1A
稳定的世界秩序带给现代城市机遇

2008年前后，中国正处在巨大的城市化浪潮的亢奋之中。一批批开发区、新区等待着国际队伍的出现。然而，危机中智力资源过剩的发达国家也在急迫地寻求着市场。那个时段，中国的城市化进程把市场和资源高效地捏合起来，构成了一波规划设计领域发展的巨浪。

职业旅程中的三次大浪（8.1A－1）

我的职业旅程大致经历了三次全球化的大浪，三次大浪带我涌向了不同的滩头：

——20世纪80年代末到90年代初是第一波潮涌，它让我感到了国际资本的网络拓张：那时我加入了一家中日合资的设计咨询公司，感受到了北京、大连和东京之间的波涛涌动。

——20世纪90年代后半段的第二波潮涌把我推向了大洋对岸，那是比尔·盖茨微软视窗透视全球的时代。美国的学习工作使我浸入到现代城市历史和现实的对流中。

——新世纪的第三波浪潮推我回到亚洲。这时苹果的智能手机时代已经来临，技术和智力高效地推动着现代城市在亚洲蔓延，这波大潮强力推进了城市化在全球的蔓延。

一个人的职业生涯至多能感受到半个世纪的城市化进程，我们经历的时段大致是“二战”后稳定期的第二个阶段——从20世纪80年代到21世纪的20年代。而现代城市，如果从雏形期的17世纪算起，到今天已经走过了三四个世纪。

20世纪，新兴区域——亚太、中东、拉美、非洲的北部，开始成为现代城市的蔓延地带。这段时期的发展条件应归因于“二战”后创立的共同秩序。

“二战”后城市发展的两个阶段（8.1A－2）

如果说20世纪80年代计算机和信息技术是全球城市化进程的加速器，那么，20世纪40年代结束的第二次世界大战以及战后世界秩序则是容纳城市网络的稳定框架，它帮助人类在绝大部分区域集中精力进行经济建设和民生改善。

“二战”中形成的联合国体系是国际秩序的基础。同时，国际秩序体系大大地推进了民族独立运动。过去需要数个世纪才能摆脱殖民束缚的国家独立过程，战后，只需要数年或十几年即可实现。20世纪50年代后，近70个新国家、近百个民主自立的国家宣布主权，从而彻底改变了几百年殖民统治的格局。

结束殖民模式，把世界带入到民族自觉的发展模式——这是战争结束时世界政治家的预见和规划，也是战后世界秩序促成的成果。稳定的框架保证了经济交往成为20世纪下半叶的主旋律。市场和资本成为经贸活动支配性的力量，而市场和资本喜好的目标地是现代城市，现代城市成为它们网络体系的有力支点。

战后的五六十年代，英美的新城建设、欧洲和日本的复建以及工业化推动的世界分工体系，这些需求形成了战后第一波的城市建设高潮。这波高潮中，生产分工促成了亚洲四小龙的成长。身处世界体系联结点上的城市，比如中东的利雅得、亚太的新加坡、香港、台湾、东京等几个联结性城市都得到了迅速的发展。

战后第二波城市建设高潮应归因于“冷战”的结束和网络技术的蔓延，这刚好与中国20世纪80年代的改革开放进程大致相契合。40

8.1-01/122

火车站大厅里的年轻务工人群

（Young immigrants in the railway station lobby）

城市化的波涛把一波又一波的年轻人从村落带入城镇、从城镇带入城市、从城市带入大都会。

年间，中国的城市人口从20世纪80年代的30%跃升到60%。如果没有现代城市，很难想象其他栖息模式能够承载这样迅速的增长。不仅仅为中国，现代城市为所有不同文化和地域的人们提供了发展路径和共存体系。城市化进程在过去20年中一直是中国发展的重要动力，城市化需要的基础设施建设、城市化助推的房地产金融等成为吸纳劳动力、转化资源价值的主要手段。

我们的时代，一个城市化与全球化手拉手的时代，见证并参与了现代城市发展拐点时刻的出现：2008年起，超过半数的人生活在城市中了。

8.1B
工商交往和信息交换凸显了城市作用

现代城市激发了人的能动性，促进了知识在不同群体中的传播。作为聚集点和扩散点，殖民时期的布道者和资本拓张者在口岸城市积极推动海上商贸和交往活动。大西洋两岸的城市成为现代城市发展的推手。跨越区域和人群的商贸和工商活动越来越多、越来越频繁，这对国际集团企业的管理和运营提出了直接的挑战。计算机和网络技术瞄准城市摩天楼中的一间间办公室，为它们提供了高效便捷的技术手段。

现代城市集聚了综合性力量，成为社会变革浪潮的策源地和扩散地。

现代城市之初的两拨人（8.1B－1）

1682年，佩恩和他的测绘师侯尔莫斯完成了一张颇为奇异的城市方格网蓝图，借助这张招贴画一般的图案，佩恩向欧洲大陆的新兴势力推介美洲殖民属地的发展机会：便捷的海上网络、清晰的城市秩序、确定的私产保障，加上费城提倡的包容性氛围。对于旧世界，费城的异类蓝图产生了巨大轰动，它吸引了殖民时代的新兴资产阶层：从事海上贸易的商人、新世界置办产业的投资者、开垦种植园的农场主，这些探险家和资本家是费城初期建设的强力推动者。

另一拨人是异端信仰的实践者，他们中不少人是佩恩所在的贵格会成员，他们跟随佩恩跨洋过海，期待着在一个相互尊重的社区中实践自我信念。费城的吸引力不仅对贵格会的信徒，而且对其他不同信仰宗派一视同仁。这两拨人——新兴的资产阶级和信仰的追求者，从不同角度参与、推动了现代城市最初的发展。当然，他们中有些人的身份跨越了其间的界限。

费城诞生的17世纪末叶，人类已经渐渐从中世纪走出。脱胎中世纪的过程经历了三个世纪的变革：14—16世纪的文艺复兴、15世纪的航海大发现、16世纪的海上贸易兴盛和16世纪马丁·路德的宗教革命，这些变革为现代城市的出现作了充分的铺垫。佩恩费城蓝图吻合了人文主义复兴的大趋势。借助着英国资产阶级革命成功的动力以及紧随其后的工业革命，现代城市在新旧两个世界将人类一系列社会变革的成果转化为共同栖息的生存形式，同时用空间形式强化了现代性。

18、19世纪，殖民化模式引领了全球发展。几个大殖民国家，荷兰、英国、法国、西班牙、葡萄牙等成为主导势力，它们利用殖民城市积极地搭建生产、配送和消费基地，构架殖民网络。现代城市既是殖民资本的输出端口，也是大工业生产的聚合结点。这期间的一个异类是北美大陆上的美国，它脱胎于殖民文化，为现代城市注入了新鲜的活力。

直到20世纪初期，后起的帝国势力，德、奥、日为了在殖民版图中求得一席之地，与既成的殖民帝国英、法发生激烈的冲突，导致

8.1-02/123
新加坡玛瑞亚海湾中的金沙赌场
（Sands Casino in Singapore Maria Bay）

港口城市是现代城市网络上重要的接驳点，殖民时期，它们几乎是搭建网络的关键点。新加坡将金沙赌场放到了海湾中一块显著的位置上，吸引了不同文化人群，调动出了人性的本能。

了“一战”和“二战”的爆发。

战火中，城市成为主要争夺目标，受到严重破坏。然而，人类并没有放弃高度密集的栖息方式，战后迅速恢复的目标也是城市。现代城市已经成为人类社会的必然选择。

文明历程中的第三次浪潮（8.1B－2）

20世纪80年代初，大规模全球化进程提速之前，未来学家托夫勒预测出这一波人类文明进程中的大浪潮，他称之为“第三次浪潮”，即立足于现代科技发展，信息网络将为人类带来一种使用可再生能源、具有多样性的生活方式，这次浪潮将粉碎既有的价值观，为人类提供“历史上第一个真正人性化的文明”。

托夫勒人为地将人类历史分为三个阶段，第一次浪潮是一万年前形成的农业文明阶段，第二次是300年前17世纪末开始的工业文明阶段，第三次是20世纪50年代开始的信息化文明时代。第三阶段的变革将触及人类社会的每个方面：改变家庭的结构和作用、弱化政府的统治力、改变固定式的工作时间和环境、形成多样性的社会网络等。的确，托夫勒当年预测的很多情形都发生了：手机把人们带入到许多不同的生活圈、在家工作不再稀奇、大公司的拓张性越来越强悍……

托夫勒认为小家庭、工厂式的学校和大公司三者构成了第二次浪潮工业社会的社会结构。第三次浪潮中的社会进步标准不再以物质生活标准衡量，而以丰富多彩的文化来衡量。托夫勒的未来主义学说对20世纪80年代刚刚打开国门的中国，特别是知识界，产生了深远的影响，加速了中国融入世界网络的步伐。

1980年出版的《第三次浪潮》对全球化大潮起到了推波助澜的作用。托夫勒预测到个人信息终端的普及，也就是今天用途万能的智能手机，它为普通人的生活和择业提供了极大的便利，并带来了个人自由度。

对文明历史，不同学派有不同的划分，但文明进程中的关键节点一般会受到共同的关注。托夫勒特别提及两个时间节点：17世纪末叶工业文明的起点、“二战”后科学技术变革拉开的信息化时代帷幕，这二者在现代城市发展进程中具有同样重要的意义。前者与佩恩规划费城的时间相吻合，成为现代城市的起始阶段；后者是城市化进程在全球蔓延加速的时段，更多的人进入到城市，同时也是现代城市发生深刻变革的时段。

—·— —·— —·—

城市不是现代社会的发明，但更加人性化的现代社会赋予城市以现代性的使命。从殖民时代启航，现代城市的航程经历了资产阶级革命、工业革命、共和宪政、民族独立、全球化合作等诸多重大的社会变革，也受到过战争、疾病、能源更迭、环境恶化等狂风暴雨的洗礼。其中，既有鼓动现代城市前行的动力，也有阻力，不少时候还会有使其偏航的侧向力甚至是颠覆力。保持现代城市数百年发展的定力有外力，但更重要的是自身汇聚出的合力。

如前文探讨的内容，现代城市坚韧的生命力和稳定续航力来源于七股力量：亲和力、包容力、约束力、拓展力、持续力、感染力、内生力，这些力量有些源于社会变革激发出的活力，有些则源于人类的天性，集聚到一起形成城市发展的合力。这些内核力量推动着城市经历了殖民时代的血腥、工业时代的污染、战争时代的狂热……在一次次滔天巨浪中，这些源自城市自身的生命力总能找到正途的航标，把城市导向人性化的航程上。

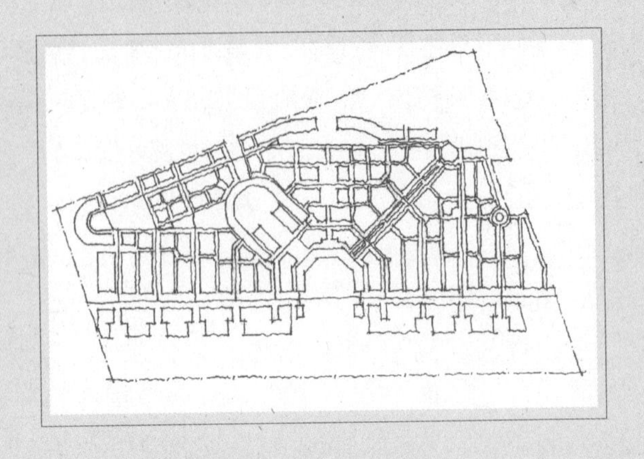

海边社区的新都市主义
CNU Seaside Community

20世纪80年代，迈阿密一对建筑系教授和一个从父亲手中继承大片滨海土地的开发商，在佛罗里达的一块滨海土地上进行了新的开发方式探索，他们把这种探索称为“新都市主义”。

8.2 节

未来的航标　航程中的反思和警示

现代城市是近现代文明的成果，也是它的空间载体。

演进了三百多年后，现代城市进入到了一个相当繁盛的时期：全球大多数人口移入城市生活，城市生产的工业产品实现了跨越地域和文化的标准化，资本利用城市将其资源配置效率发挥到极致，资讯通过手机渗透进生活的方方面面，不断更新换代的商品拥有对用户绝对的支配地位。然而，超级繁荣的背后，城市已经开始异化它的市民。

城市赋税越来越重，而城市的花销越来越远离纳税人的关注点，个人权利在巨大的都市中越来越微不足道。资本通过城市房产、教育和医疗等公共资源裹挟住城市个体。信息无底线、无法律约束地利用和侵入个体数据和时空，成为现代城市碎片化的基础手段。创造性已经转向为煽动和调动甚至胁迫用户的重要依据，进而对自然和社会资源形成巨大的浪费。

不可否认，今天现代城市的繁荣的确有上述因素的贡献，但与此同时，城市集权、资本强权、信息侵权和创新霸权已经越来越强势。尽管我们尚不能断定它们是否会改变现代城市未来的航向，但至少它们的极端倾向已经在现代城市航道上亮起了警示灯，警示着人们可能的偏航。

城市承载的内容最终指向一个方向：为人服务，承载人的现代生活。航标的初衷是航向的校正器，对异化因素的矫正也是设定发展边界和设定航标的过程。

8.2A
异化中的再生

城市未来的发展，一方面被社会进步带动，另一方面得益于人们对既有因素的修正和批判。当年佩恩为挣脱中世纪传统的束缚，对旧世界进行了深刻的反思，带给新世界崭新的蓝图。历经三百多年的发展，现代城市也有了自身积淀，这些沉积物中，有些是城市生长的养分，有些则成了负担。

当下的信息时代中，喧闹格外纷杂。纷乱淹没了萌发的生机。着眼未来，某些貌似分立无序的现象暗含着未来城市的密码。断断续续的暗示中，未来趋势性的萌芽已经破土而出：社会单元的自醒意识，信息发散的局域防线，对资本拓张的限制力，以及创新力的再定义——它们将影响着现代城市未来的航向。

社会单元的自醒意识（8.2A - 1）

古希腊和中国的春秋战国时期，城市和城邦紧密相连，是国家的核心单元。现代城市的地位虽不及那个时代，但它们对现代社会的影响越来越显著，许多城市间的关联度已经超过省际的联系。大量基础设施，如机场、车站、口岸、市政工程投向城市，城市的规模越来越大，城市间的联系越来越强。显然，城市是全球一体化网络的受益者。

然而，在互联互通的亢奋中，间或会出现一些不同声音。

先是在曼哈顿的社区中。20世纪五六十年代，美国联邦政府积极推行都市更新计划，城市大举兴建基础设施，强化城市中心区与郊外社区的联系。纽约市建设当局规划的快速路网穿过既有社区街道，引发了大量拆迁。面对公建领域强悍的公权力，纽约的社区，如华盛顿广场、格林威治村、苏荷区、小意大利等邻里单元自觉地组织起来，阻挡“联邦推土机”的横冲直撞。有理、有节、有效的抗争使社区空间和人文脉络幸免于拆除的厄运。

社区单元的自醒意识不仅发生在中心区，也延伸到城市外围社区。美国的郊区化进程中出现了一个新词NIMBY（not in my back yard），中文翻译成“邻避症候群”，直译为“别在我的后院”。20世纪70年代后，大都市扩大了边界范围，将原本郊外社区纳入到城域之内。咄咄逼人的扩张改变了旧有城区和郊区的界限。支撑扩张的骨架是基础设施廊道，廊道所及之处改变了地方的居住生态。居民强烈反对安置在他们身边且未与社区协商的超级项目，因而有了新的词汇。

今天大都市面临着双重压力：一方面在社会经济生活中承担越来越重的角色，另一方面城市内部呈现出分散化和多样化的趋势，多种群体要求都市决策过程开放、决策内容兼容，这类呼声越来越高。

社区自醒潮流中，人们发现过去一些不受关注的议题对城市发展的延展性具有重要意义。社区的文化、城市的历史文脉、人文渊源等微观视角的内容都被纳入到自醒运动中。在纽约，发掘自身价值的过程成为社区参与、预见未来的过程。一个备受业内人士推崇的项目是高线公园，人们把废弃的铁路高架空间改造成闹市中的线性公园，成了城市的纽带。纽约高线公园的成功带动了其他社区对自我记忆的发掘和回忆。

群体的自醒意识在全球范围也有表现。英国、苏格兰、加泰罗尼亚、魁北克等发出越来越强烈的自我声音，以英国脱欧为代表的“退群”和“建新群”的声浪不绝于耳，随之而来的是区域经济协同体的构架和秩序的不断调整。人们开始怀疑贸易和资本能否继续成为万向接口，工业产品的标准化和通用化是否会淹没社会单元的多样性。

8.2-01/124
圣·安东尼奥村落中的村镇会议
（Townhall in La Vilita of San Antonio）

在得州，牛仔的血液中带着自治的基因，人们相信“小政府”、自我管理的理念和行为准则。

两千年前，亚里士多德在谈到邦城规模时，认为5000个自由人，即参与公共事务有话语权的公民，是城市规模的极限。显然，亚里士多德把选举人参政的充分交流视作城市重要的黏合剂。尽管技术进步大大地扩大了交流的范围，但共同利益的范围是有规模边界的，栖息的场所边界则更为明确，这些边界构成城市的空间和社会单元。多样化的地域、差异化的文化为世界提供了多元化的社会单元，单元的多样性是城市健康的维生素。

17世纪，大批异教徒、清教徒因反对教廷的专制走出欧洲，踏上北美大陆建立他们的理想国。从此，以社区为单元的现代城市开始发芽萌生。社区依靠成员之间的认同，取代了从前的教区和辖区，成为城市细胞单元。今天，现代城市的社区已呈现出生机勃勃的多样面貌。历经数百年发展，人们发现多样性为城市注入了活力，社区的多样性是城市人的福祉。

在全球化的滔天巨浪中，顽强固执的社区自醒精神将改变城市发展路径，使城市从统一和效率向多样和均衡方向发展。

发散信息的秩序设定（8.2A－2）

文艺复兴时期曾是一个信息大爆炸的时期，随着颜料、透视学、绘画术、印刷术等一系列材料和技术的发现和发明，书籍、绘画、文学、戏剧等人类的知识体系有了更便捷普及的传播方式，虽然以当时的社会发展水准，信息传播范围仅限于贵族、教士、商人、航海家及社会知识阶层内，但智力和知识的传播极大地推动了航海时代的发展，为后来现代城市的出现作了铺垫。

今天的时代也是一个信息大爆炸的时代。得益于乔布斯的发明，手掌上的端口将每个人都拉入信息巨网之中，信息已经渗透到每个人的生活细节里。相较于五百年前，现代科学技术使信息的传播、捕获、分析、组织、再生成、再发散得成本十分低廉，保证了它们畅通无阻地渗透。

信息爆炸时代与城市化进程重合到一起，它们形成的共振会极大地助长双方的影响力。城市固有的聚合效应、城市网络催生的流动效应，在信息网络的推动下，迅速极化。短短数十年中，众多的劳动力被驱动到北上广深等几个中心城市，造出了千万级别的特大城市；一个个开发新区在信息浪潮的鼓动下，应运而生。

信息网络的造浪弄潮把原本成长周期相对长的城市推向了风口浪尖：每隔三五年都会出现一次造城波峰和随后的波谷。冰火两重天的一端是天价地产不断攀高，一端是鬼城、黑盘层出不穷。

信息的兴盛时期才刚刚开始，人们已经意识到其制造的虚假繁荣甚至淹没了它带来的真正动因。信息匮乏和信息污染竟然同时成为信息爆炸时代的高频词汇。信息垃圾已经成为最大、最难清理的社会垃圾。信息社区的安全和健康系统建设缺乏公众价值的指导，流量主导的网络社区中掺杂着大量的"水军僵尸"、数据盗用、隐秘后门等各类诟病，成就了鱼龙混杂的信息江湖。

添油加醋的数据炒作以冠冕堂皇的正统面貌招摇于世，美国信息管理专家霍顿一语道明："信息的本质是为了满足用户需求而进行加工的数据。"让公众明白信息的本质、尊重信息的原始数据出处、保证个人信息的私有权力，才能形成信息网络体系的基础价值体系。

信息基础体系应符合人类认同的基本价值：信息也是资产，个人信息资产神圣不可侵犯；公共信息资源应公开和透明，保证公众自由的获得权。信息数据的拥有权、使用权、管理权应有明确的界定。信息安全管理应确保公众利益，捍卫个体信息权益。信息的真实性应受到公众机构的监督，公共信息渠道应保证畅通。知识产权的保护应成

8.2-02/125
刚刚进城的务工者就被手机控制了
(New immigrants are sucked into their cells)

从“玩手机”到被手机“玩”，手机成为人们生活中的指挥棒。

为网络社区的基础标准，商业信息应设定相应的规范监督。

在虚拟的网络世界中划出边界和场域是形成网络秩序的底线思维，它将有助于改变碎片化信息无孔不入的蔓延态势。网络信息是人类社会技术进步中的一座里程碑，但它不是第一座也不是最后一座，信息网络的虚拟形态应融入到人类社会历史和自然的生活环境中，服务于人的生活。

虚拟化已经改变了曾经的购物方式、工作方式、休闲娱乐方式，开始危及人的交往方式。手机屏幕成为“低头族”最长时间的注视目标，人们的时间被手机网络挤压后，物理空间变得功能单一化，摧毁了社区的场所氛围。恢复被割裂的社交行为是当务之急，面对面的交往是人类复杂感官系统的需要、产生真实亲和力的源泉。像大街小巷中的口号所说的：“抬起头来，把时间留给爱的人。”

对资本扩张的限制力（8.2A－3）

信息网络是资本的好帮手，扩张是资本的本性，信息技术助长了资本的侵略性。

16世纪末的投资者是初显锋芒的新贵阶层，他们与贵族混在一起忙于海上贸易。利用他们的冒险精神和经商技巧，贵族阶层鼓励他们承担造船、财物抵押、航运押解等高风险的业务。经过17世纪的反复和挫折，新兴阶层终于在英国完成了代表本阶级利益的资产阶级革命。1689年英国颁布的《权利法案》奠定了英国君主立宪政体的理论和法律基础，确立了议会在行政权上拥有高于王权的原则。

光荣革命的成功使英国成为世界上第一个建立近代政治制度的国家，这也标志着人类社会跨入了一个新时代。

新贵族在旧世界忙于为资本正身的同时，新教徒们在新大陆上尝试用他们的信念建立新家园。17世纪末叶，两股大趋势渐渐合流，新兴阶层把从跨洋贸易中获得的利益和激情投入到口岸城市的建设中。在大西洋的西岸，资本尝试着推动新型城市的发展；在东岸的英伦三岛和欧洲大陆，资本推动着工业革命。

古典社会学和组织理论的创始人马克斯·韦伯认为新教伦理在资本主义精神形成初期扮演了“火车扳道者”的角色，“新教徒的生活伦理思想影响了资本主义发展”。此后，资本主义的风尚在时空推移中获得了非宗教的能量和执着物欲的理由，人类历史由此走上了新轨道。

现代城市诞生在贸易交往的网络中，成长在大规模生产的聚集地上。资本是贸易交往和工业生产的推手。城市发展中资本的驱动作用处处可见：基础设施投资、经贸产业链条构建、产业工人和手工业者的招募、贸易市场的拓展……

客观而言，资本利用它的效率和利益逻辑帮助人们迅速地建立了封建体制无法实现的生存形态。

资产阶级革命成功之后，荷兰、英国、法国各国无一例外地将资本主义发展方向都指向了殖民扩张，殖民与商贸并网成帝国网。大英帝国把殖民网络从大西洋两岸推展到印度洋沿岸、东南亚和远东。网络的支点是殖民口岸城市，资产阶级是这些殖民口岸城市的拥护者和推进者。随着殖民帝国的扩张，资本把现代城市的模式从费城、曼哈顿、巴尔的摩带到了孟买、科伦坡、新加坡、香港、厦门、上海等全球的网点中。

现代城市数百年的发展中，殖民地的模式最终被社会进步瓦解，但资本的角色依然活跃，它改变了城市的连接方式和自身面貌。

现代社会进程中，铁路、运河、邮政、地铁、电报电话、高速公路、航空机场等一系列的大发明都有资本的助力，摩天办公楼、百货公司、影剧院、超市、购物中心、CBD、研发园区等城市项目的空间形态后面都有着资本模式的探索和财务模型的支撑。

在资本视窗中，人和地是资产表中的列项，这些列项的存在保证着资产的健康。

现代城市的栖息秩序受到资本逻辑的强烈影响：房地产的资产水平和消费者的承担能力决定着居者在城市中的空间位置。由此，加利福尼亚和北京大都市圈内的白领选择了每天三四个小时的通勤，以便在都市边缘得到可负担的居住单元。通过开发商的资本财务模型，资本统治着城市人群数十年的生活内容和方式。

在日常工作中，资本也已渗透到每个细节中。对于跨国集团公司，华尔街财报是公司运营的纲领性指导文件。在它的指挥下，大数据饼状图被拆解为许多细小的具体指标和简洁的表现指数——KPI，资本用它指导每个人的工作。

当代资本管理手段完全可以跨越时空距离、文化差异、市场特性。大公司CEO们随时随地可从掌上的手机了解到任何地点子公司的收入、利润、现金流回速度、员工的工作效率。

数据的通达方式大大方便了资本管控体系：资本的决策和配置枢纽可以设置在拥有金融中心的大都市，如旧金山、伦敦、香港；运营和管理团队可以安置在拥有大量MBA雇员的区域中心城市，如新加坡、香港、上海；销售和服务点可布局在地区级的城市，如成都、武汉、西安。

资本的快捷键导致大量盲区的产生：专业服务质量、用户的真实感受、项目或产品对地方社区的扰动，这些商业服务的本源性常常被资本青睐的管理数据淹没。资本无节制的侵略性甚至开始无节操地操控人的行为方式——这一切改变了现代城市的初衷。

现代城市的要务是服务于人的现代生活。尽管资本依然是城市发

8.2-03/126
华尔街的股票交易市场
（Stock Exchange Market in Wall Street）

交易所中股票的瞬间波动都会得到全球市场的关注，关注演化成华尔街控制全球的手段。

展的重要推力，但资本目标的逐利特征已经危及人的本性。宗教和封建专制对人性是桎梏，资本也会成为枷锁。生活和交往的乐趣不能仅靠资本的各项参数衡量。

在《新教伦理与资本主义精神》一书中马克斯·韦伯指出："理性资本主义既带来了社会各方面的条理性和社会生产力的大发展，给社会提供了丰富的物质性产品，同时也产生了非理性的后果，它使人类丧失了自由和价值的统一，人类在自我丰富的同时又陷入危机。"

韦伯的前半句点出了18、19世纪中重要的社会变革——资产阶级革命和工业革命，最后的也是最直接的助推器，把城市推入现代社会轨道。他的后半句应验了中国的一句老话"成也萧何，败也萧何"。资本在现代社会，特别是现代城市中，从一个被承认的元素、充分发挥作用的因素，到左右方向的要素，得到了迅速的膨胀，资本成为与现代城市相生相伴的一部分。但是，韦伯从人的价值视点上也看到了资本充分膨胀之后的"非理性后果"。

现代城市的资源足够丰富、现代人的生活足够复杂，建立全面平衡的发展机制不仅能保证城市的稳步发展，还可形成资本的制衡体系。城市应实行"居者有其屋"的发展策略，住房不应成为市民的要挟物或炒作物。本职工作应成为劳动者生活的重要保障。

回顾历史，现代城市的发展并非是一往直前的。在漫长的航程中，暗礁险滩、歧途迷路层出不穷：殖民时代的蓄奴制曾使经济活动表现出更高的效率、帝国时代的扩张侵略曾是强大的源泉、重商经济的寡头垄断曾是市场最有力的推进器、信息时代的数据无限控制是统一意志的执行保证、医学研究触及人类伦理底线的科学尝试曾为幻想家创造最直接的捷径……

好在人类拥有反思能力，不断地自省修正偏差，保证了航向的正确。反思中的辨识成为航程上的一处处航标。

8.2B
对创新的反思

现代城市繁盛的时代中，创新也步入到了一个井喷期。信息爆炸引发的连锁反应推动了各个领域中的技术突破，比如微信强大的交流和联络功能，小小的手机屏幕成为人们最重要的生活平台，它重新修正了人们的购物、出行、餐饮等生活模式，将曾经红火的购物中心、临街商业逼入绝境。网红打卡的评判模式催生出大批体验店、主题公园和特色小镇。

创新带来颠覆既成现状的机遇。应接不暇的创新大大缩短了产品更新换代的周期，加速了人们的生活节奏，极大地提高了资本周转的速度。这让社会不得不加速运转，也为社会带来了巨大压力。

例如汽车行业。汽车产业链为价值数十万、上百万元私家车设定的保修期仅是10万公里。而车商每年都推出新款以刺激消费，这种销售方式使得许多车主在保修期之内就换了新车。一辆汽车的生产、使用乃至解体的全生命过程要消耗大量的社会资源，将其从耐用品转化为消耗品的“创新模式”忽略了社会和人性及资源成本。这不得不使人们思考：我们对创新是否应有新的定义，创新是否是对过去的全盘否定。

技术革命往往带给人们以“创新”式的思维考虑新的方向。在建筑行业中，工业大生产改变原有的构筑方式，现代材料和施工方式甚至创造了以包豪斯为代表的全新美学体系。在此基础上人们开始了用创新的视角描述未来城市。

明日之城和今天的城市（8.2B－1）

20世纪40年代，痴迷于大工业时代变革的设计师柯布西耶提出以汽车速度为生活标尺的“明日城市”。他用艺术家和建筑师的激情“创新”性地重构了城市的基本单元：8车道以上宽度的城市干道、超大尺度的大街坊以及城市草坪上的超高层住宅。与“明日城市”呼应的是建筑领域中的“国际主义风格”。穿着黑色制服和戴着黑色圆框眼镜的现代设计师们喜好简洁，在“少即多”理念的引导下，他们用混凝土、玻璃和钢材等现代材料在复杂的城市环境中树立起以我为主的简单形式。这种创新为战后急需的大量公共住房提供了迅捷、经济的解决方案，为开发商提供了高效的资本附着单元，同时也对现代城市的发展轨迹产生了巨大的侧推力。

建筑师的设计逻辑虽然能迅速地创造统一的城市体块，但光鲜表皮无法遮盖复杂的社会挑战。自我膨胀的设计者在用创新提供答案的同时也在制造新的社会问题。

“二战”后，人们醉心于工程技术领域的创新手段。与此同时，历经数百年的现代城市已累积出不少问题，如高税负、高犯罪率、高压力等城市病。为逃避这些诟病，人们开始寻求大都会城市边缘的新聚居区。基建高涨的年代里，高速公路和基础设施走廊的建造规模和气势远超今天分散式的网络扩展，工程新技术把整个区域、国家都变成了基建工地。

庞大的基础设施网络穿越山岭、跨越河谷催生出一个个发展区域——郊区化居住区和新城在全球蔓延，由此改变了现代城市原有的航线，并引导着许多城市在这个方向上狂奔了半个多世纪。

郊区化、新城化的扩张模式使城市摆脱了中心区的现实弊端。依靠新的工程技术，在城市外围的农地和自然绿地中，政府和开发商迅速地开发出规模巨大的新片区。郊区（suburban）一词的原意为次级都市区。由于它的选址往往在都市的边缘和外围，郊区和新城会给人们带来更开敞的绿色环境、更低密度的居住社区。在美国，郊区化社区帮助普通人拥有了独院独栋的梦想。

郊区化的创新形成了功能相对单一，密度、混合度和聚集度低的城市新区，投资巨大的基础设施效率大大低于城市中心密集区。为维持外围社区与城市、外围社区之间的联系，大都市不得不为郊区社区建设更分散的公共服务设施。稀疏而分散的联络大多依靠汽车联系，汽车的速度反过来支持了更多的郊区蔓延。战后兴建的社区远远超过了派瑞当年邻里单元的尺度。社区内部的宜人步行网络也被车行主导的干道取代。

新时代技术下的产品：石油、汽车和高速公路成了20世纪产业的赢家，它们成了郊区居民必须依赖的设施和消费品，同时它们也撕裂了城市既有的紧凑模式。

沉浸在房产增值和大片绿色环境中的人们，用了几代人成长的代价才回味出郊区化创新中的大片盲区：每天两三个小时的通勤时间、有限的公共服务设施、同质化的郊区人群和同质化的社区功能……为了缩短开发时段、提高资本回报效率，郊区社区的建设常常被产品化和机械化，致使郊区生活单调化。原来社区模式中的亲和力、感染力等内在生命力渐渐减弱。

自20世纪60年代起，人们开始对国际化风潮进行后果。宾夕法尼亚大学教授文丘里（Robert Venturi）完成了《建筑的矛盾性与复杂性》一书。书中，文丘里针对现代主义风潮中的简单、通用、排他式的解决思路提出了针锋相对的观点，他建议人们从历史和文脉中寻求养料和线索。更广泛的哲学领域探索引发了城市和建筑领域更深层次的反思，建筑理论学者们用后现代主义和后工业主义定义新的美学秩序。许多设计实践者把“少即多”(less is more)的经典现代主义原则直接译为“少即单调”(less is bore)。

批判性的思潮中，有人回到了社区单元尺度探讨更人性化的栖息模式。

杜安尼的传统邻里和派瑞的邻里单元(8.2B-2)

除了在建筑物层面的设计探索，设计实践者们在社区尺度中也进行了更大规模和更复杂议题的讨论。其中，特别突出的规划和建设是美国佛罗里达州的“海边社区”(Seaside Community)。

20世纪70年代，迈阿密企业家戴维斯(Robert Davis)从父亲手里继承了一片面向墨西哥湾、拥有1000米沙滩岸线的滨海土地。起先，这位拥有哈佛大学历史和商科学位的开发商构想着建立一个由海边木屋组成的小村镇。那时他找到了在迈阿密教书的一对教授夫妇——安杜勒斯·杜安尼(Andres Duany)和伊丽莎白·普拉特-赞伯克(Elizabeth Plater-Zyberk)，把设计任务委托给他们的设计事务所(DPZ)。

在开始规划设计之前，戴维斯夫妇和杜安尼夫妇在佛罗里达州进行了一次旅行。旅行中，双方深入探讨了美国城镇的本质，渐渐地勾勒出未来小镇大致的“线条”。他们都反对汽车主导的郊区地产模式。那些社区里，沥青车道和铝制的车库卷帘门主宰了街道两侧的风貌，街道的功能好像只是串联起一个个巨大的、睡觉用的房子。睡醒觉后，人们钻进汽车驶离郊区，奔向远方。这种社区只有地产价值，缺乏灵魂。

也许是巧合，面对汽车时代的巨大冲击，海边小镇的勾画者们同当年面对商贸冲击的佩恩一样，都没有被眼前炫目的潮流蒙蔽，他们都回归到人的生活模式中，从传统镇子中得到灵感和启发。戴维斯夫妇和杜安尼夫妇都认为未来的海边小镇是由一条条步行小街组成的，小街的两侧是低矮木栅围着的一个个房子，房前都有面对街道的门廊。门廊下、木栅旁随处可见止步交谈、相互打招呼的人们。

后来的设计发展过程中，杜安尼把这种回归模式称为“传统邻里开发”模式（TND，Traditional Neighborhood Development）。

海边社区约80英亩，相当于当年派瑞邻里单元的一半大小，远远小于今天许多开发商心目中的土地开发单元（在中国大陆，台港开发商约定俗成的拿地规模至少是1平方公里，约247英亩）。80英亩是一个10分钟步行完全可以覆盖的范围。为了强调步行，杜安尼甚至在海边社区的小巷中取消了马路牙，把人行便道与车行道放到一个平面上，突出行人主导的交流环境。

在海边社区，私家车只是进出镇子的工具，一旦落脚，所有的服务设施和场所都可以步行5分钟到达。小镇不仅仅是消耗两天时光的周末目的地，它是个可长期生活的社区。小镇拥有大量的公共设施，为不同年龄、收入的人群规划了不同产品；它强调邻里间的活动平衡，包括居住、购物、工作、上学、礼拜和娱乐休闲。事实上，海边小镇是邻里单元60年后的升级版本。

从1682年佩恩的“绿色城镇”到20世纪20年代派瑞的“邻里单元”，再到20世纪80年代杜安尼的“传统邻里开发”，现代城市对基本单元模式的探索从未停止。三百多年的跨度中，人们从风帆动力的木船到蒸汽机推动的火车，从化石燃料的汽车到插电即用的运载工具，从邮局发送的手写书信到电报电话的远程通话，从覆盖全球的广播电视再到人手一个智能手机，人们在技术上的革新从未停止过。尽管技术革命一次次地冲击着人们的生活场所，但城市的规划者却一次次地重温着人类交往的本能，从成功经验中获得新的启迪。

8.2-04/127

佛罗里达州海边社区的步行街区

(Neighborhood Path in Seaside community Florida)

步行，在海边社区，不仅是行为方式，更是生活方式。

杜安尼倡导的“传统邻里开发”理念在社区发展和城市规划领域得到了广泛响应，逐渐形成了一种潮流：在城市外围扩展乃至内部复建的契机中，新的发展模式寻求与人类栖息文化累积出的社会经验相结合，这种潮流被冠以明确的称号——“新都市主义”(New Urbanism)。

新都市主义的探索(8.2B－3)

有人说新都市主义概念是重新定义城市，这种说法过于夸大。城市是人类文明定义的栖息生存形态，任何重大城市更新和变革都需要社会、经济、制度、法律、人文、技术等一系列变革的综合推动。由设计者、开发商、城市管理者等某些人群推动的思潮显然难以称之为重新定义城市。以现代城市为例，它的脱胎过程经过了近5个世纪变革的推动：文艺复兴、航海大发现、宗教革命和资产阶级革命以及萌芽状态工业革命的孕育，直到17世纪末现代城市的雏形才渐渐浮现。

20世纪与21世纪交错间，对新都市主义的强烈推崇反映出人们对现代城市发展方向上的忧虑，人们反对汽车和基础设施建造的新技术助长出的孤立、排他、蔓延模式。深层意义上，新都市主义强调社区感、强调物质环境的社会意义。这个思潮的倡导者们从人类的都市体系中归纳出黏合共同栖息形态的重要规律，因而用“新”都市主义统领各项原则。

乔纳森(Johnathan Barnett)是《新都市主义宪章》*的创作者之一，也是我在宾夕法尼亚大学的老师和WRT的同事，他在《新都市主义宪章》开篇的“新都市主义的新”一文中解释了四个“新”。

*《新都市主义宪章》在新都市主义协会(CNU，Congress for the New Urbanism)的网页上展示了15种语言的翻译版本，其中的中文版本是由我在2011年5月翻译的。

1.新都市主义把现代城市中出现的种种问题放在一起思考。

2.面对新的形势提出新的设计概念。

3.承认设计规划概念不能与实施机制分开。

4.更广泛的群体，包括公众参与的机制，推动新都市主义。

新都市主义是针对计算机、汽车、航空旅行等科技创新引发出的新形态的反应。新都市主义群体源自“圈内人”，他们是城市法规的制定者和执行者，比如土地税收、保险的管理者，交通规范的执法者，当然其中最敏感的部分是规划者和开发者。这部分群体直面迅速的增长需求与陈旧庞大的秩序体系之间的矛盾。乔纳森这篇文章的针对群体也是圈内人。

今天的城市管理逻辑大多诞生于20世纪初的工业化时期。显然，扩张性的市场对年近百岁的管理条例感到了束缚，同时精明的资本为了谋求免费的公共资源和摆脱社会责任，携手市场选择了放弃既有的老城市中心，到都市区的外围甚至远端建设新区。城市管理当局为了短期账面上的收支平衡，动用公共资源建设基础设施、改变农业土地性质、拉伸城市的空间范围。这种做法鼓励了人们从城市中心的出逃，加速了老城的衰败，因此导致了新中产和新技术阶层人群从既有城市空间区域中分离或逃逸。

现代大都市是人群的经济活动单元、公共政策制定和执行单元、人居形态与自然环境接触的基础单元、公共交通体系单元、人群文化单元……大都市是人类群体的生存单元。面对现代城市的分化甚至分裂的趋势，乔纳森指出所有新区和郊区都需要全域型的公共系统支持，维持社会安全秩序的警察执法体系、提供卫生清洁的给水排水和垃圾处理体系、保证全龄人群健康的医疗健康体系、与网络和城市中心相连的公共交通体系，这一切，单一的郊区单元是无法承担的。

大都市的多样性和丰富性是长期发展累积的结果，也是城市可持续的原因。

战后，现代城市受到新建造技术的支持，在郊区化、新城化的方向上狂奔了六七十年。当年的创新模式回应了市场、资本、技术的扩张要求，同时也诱发出一系列社会、经济、文化挑战。新都市主义是对战后城市创新模式的反思。

《新都市主义宪章》提出了从城市和城镇、社区和城市走廊、街道和建筑三个层面考虑未来社区的发展方向，提出了27条开发原则。对于这27条，乔纳森坦率地说："它们大多数并不新，然而却是我们在建设过程中常常忘记的原则。"

乔纳森提出的一句口号，令人印象深刻："一切都发生在脚下"（Everything is on your foot），这个简明的提法使得汽车时代的张扬颜面扫地。新都市主义在一个局部领域内尝试着重新定义"新"或者说"创新"：创新尝试有积极作用，但也会带来副作用，对城市副作用的代价是巨大的。新都市主义对未来创新举措特别提出了"可持续性"维度的设定——用自省意识限定过于简单和单项突进引发的负面效应。

信息时代，科技创造出的"虚拟社群"已经变成了现实社群，不少人在网络社区中消磨的时间大大超过了实体场所中的时间，新的行为方式已经改变了旧有的营商方式，大批商场、商街关门倒闭，甚至造成一种虚幻——实体社区并不重要。

—·— —·— —·—

面对信息潮引发的又一次巨浪，在新城市主义思潮基础上产生的城市复兴理念得到了全球响应。2002年12月，英国召开了由1600多人出席的城市峰会。峰会的主题和提出的口号是：城市复兴、再生和持续发展。关于“城市复兴”的概念，英国副首相普里斯克特解释说：“城市复兴就是用可持续的社区文化和前瞻性的城市规划，来恢复旧有城市的人文性，同时，整合现代生活的诸要素，再造城市社区活力。”城市复兴理论强调，建筑必须满足人们两个方面的基本需求，即人与自然融合交流以及人与人之间沟通交流；同时，要保持和延续城市的历史和文脉，让城市成为“有故事的建筑空间”。

新都市主义用它的名字表达了回归都市的渴望，它引发了建设开发专业群体的反思，它在寻求现代城市中固有的凝聚力量。这种聚集效应的再发掘是对资本和技术形成发散力的制衡，也是对城市化进程中无节制空间蔓延的回应。

现代城市虽有三百多年的发展历程，但最近六七十年得到了爆发式的增长，其真正的拐点在“二战”后的50年，20世纪50年代对发展中国家和地区是城市化突进的年代。这显然得益于“二战”后全球范围内相对稳定的安全环境，新国际秩序中，大多数国家把精力集中到社会民生改善和经济建设中。

战后秩序的最初构想源于美国总统罗斯福和英国首相丘吉尔在大西洋上的一次政治会谈。1941年8月，战争范围扩大，战争的进程朝着有利于“轴心国”的方向发展。在这个关键时段，美英两国首脑在大西洋北部纽芬兰阿金夏海湾内的美国巡洋舰“奥古斯塔”号上会面，他们之间的话题并不是两国之间的协同关系，也不是战争的具体部署，而是对战后世界秩序的展望。

在对未来世界愿景达成共识之后，美国对抗击在反法西斯战线的国家和人民表达了全方位的支持。8月13日，两位领袖签署了《大西洋宪章》(*The Atlantic Charter*)。这份文件不是两国间的协议，甚至不具备法律效力，但它定义了国际正义的基本原则，描述了战后国际秩序的方向，为联合国的成立奠定了基础。

《大西洋宪章》仅有8条原则，其中特别提到了“尊重所有民族选择他们愿意生活于其下的政府形式之权利”“战胜者或战败者，都有机会在同等条件下，为了实现它们经济的繁荣，参加世界贸易和获得世界的原料”，以及“促成所有国家在经济领域内最充分的合作，以促进所有国家的劳动水平、经济进步和社会保障”。

这些原则为战后各殖民地国家的民主独立运动亮起了国际政治绿灯，致使联合国认同的主权国家数量在20世纪五六十年代激增。同时，《大西洋宪章》也为世界经济秩序制定了自由市场崇尚的共享贸易和资源原则。

“二战”后，联合国成为维系国际秩序的主体机构，它提倡的稳定框架帮助大多数地区发展经济、改善民生、消除贫困和饥饿、促进国际合作和产业分工。世界性的城市化提速在这种大背景下发生。这个进程中，技术和产业变革使得资本、劳动力和市场之间的衔接更加容易和顺畅。

用了不到60年，世界范围内的城市化率从20世纪50年代的25%提升到2008年的50%，现代城市已从它的成长期步入了成熟期。成熟期内的城市开始对迅猛增长期遗留的副作用进行反思，虽然这些探索还处在初级阶段，但它们已经在为现代城市未来的航路和方向设定航标。

曼哈顿上空的万家灯火
Sparckles above Manhattan

1682年当佩恩规划费城时，人们刚刚开始探索高密集的栖息方式。那时城市人口不到3%，人们无法想象数百年后的城市情景：五六十层的居住结构，一两千万的都会城市。

今天，被誉为都市之王的曼哈顿用它璀璨斑斓的夜色和壮丽的天际线回应着佩恩的愿景——一栋栋高楼中的万家灯火回应着特拉华河岸上的内心之光。

8.3 节

回归的初心　为人的城市

万家灯火的曼哈顿

从人的角度出发，本书在开篇向现代城市提问：热量的来源、引力的来源以及基因的来源，这三个问题是任何时代城市都需要面对的。它们的答案，即现代城市对个人价值的认可、对人交往天性的鼓励、对市民价值的培育——成为现代城市可持续的生命力。

现代城市已经发展了数百年，它是人类改善家园努力的历程。在人文复兴精神的引导下，人们从漫长而黑暗的中世纪走出，探索为获得解放的精神搭建栖息地。人们意识到今后的城市是人性的表达，城市动力的源泉源于自身的劳动、奉献和使命感，城市的宽容精神是个性释放的保障。

大航海和大变革的17世纪催生了现代城市种子的萌发，新兴的资产阶级利用殖民拓张把现代城市模式带到了全球各地，形成了现代城市网络。

佩恩出生在资产阶级变革时代，出身于上层社会的他具有强烈的反叛精神。借助贵格会的包容信念，在费城，佩恩为追求理想的异教信徒和寻找资本成长的新兴阶层描绘了一张自由家园的蓝图。

费城的蓝图中，佩恩尝试着建立一种理性的生活秩序。为了促成这种秩序的成功，佩恩把注意力集中在他相信的原则和法理上，而不是将个人意志置于群体之上；他注重培养城市社区的自我价值，而不是制定社会层级体系形成差异。在这张蓝图上，佩恩更关心城市布局的清晰性，而不是统治集团的权威性；在谋划发展时，佩恩强调城市体系对经济发展的支撑作用，而不是行政管理的业绩。

经过百年发展，蓝图中规整的网格逐渐成形。如同苗圃哺育出生长的力量一样，特拉华河畔的荆棘荒野呈现出排列有序、横平竖直的城市环境。道路街网上，人们安置自己的家园、忙碌自己的生计，与邻居共同创造着现代生活的秩序。

驱动城市井然发展的当然不仅仅是蓝图，更核心的力量是开拓者们摸索出的7条法力：亲和力、凝聚力、约束力、拓展力、感应力、持续力、内生力。建城伊始，费城就尝试着唤起这些力量，开先河地在市民自身上寻求调动生长的动力。对于其他现代城市，费城好似一个序言厅，它实践着现代生活逻辑，它以新的社会细胞、新的群体精神、新的自我管理方式，揭开了现代城市的序幕。

17世纪，费城采用完全不同于王国城堡和教会教区的棋盘街网安排城市秩序，佩恩期待着人们在理性的条理中开始自由、可预测的生活。这种布局顺应了现代社会的生活逻辑，这种城市原理很快就在全球的新殖民城市广泛流行。

佩恩预见到了现代城市为人们生活带来的极大变化，但没有想象到现代城市对人性潜能的巨大激发。现代城市改变了世界历史的进程：费城本身诞生了美利坚合众国，芝加哥创造出了许多现代发明，纽约演进成了世界的金融中心，香港成长为全球重要的贸易港口……

现代城市将人们从农耕的中世纪带入工业化、信息化的现代社会，现代的栖息方式重新塑造了人们，从根本上改变了普通人的生活方式。17世纪时，城市人口只有3%，而今天已高达55%。2018年，世界人口总数已经达到76亿，到2050年将接近100亿。那时全球近70%、近70亿的人口将居住在城市。而1950年，城市人口只有7亿，100年内，城市人口将翻10倍。城市成了人类的家园。

除了城市里栖息的人群，还有城市间的人流。2019年，中国春运期间产生了近30亿人次的流量，其中绝大多数旅程的端点是城市，40天的春运展示了城市惊人的吸附效应。如果把城市比作生命体，人流是它的血脉，那么人的生活则是它的细胞活动。上海、香港、伦敦、多伦多、新加坡……这些城市街道中起起伏伏的人流形成了它们的脉搏，每个人就是流动中的一个细胞。

万家灯火的曼哈顿

城市设计的职业使得设计师有机会穿行在城市之间，感受城市的脉动，感悟城市的本意。

2019年初夏的一个傍晚，我在曼哈顿开完一个会，从高楼中走出，步入百老汇大街。迎面而来的人潮立刻将我浸入到纽约的气息中。正是华灯初上之时，来去匆匆的人群中我抬头仰视，纽约的天空被顶天立地的高楼分割成一段一段，呼应着地面上的街道。眼前连成一片的是楼宇中的万家灯火，它们悬浮在夜色中，如色彩斑斓的蜂巢，等待着归途上的路人。

那天，我的归途是离开曼哈顿。买好火车票后，我避开人潮的喧闹，钻进路边的一间咖啡杂货店。小铺子有点像美剧《老友记》(Friend) 中的铺子，只是除了咖啡的区域，还有一片狭小的货架区，空间中堆满了零食、纪念品和画册书籍。我的眼光漫无目标地在货架间游荡，突然间，角落中的一本书吸引了我，黑白线条的简单封面使它在花花绿绿的商品中显得与众不同。我低头翻阅，发现作者原来竟是个建筑师。但作者并没有用设计师的手法讲述故事，而是以一种平视的角度向世人揭示了另一个纽约——万家灯火后面的纽约。

作者玛提奥·佩瑞科里（Matteo Pericoli）是一位从意大利米兰"西漂"到纽约的插图作家。2009年，他出版了《我窗外的这个城市——纽约的63个视角》(*The City out My Window—63 Views on New York*)。玛提奥曾在理查德·麦耶（Richard Meyer）建筑事务所供职，在曼哈顿，普通建筑师是件令人尴尬的职业，玛提奥在一间狭小的公寓内蜗居了7年。那里既是工作室，也是卧室。每天他都需把物件从桌面上移动到床上，然后再将床上的物件移动到桌面上。周而复始的腾挪中，玛提奥总会不经意地探询一下窗外的世界。

2004年玛提奥终于要搬出这间斗室，就在完成所有打包之前，他突然意识到窗外日夜陪伴的场景是无法带走的。于是，他放下其他事情，拾起画笔，平实地记录下过去7年日日对视的画面。进而，玛提奥开始思索，纽约成千上万的高楼丛林中有无数的窗户，每扇窗户后面都有一个观察者，那么，每个人心中便会拥有一个属于自己的纽约。这成了玛提奥写书的起点。

这是一本视角普通却独特的书，作者以细腻的笔触，将窗内和窗外、片断和城市、个体和群体、观察和思考联系起来。作为画家，玛提奥描绘了63个纽约的场景；而作为作家，玛提奥将63个场景转化为63个生活的背景。他邀请每位窗后的观察者走出后台，为自己生活的舞台注释：每个画面的拥有者都写下两三句话来描述眼前的纽约。窗景拥有者的职业极为广泛，有音乐家、作曲家、诗人、新闻记者、建筑师、舞蹈家，他们的生活舞台各具特色，反映了纽约万花筒般的都市场景。

狭小的店铺中，我一边翻阅着玛提奥的城市白描，一边望着窗外的万家灯火，突然感悟到：每扇窗就是城市的一双眼，万家灯火就是千万双目光交织出的斑斓色彩。往往，人们从综合、宏观的角度定义城市：都市用来装载多彩的生活；而另一个角度却是：多样的生活构建了巨大、惊人的都市。城市不仅仅是地标勾勒的天际线的城市，城市还是人们居住工作的城市、人们使用医院时的城市、人们购买日常用品时的城市、人们养育子女时的城市……小民谋生的生活场景为流光溢彩的城市铺上了一层底色。

人们将都市中个体的具体生活称为“民间活法体系”。都市舞台上，升斗小民是主演，他们的生活是人间话剧的剧目，都市庞大肌体的丰富表达源自他们的喜怒哀乐。

回到起点，现代城市通过对普通人生活和劳作的认可、对人与

8.3-01/128
曼哈顿宾夕法尼亚火车站边的咖啡小铺
（Coffee house near Manhattan Pennsylvania Railway Station）

在这个像美剧《老友记》的咖啡馆一样的小铺里，我发现了“纽约的眼神儿”。

人之间交往的鼓励、对共同生活价值和秩序的确立，标定出最初的起点。城市不再是神、国王、领袖的领地，它是为人搭建的栖息地。

现代城市中，每个细胞释放出的热量累积出群体的温暖，每个细胞的闪耀光亮交织出斑斓万千的城市彩虹。它们源于特拉华河畔的内心之光、呈现在黄浦江边的温感计上，它们是引导现代城市前行的灯塔。

后记

时光穿梭器

对于八九十年寿龄的人类，城市的生命周期几乎是永恒的。持续的城市需要坚韧的生命、稳固的构架，借此，它才能为个体提供可信赖的依托和可持续的关照。

健康城市，亦如有体温的生命体。恒温是生命复杂程度的标志。有基础代谢才有生命体的恒温，体温为生命提供了强有力的自我保障，为肌体内部的各种系统和各个细胞单体提供了稳定的生长氛围。城市的基础代谢是稳定的经济活动和社会服务。

清晰的支撑体系、稳定的基础代谢是城市健康的基本保障。场所是城市体温的测试点，也是城市的感应点，它揭示着城市与个体之间的感应关系。每个城市场所都展示出城市的一组表情，合在一起，构成了城市的感染力。

作为庞杂的生命体，城市拥有相当复杂的变量参数，其中一个参数——空间位置——几乎是恒定的。城市不能移动，而人可迁移。在高度联通的城市网络中，每个城市都以主动的方式弥补位置上的被动。

场所的主动性至关重要，它们帮助人由表及里地认知城市，它们表达着城市的包容度、依存度、共享度以及规范度，它们是人们阅读城市的绘本。

通过场所，我的画笔得以触摸城市。最初，画笔是描述、记述城市的痕迹；渐渐地变成触动、感受城市的脉动。画笔随我走过城市，走入场所，记述故事。用蓝色的笔，我为城市读码、解码、译码，乃至编码——这成了我的生计。

在费城生活、工作十几年之后，全球范围内高涨的城市化进程把我召唤到一个又一个城市，参与城市对未来的憧憬，聆听社区倾诉曾经的传奇。职业给了规划师特许——在场所触摸人们的激情和冲动，也赋予规划师责任——为城市注入持久恒定的温情。

人们常说：风物传情亦载情。如果设计者足够敏锐，就会感受到场所中的魔鬼。

多年前，我带着几个年轻的规划师参加闽南一个城市的改造项目。参加完群情振奋的研讨会议后，我们离开会议大厦，驱车前往项目现场。在荒僻海岛静静的祠堂里，我们撞见了这样一幕画面：

> 祠堂屋檐深深的阴影里，坐着一位老阿婆和一位老秀才。老婆婆面向门外的大海喃喃自语，老秀才低头挥墨，在黄色的信纸上记下阿婆的絮叨。写罢，秀才一字一句地复述、阿婆一句一点头地确认，而后秀才焚纸。此刻，一旁的我们意识到：阿婆在请秀才代笔，捎信给逝去的先人。

瞬间，我们被眼前"黄信连阴阳，人鬼情未了"的场景而感动。黄纸成灰传情两界，幽然一缕青烟超过了网络时代的任何信号。

之后，我面对当时照片一笔一笔地素描，分明看清了阿婆发髻一丝不苟、衣着整齐的端庄。以此，阿婆表述了对逝夫由肃而敬的思念。旁边的秀才一丝不差地铺纸撰写，一字不漏地记述了追思。行笔至此，画笔连通了心神相谋、灵犀相通的感悟：秀才履行着今天规划师的使命，只是行驶的方向不同——老秀才代人续前缘，设计师替人谋来世。

祠堂中有种永恒穿越其间——情感的托付。

9.0-01/129
厦门渔村祠堂中的老秀才
（Old clerk in a fish village clan hall，writing a letter for an old widow）

时光穿梭机：阿婆和她身边的秀才用古老的方式——在黄纸上书信，发出穿越两界和时空的信息。

附录

附录 I
费城·编年纪事（与本书相关大事）

A. 费城开埠之前（Before Philadelphia openning）
1. 1620－1670年，William Penn（威廉·佩恩，英国海军舰队上将，威廉·佩恩的同名父亲）
2. 1630－1685年，Charles II（英国国王查理二世）
3. 1644－1718年，William Penn（威廉·佩恩）
4. 1649年1月，国王 Charle I 被Oliver Cromwell处决，奥利弗·克伦威尔宣布英国为共和国
5. 1658年，国王 Charles II 复辟，重归王位
6. 1666年，伦敦大火（London Fire）
7. 1677年，佩恩公布《自由宪章》
8. 1681年，国王 Charles II 为了偿还欠佩恩父亲的巨额债务，将宾夕法尼亚赐予佩恩

B. 费城开埠、18世纪的费城（Philadelphia earlier time and its 18th century）
1. 1682年，佩恩颁布《费城蓝图》(Penn published *Portraiture of the City of Philadelphia*)
2. 1688年，英国完成"光荣革命"
3. 1689年，英国颁布《权力宪章》，建立了君主立宪的体制
4. 1690年代，费城爆发黄热病，后用了70年填埋了码头溪，上面覆盖了码头街
5. 1697年，Penny Creek上的 Frankford Ave. 建成了三孔石桥
6. 1723年，本杰明·富兰克林（1706—1790年）来到费城
7. 1736年，富兰克林当选为宾夕法尼亚州议会秘书
8. 1740年，富兰克林筹办一所慈善学院，此为宾夕法尼亚大学前身
9. 1755年，慈善学院获名为费城学院和研究院
10. 1774－1775年，两次大陆会议在费城召开
11. 1776年，美利坚合众国在费城宣布独立，五人委员会起草《独立宣言》
12. 1787年，《美利坚合众国宪法》在费城颁布
13. 1791年，费城学院和研究院正式更名为宾夕法尼亚大学（University of Pennsylvania）
14. 1790－1800年，华盛顿建市前，费城是美国的临时首都

C. 19世纪的费城（Philadelphia in 19th century）
1. 1821年，费城水工部在斯库伊克尔河上筑建浅水坝，防止咸水返潮，保证饮水源的水质（Philadelphia Water Work built a low dam on Schuylkill River）
2. 1861－1865年，美国南北战争（American Civil War）
3. 1868年，费尔蒙特公园协会成立（Fairmount Park Association set up）
4. 1876年，费城举办了世博会，美国建国100周年纪念展
5. 1825年，费城的西南绿地被命名为瑞顿郝斯绿地（Rittenhouse Square）
6. 1871－1900年，费城建造市政厅（City Hall）
7. 1869－1895年，费城西部的密尔溪被掩埋，为开发整出土地
8. 1870年代，宾夕法尼亚大学前往费城西部

D. 20、21世纪的费城（Philadelphia in 20th and 21st century）
1. 1903年，宾夕法尼亚大学的保罗·克尔瑞等提出公园大道计划，美国版的香榭丽舍大道（Paul Cret proposed Parkway Plan，American version Champs-Elysees Boulevard）
2. 1917年，法国景观规划师葛瑞尔提出景观主导的公园大道方案
3. 1920－1930年，中国第一批现代建筑师在宾大的布扎体系（Beaus-arts）接受训练
4. 1928年，费城艺术博物馆（Philadelphia Art Museum）落成
5. 1929年，富兰克林公园大道主体建成（B. Franklin parkway built）
6. 1959年，培根提出《费城2009展望》(Edmound Bacon <Philadelphia 2009>)

7. 1960-1970年，培根的协会山社区改造项目（Ed Bacon directed Society Hill redevelopment）
8. 1969年，麦克哈格出版了《设计顺应自然》(Ian McHarg published<Design with Nature>）
9. 1978年，费城爱心公园落成（LOVE Parkbuiltbeside of City Hall）
10. 1983年，费城自由之地双塔打破了君子协议，高过了市政厅的制高点
11. 1990年代，WRT参与密尔溪社区的改造，炸掉了路易斯·康规划的三栋塔楼
12. 2003年，费城特拉华滨水区展望市民工作营，费城观察家报刊登了我的佩恩登陆地愿景插图（Penn's Landing Vision Workshop，Philadelphia Inquiry published my sketch）

附录 II
参考·索引

开篇

0-A 相关人物和机构（Reference people and institute）
1. William Penn（1644 —1718年，威廉·佩恩，费城和宾夕法尼亚州的奠基和创始人）
2. Charles II（1630—1685年，英国国王查理二世）
3. Paul Phillip Cret（1876—1945年，保罗·飞利浦·克尔瑞，宾夕法尼亚大学建筑系系主任）
4. Louis Wirth（1897—1953年，路易斯·沃斯，城市社会学创始人，芝加哥学派代表人）
5. Rittenhouse（瑞顿郝斯，美国天文学家）
6. Louis Kahn（ 1901—1974年，路易斯·康，美国建筑师，宾夕法尼亚大学建筑系教授）
7. Richard Huffman（理查德·哈夫曼，WRT 规划总监）
8. Benjamin Franklin（ 1706—1790年，本杰明·富兰克林，美国《独立宣言》作者之一，宾大创始人）
9. Jean Pierron（让·皮耶洪，法国穆兰大学教授）
10. 梁思成（ 1901—1972年，东北大学、清华大学建筑系创始人，中国城市规划教育学者）
11. 林徽因（ 1904 —1955年，中国建筑师，诗人，作家，教师）
12. 杨廷宝（1901—1982年，中国建筑师，中国科学院院士）
13. University of Pennsylvania（宾夕法尼亚大学）
14. WTO（World Trade Organization，世界贸易组织）

0-B 概念和事件（Concept and Event）
1. Age of Exploration（地理大发现时代，15-17世纪，又称大航海时代（The Great Voyage Age）
2. Green Town（绿色城镇，佩恩使用的老式英文）
3. Philadelphia（费城名称，源自希腊语 Φιλαδε λφεια，译为兄弟般的友爱）
4. Portolan Chart（波特兰海图）
5. 谋求共识（Consensus Building）
6. 分享的价值（Shared Value）
7. 利益波及方（Stakeholder）
8. 人口异质化（Diversification of population）
9. Pudeur（克己心，柏拉图《普罗塔哥拉斯篇》Protagoras）

0-C 地理和场所（Place and Site）
1. 上海当代艺术博物馆（PSA，Power Station of Art）
2. Rittenhouse Square（费城，瑞顿郝斯绿地）
3. Delaware River（特拉华河）
4. Schuylkill River（斯库伊克尔河）
5. LOVE Park（费城，爱心公园）
6. Fairmount Park（费城，费尔蒙特公园）
7. Franklin Parkway（费城，富兰克林公园大道）

第一章

1-A 相关人物和机构（Reference People and Institute）
1. 费孝通（1910 - 2005年，中国社会学家、人类学家，第七、八届全国人大常委会副委员长）
2. Ferdinando Tonnies（1855-1936年，斐迪南·滕尼斯，德国现代社会学的缔造者之一）
3. Quakers（贵格会，全称为公谊会 Religions Society of Friends）
4. Sir William Penn（1621 - 1670年，威廉·佩恩伯爵，佩恩的父亲，英国海军舰队司令，海军上将）

5. The House of Stuart（1371 - 1714年，斯图亚特王朝）
6. Charlie II（1630 - 1685年，查理二世，斯图亚特王朝复辟后的首位英格兰及爱尔兰国王）
7. Anglican Church（安立甘宗，英国国教，盎格鲁教会或“主教制教会”）
（主教会，Episcopal Church），基督新教三个原始宗派之一。译作“圣公会”，取义神圣的天主教会（圣而公教会，Holy Catholic Church）
8. Jane Jacobs（1916 - 2006年，简·雅克布斯，美国著名的城市规划师、作家）
9. Gen. James Oglethorpe（詹姆斯·奥格莱索普将军，萨凡纳城市的缔造者 City Savannah）
10. Clarence A. Perry（克劳伦斯·A·派瑞，美国规划师、建筑师）
11. Aristotle（公元前384 - 前322年，亚里士多德，古希腊著名思想家）
12. Tom Hanks（1959年生产，美国影视演员，多次奥斯卡奖获得者）

1-B 概念和事件（Concept and Event）
1. Greene Country Towne（绿色城镇，佩恩使用的古英语）
2. Gentlemen's Farm（绅士农庄）
3. Public Square（公共绿地）
4. Community（社区，现代城市单元，德国社会学滕尼斯命名为社区，即：“由具有共同习俗和价值观念的人口组成、关系密切的社会团体或共同体”）
5. Polities（邦城）
6. Inner Light（内心之光，宗教）
7. Neighborhood Unit（邻里单元，由克劳伦斯·A·派瑞提出）
8. Ward（街区）
9. 义务教育（宗教领袖马丁·路德最早提出义务教育概念的先贤）
10. 1619年，德国魏玛公国公布学校法令规定：父母应送其6-12岁子女入学）

1-C 地理和场所（Place and Site）
1. Clark Park（克拉克公园）
2. Rittenhouse Square（瑞顿郝斯公园）
3. Piazza San Marco（圣·马可广场）
4. Rockefeller Plaza（洛克菲勒广场）
5. 洪雅县柳江古镇村口（洪雅县柳江古镇）
6. Siena Piazza de Campo（锡耶纳 卡帕广场，扇贝广场）
7. Athene Forum（雅典广场）
8. Savannah Neighborhood Green（萨凡纳社区绿地）
9. Forum（古希腊罗马广场，用于讨论公共事务和交往）

1-D 参考书目及影视（Reference Documents）
1.《The Death and Life of Great American Cities》Jane Jacobs（《美国大城市的生与死》简·雅克布斯）
2.《The Neighborhood Unit》from The Regional Plan of New York and its Environs（1929）Clarence A. Perry（《邻里单元》刊载于1929年的《纽约和周边区域规划》克劳伦斯·A·派瑞）
3.《Forrest Gump》（《阿甘正传》，罗伯特·泽米吉斯导演，汤姆·汉克斯主演，1994年上演。电影改编自美国作家温斯顿·格卢姆于1986年出版的同名小说，1995奥斯卡获奖影片）

第二章

2-A 相关人物和机构（Reference People and Institute）
1. Robert Indiana（罗伯特·印第安纳，生于1928年，美国波普艺术家、LOVE 符号的创作者）

2. Robert McLaken（罗伯特·麦克拉肯）
3. University of Pennsylvania（宾夕法尼亚大学）
4. Thomas Holmes（托马斯·侯尔莫斯，佩恩的测绘、费城规划图的绘制者）
5. Audery Hepburn（奥黛丽·赫本，1929－1993年，第26届奥斯卡最佳女演员获奖者）
6. Gregory Peck（格里高利·派克，1916 － 2003年，1968年获美国电影学院终身成就奖）
7. Michael Bloomberg（米切尔·布隆博格，生于1942年，曾任纽约市长）
8. Choi Ropiha（初亦·罗皮亚，澳洲设计事务所）
9. George Bernard Shaw（乔治·伯纳德·萧，萧伯纳1856－1950年，爱尔兰剧作家）
10. Richard L. Florida（理查德·弗罗里达，生于1954年，美国都市社会学者<The Rise of the creative class> 作者 3T元素的创造者）

2-B 概念和事件（Concept and Event）
1. Holy Experience（神圣实验）
2. 1688 Glorious Revolution（1688年光荣革命）
3. 1689 Bill of Rights（1689年《权力法案》，全称《国民权利与自由和王位继承宣言》）（An Act Declaring the Rights and Liberties of the Subject and Settling the Succession of the Crown），标志着君主立宪制（Constitutional Monarchy）的诞生，现代历史的重要起点
4. New York Times（纽约时报）
5. Renaissance（文艺复兴 14-16世纪）

2-C 地理和场所（Place and Site）
1. Spanish Step（西班牙大台阶，罗马）
2. LOVE Park（爱心公园，官方名称JFK公园，费城）
3. Time Square（时代广场，纽约，原名 Longacre Square）
4. Big Apple（大苹果，纽约绰号）
5. tkts Red Steps（入场券红台阶，纽约时代广场）

2-D 参考影视（Reference Documents）
《Roma Holiday》（《罗马假日》，1953年由美国派拉蒙公司拍摄的浪漫爱情片）

第三章

3-A 相关人物和机构（Reference people and institute）
1. Jean-Paul Sartre（让-保罗·萨特1905－1980年，法国哲学家，存在主义理论的代表人物）
2. Thomas Holmes（托马斯·侯尔莫斯，佩恩的测绘师、费城规划图的绘制者）
3. Sir Christepher Wren（克里斯托弗·雷恩，1632－1723年，英国皇家学会会长，天文学家、建筑师）
4. Laura Olin（劳拉·奥林，美国景观师、规划师；清华大学建筑学院景观系创始人）
5. Daniel Hudson Burnham（丹尼尔·哈德逊·伯翰1846－1912年，美国规划师《芝加哥规划》作者，1893年芝加哥哥伦布世博会建设主管，华盛顿特区发展委员会主席）
6. Barack Hussein Obama（贝拉克·侯赛因·奥巴马，生于1961年，美国第44任总统，第一位黑人总统）
7. Martin Luth King Jr.（马丁·路德·金 1929 － 1968年，美国牧师、黑人民权运动领袖）
8. Chicago Tribune（芝加哥论坛报）

3-B 概念和事件（Concept and Event）
1. London Fire（伦敦大火，1666年）
2. 阴阳（YinYang，天人合一）
3. Public Nuisance（公共危害）
4. Chicago Fire（芝加哥大火，1871年）
5. 1688 Glorious Revolution（1688年光荣革命）

3-C 地理和场所（Place and Site）
1. Walnut Street（胡桃树大街，费城）
2. Independent Hall（美国独立宫，费城，曾是宾夕法尼亚领地议事厅 Pennsylvania State Hall）
3. National Inddependent Park（国家独立公园，费城）
4. Market Street（市场大街，费城）

5. Michigen Ave（密西根大街，芝加哥，被誉为壮丽的一英里 Magnificent Mile）
6. Grant Park（格兰特公园，芝加哥）
7. Millennium Park（千禧公园，芝加哥）
8. Chicago River（芝加哥河）
9. 呈坎（徽州古村镇）
10. 众川河（黄山东麓的一条小河）

3-D 参考书目和文献（ Reference Documents）
1.《宾夕法尼亚东南部和边界图》(1681年，威廉·佩恩 William Penn颁布）
2. Portraiture of the City of Philadelphia（费城的描绘图，1682年威廉·佩恩颁布）
3. Chicago Plan（《芝加哥规划》，1909年丹尼尔·哈德逊·伯翰出版）
4.《I have a dream》(《我有一个梦想》，马丁·路德·金 Martin L. King演讲）
5.《罗氏族谱序》
6.《说文解字》

第四章

4-A 相关人物和机构（Reference people and institute）
1. Thomas L. Friedman（托马斯·弗里德曼，纽约时报记者，三次普利策获奖者）
2. Gen. George Washington（乔治·华盛顿将军清朝1732 - 1799年，美国第一任总统）
3. 慈禧太后（叶赫那拉氏，1835 - 1908年，满清皇太后）
4. 孙中山（中华民国的奠基人，1866 - 1925年，中国民主革命的伟大先驱）
5. Sir Norman Foster（ 纽曼·福斯特爵士，生于1935年，英国建筑师）
6. Joseph Paxton（约瑟夫·帕克斯顿 1803 - 1865年，英国景观设计师，水晶宫的设计者）
7. Jean Talon（ 让·塔隆1626 - 1694年，法国殖民地新西兰和加拿大，第一任行政长官）
8. Louis Jolliet（ 路易·朱厉艾特 1646 -1700年，法国探险家、皮毛商人）
9. Helmut Jahn（ 哈米特·扬1940 -2021年，德裔美籍规划设计师）
10. Edmund Bacon（埃得蒙·培根1910 - 2005年，费城规划师）
11. Scott Denise Brown（ 斯科特·布朗女士，生于1931文丘利，Venturi 事务所的合伙人）
12. Philadelphia Inquiry（费城观察家报）

4-B 概念和事件（Concept and Event）
1. 商贸网络：海上商贸形成的交易和生产链条
2. 1756年纽约至费城公共马车线（1775 New York to Philadelphia Public Service Stagecoach）
3. 1901年《辛丑条约》
4. 1911年辛亥革命
5. 皇城根儿，皇城城墙外围的平民居住区
6. Urban Renewal Program（都市更新计划）
7. Neighborhood Revitalization（邻里复兴）
8. 2008年北京奥运会
9. 1851年伦敦世博会
10. Gateway（门户）
11. 2003年Penn's Landing 开放式公众参与工作营

4-C 地理和场所（Place and Site）
1. Penn's Landing（佩恩登陆地，费城）
2. Newport（纽波特港，罗德岛州）
3. Barbados（巴巴多斯，加勒比海）
4. Pennypack Creek（佩尼派克溪流，费城）
5. Frankford Ave（法兰克福特大道，费城）
6. Holemsburg（侯尔莫斯堡镇，费城）
7. Frankford Ave Bridge（法兰克福特大桥，费城）
8. 京奉铁路正阳门东站（北京，原火车站，已拆，留有中国铁路博物馆）
9. 东交民巷（原大清使馆区，北京）
10. 前门大栅栏（北京，原商业区，现历史休闲观光区）
11. 北京顺义国际机场T3航站楼（北京，为2008年奥运会扩建新航站楼）

12. 1851 London World Expo Crystal Palace（伦敦，1851年世博会水晶宫）
13. Mississippi River（密西西比河，美国）
14. O' Hare International Airport（欧黑尔国际机场，芝加哥）
15. O' Hare Airport United Airline Concourse-C（欧黑尔国际机场C指廊）
16. Lake Michigan（密西根湖，北美大陆）
17. St. Lawrence River（圣·劳伦斯河，加拿大）
18. Shikaakwa（芝加哥，印第安语Shikaakwa，法语Checagou，英语Chicago）
19. Ottawa River（渥太华河，加拿大）
20. New Orleans Island（新奥尔良岛，蒙特利尔）
21. New Orleans（新奥尔良，美国）
22. Montreal（蒙特利尔，加拿大）
23. Seaport Museum（海港博物馆，费城）
24. 大明宫含元殿（唐长安大明宫建于太宗贞观八年，公元634年）

4-D 参考书目和文献（Reference Documents）

1.《The Worldls Flat：A Brief History of the 21st Century》
（《世界是平的》，Thomas L. Friedman 托马斯·弗里德曼）
2. 1959《Philadelphia 2009》（1959年，《费城2009展望》，Edmund Bacon）

第五章

5-A 相关人物和机构（Reference people and institute）
1. Ian Lennox McHarg（伊恩·麦克哈格，1920－2001年，宾夕法尼亚大学景观系奠基者）
2. Philadelphia Water Work（费城水工部）
3. Lucien Blackwell（路希安·布莱克威尔，美国国会议员）
4. Schizothorax taliensis（抗浪鱼，国家二级保护动物，属鲤形目鲤科白鱼属）
5. San Antonio De Paula（圣·安东尼奥·保拉，西班牙得州总督）
6. Robert Hugman（罗伯特·哈格曼，圣安东尼奥河规划师、建筑师）
7. Ebenezer Howard（埃比尼泽·霍华德，1771-1858年，英国规划师，1898年提出了“花园城市”的理论 Garden City）
8. American Planning Association（美国规划协会，APA）
9. Frederick Law Olmsted（福瑞得瑞克·劳·奥姆斯特得1822－1903年，美国景观设计学的奠基人）
10. Philadelphia Housing Arthority（费城房管局）
11. Hippocrates（希波克拉底古，公元前460-377年，希腊医生，被称为医学之父）

5-B 概念和事件（Concept and Event）
1. 咸水反潮（大西洋，通过特拉华河，把涨潮的涌入的咸水带入它的支流水系中）
2. 浅水坝（为了防止返潮，在水中筑起的堤坝）
3. 车水捕鱼（模仿自然溪流涌泉，人为地踩轮搅水，把习惯于溯流产卵的鱼引入水篓）

5-C 地理和场所（Place and Site）
1. Delaware River Valley（特拉华河河谷，宾夕法尼亚州与新泽西州之间）
2. Schuylkill River（斯库伊克尔河，宾夕法尼亚州）
3. Fairmount Park（费尔蒙特公园，费城）
4. Mann Music Center（曼音乐中心，费城）
5. 澄江县抚仙湖（中国第二深高原湖泊，云南）
6. 禄充尖山风景区（车水捕鱼观光景区，抚仙湖，云南）
7. San Antonio River（圣·安东尼奥河，德克萨斯州）
8. San Antonio River Walk（圣·安东尼奥河滨河步道，圣·安东尼奥）
9. Alamo Mission（阿拉莫布道所，圣·安东尼奥）
10. La Villita（拉维利塔古村，圣·安东尼奥）
11. Mill Creek（密尔溪，费城）

5-D 参考书目（Reference Documents）

《Design with Nature》（《设计顺应自然》，Ian Lennox McHarg（伊恩·麦克哈格））

第六章

6-A 相关人物和机构（Reference people and institute）

1. 福泽谕吉（1835 - 1901年，日本著名的启蒙思想家，明治时期的政治家）
2. Philadelphia Eagers（费城老鹰队，2018年超级碗冠军）
3. Paul Phillip Cret（保罗·飞利浦·克瑞，1876-1945年，宾夕法尼亚大学建筑系系主任）
4. Georges-Eugene Haussman（奥斯曼爵士，1809 -1891年，法国巴黎城市改造总规划师）
5. Ecole des Beaux-Arts（巴黎美术学院）
6. Jacques Grebe（雅克斯·葛瑞贝，法国景观，城市设计师）
7. Henry Hobson Richardson（翰瑞·理查德森，美国建筑师）
8. HSBC（汇丰银行，香港上海汇丰银行有限公司（The Hong Kong Shanghai Banking Corporation Limited））
9. Fairmount Park Association（费尔蒙特公园协会）
10. Philadelphia Museum Art District（费城博物艺术区）

6-B 概念和事件 Concept and Event

1. Urban Concourse（都市廊道）
2. Agglomeration（聚合效应）
3. Catalytic（触媒效应）
4. 1776年7月4日，美利坚合众国独立
5. 1876年，费城，美国百年独立世博会
6. 1893年，哥伦布，发现美洲400年 芝加哥世博会
7. Culture Mecca（文化麦加）
8. Beaux-arts（布扎艺术体系）
9. Civic Value（市民价值）
10. White Elephant（白象，华而不实）

6-C 地理和场所（Place and site）

1. Locust Walk（洋槐树步道（卢卡斯特步道），费城）
2. Woodland Ave（林地大道（伍德兰大道），费城）
3. Woodland Walk（林地步道（伍德兰步道），费城）
4. Champs-Elysees Boulevard（香榭丽舍林荫大道，巴黎）
5. Benjamin Franklin Parkway（本杰明·富兰克林公园大道）
6. Wissahichon Creek（维萨黑肯溪流，费城）
7. Logon Square（娄艮广场，费城）
8. Swann Memorial Fountain（斯万纪念喷泉，费城）
9. Shelley Street（些利街，香港）
10. Central-Mid-Level Escalator（半山大扶梯，香港）
11. Queens Ave（皇后大道，香港）
12. Central（香港，中环）

6-D 参考书目和文献（Reference Documents）

《American Urban Design：Catalystic Interaction》（美国城市设计：触媒反应）

第七章

7-A 相关人物和机构（Reference People and Institute）

1. Philadelphia WaterWork（费城水工部）
2. The Society of Free Traders（自由商人协会）
3. Joseph Clarke（约瑟夫·克拉克，曾任费城市长）
4. Richardson Dilworth（理查德森·迪尔沃兹，曾任费城市长）
5. Old Philadelphia Development Corporation（老费城发展集团，OPDC）
6. Greater Philadelphia Movement（伟大费城运动，GPM）
7. Philadelphia Redevelopment Authority（PRA，费城开发监管局）

8. Philadelphia Historical Commission（费城历史委员会，PHC）
9. Webb & Knapp（威布和纳普，美国开发商）
10. William Zeckendorf（赞肯多夫，美国开发商）
11. I.M.Pei（1917—2019年，贝聿铭，华裔美国建筑师）
12. Liberty Place（自由之地，费城中心双塔开发项目）
13. Santiago Calatrava（圣迭戈·卡拉扎瓦，西班牙/瑞士建筑师）
14. Federal Institute of Technology（联邦技术学院，苏黎世）
15. 慈笃禅师（文殊院的第一任方丈）
16. Vidiadhar Surajprasad Naipaul（1932—2018年，V·S·奈保尔，英国印度裔作家）
17. Jean Pierron（让·皮耶洪，法国穆洪大学哲学教授）

7-B 概念和事件（Concept and Event）
1. Urban Renewal Program（都市更新）
2. Urban Decay（都市衰败）
3. Urban Blight（都市枯萎）
4. Urban Revitalization（都市复兴）
5. Philadelphia Gentlemen's Agreement（费城君子协议，新建的高楼不超过市政厅）
6. 1702年（康熙四十二年），康熙皇帝御赐"空林"绢本横幅
7. Limmat Swim（畅游利玛特河）

7-C 地理和场所（Place and Site）
1. Dock Creek（费城，码头溪，流入特拉华河（Delaware River）的一条溪水，已埋入地下）
2. Dock Street（费城，码头街，道克街，1820年由填埋码头溪而形成）
3. Front Street（费城，前街，弗朗特街，曾经的河岸线和货运码头）
4. Blue Anchor Tavern（费城，蓝锚客栈，第一家客栈）
5. Society Hill Neighborhood（费城，协会山社区）
6. Fifth Ward（费城，第5街道，19世纪中期划定的协会山区域）
7. Philadelphia City Hall（费城，市政厅，1901年建成）
8. Liberty Place（自由之地，费城市中心双塔）
9. Limmat River（利玛特河，苏黎世母亲河）
10. Sihl River（希尔河，利玛特河的支流）
11. Aere River（瑞士，艾尔河，贯穿瑞士东西的河流）
12. Rihne River（莱茵河，欧洲）
13. 文殊院（始于隋大业年间（公元606—617年），历信相寺、妙圆寺、文殊院、空林堂变更）
14. 文殊坊（以文殊院为中心的休闲商业混合街区）
15. 禅林

7-D 参考书目和文献（Reference and Documents）
《Design with Nature》（《设计顺应自然》）

结尾

8-A 相关人物和机构（Reference People and Institute）
1. Martin Heidegger（马丁·海德格尔，1889—1976年，存在主义哲学创始人之一）
2. Harry Beck（电路设计师，1902—1972年，哈里·贝克伦敦地铁地图设计师）
3. Alvin Toffler（阿尔文·托夫勒1928—2016年，世界未来学家）
4. Le Cobusier（勒·柯布西耶，1887—1965年，瑞士/法国建筑师）
5. Robert Venturi（文丘里，1925—2019年，美国建筑师，建筑教育家）
6. Max Weber（马克斯·韦伯，1864—1920年，德国著名社会政治学家，古典管理学的贡献者）
7. Franklin D. Roosevelt（富兰克林·罗斯福，1882—1925年，美国总统）
8. Winston Churchill（丘吉尔，1874—1965年，二战时英国首相）
9. Johnathon Barnett（乔纳森·巴奈特，宾夕法尼亚大学城市规划系教授）
10. Steve Jobs（斯蒂夫·乔布斯，1955—2011年，美国企业家 苹果公司的创始人之一）
11. Andres Duany（安德斯·杜安尼，美国社区规划设计师）
12. Bauhaus（包豪斯，现代主义工业、建筑、城市设计的旗帜性学院）
13. Matteo Pericoli（玛提奥·佩瑞科里，城市插图画家，建筑师）

14. F. W. Horton（霍顿，信息管理专家）

8-B 概念和事件（Concept and Event）
1. 2008年金融危机，由美国房贷触发的次贷金融危机
2. 19世纪80年代中国改革开放，1978年中共十一届三中全会确立以经济建设为中心的发展方向
3. The Third Wave（第三次浪潮，托夫勒Toffler提出的信息化带来的技术和产业革命）
4. Briexit（2020年英国正式脱离欧洲共同体）
5. New Urbanism Congress（新都市主义协会）
6. MINBY（Not in my back yard，直译为“别在我的后院”，或“邻避症候群”）
7.《The Atlanta Charter》(《大西洋宪章》，1941年8月由英美两国元首制定的国际秩序原则）
8. 托拉斯（Trust，企业同盟，后演化为巨型国际联合企业（Corporation））
9. TND（Traditional Neighborhood Development，传统社区开放模式）
10. 民间活化体系

8-C 地理和场所（Place and Site）
1. Highline Park（高线公园，纽约）
2. Seaside Community（滨海社区，佛罗里达，新都市主义的实践社区）

8-D 参考书目和文献（Reference Documents）
1.《Friends》(美剧《老友记》)
2.《Charter of New Urbanism》(新都市主义宪章）
3.《新教伦理与资本主义精神》
4.《The City out My Window—63 Views on New York》(我窗外的这个城市——纽约的63个视角）
5.《The Third Wave》(《第三次浪潮》)

附录 Ⅲ
章节插图索引

序言　开篇

第一章

第二章

第三章

第四章

Delaware)
2. 4.1-01/051 殖民时期的特拉华河和费城地图(Colonial time，Delaware River and the City)
3. 4.1-02/052 美国最古老的三孔石桥(The eldest 3 arches stone bridge in US)
4. 4.1-03/053 法兰克福大道跨过派尼帕克溪流(Frankford Ave，over Pennypack Creek)
5. 4.1-04/054 18世纪上半叶，从河上望费城(Earlier age of 18th century，view of Philadelphia from Delaware River)
6. 4.1-05/055 海上贸易链(Trade and business chain over the Atlantic Ocean)
7. 4.1-06/056 当下的佩恩登陆地(Current Penn's landing on Philadelphia)
8. 4.1-07/057 1959年，培根规划的费城发展框架(Philadelphia framework in Bacon's 1959 Plan by Ed Bacon)
9. 4.1-08/058 2003年，费城观察家报刊登了作者为佩恩登陆地工作营而归纳出的愿景插图(2003，Philadelphia Inquire published Yan's drawing for Penn's landing workshop)
10. 4.2-01/059 北京古城的水系和它的24个城门(Water system and 24 gates for ancient Beijing)
11. 4.2-02/060 1900年前后，前门城墙外的早点铺子和排子车(Around 1900，Breakfast stalls and manpower carriage along the city wall)
12. 4.2-03/061 京奉铁路正阳门站(ZhengYangMen Railway Station on JingFeng rail line)
13. 4.2-04/062 北京首都国际机场T3航站楼(T3-Beijing Capital International Airport)
14. 4.2-05/063 T3航站楼屋顶上的龙鳞般的天窗(Dragon scale shaped sky window on T3)
15. 4.2-06/064 T3航站楼出挑50m的巨型悬挑屋檐(50m roof overhangs of T3)
16. 4.2-07/065 英、西、法在北美的势力范围(British，Spanish and French colonial areas in North America)
17. 4.2-08/066 芝加哥在北美大陆的核心位置(Chicago's pivot position in North America)
18. 4.2-09/067 伊利诺伊运河联通了两大水系(Illinois Canal connects two water systems)
19. 4.2-10/068 芝加哥的滨湖岸线(Lakefront of Chicago)
20. 4.2-11/069 奥黑尔机场成为全球的枢纽机场(O' hare Int.Airport becomes a pivot airport in global aviation network)
21. 4.2-12/070 奥黑尔机场的C指廊是美联航的中转站(Concourse C in O' Hare as United Airline's international flight transfer hub)
22. 4.2-13/071 目的地之前的目标地(The destination before your destination)

第五章

1. 5.1-01/072 斯库伊克尔河两岸的费尔蒙特公园(Fairmount Park along Schuylkill River)
2. 5.1-02/073 斯库伊克尔河岸边的划艇俱乐部(Boat club houses along Schuylkill River)
3. 5.1-03/074 斯库伊克尔河上的赛艇比赛(Canoe regatta on Schuylkill River)
4. 5.1-04/075 被掩埋的密尔溪在费城西部(Buried Mill Creek in West Philadelphia)
5. 5.1-05/076 费城城市重塑的排水系统(Urban gird configuration reshapes drainage system in Philadelphia)
6. 5.2-01/077 得克萨斯州传奇的牛仔(Legendary cowboy in Texas)
7. 5.2-02/078 城市街网中的圣· 安东尼奥河(San Antonio River in urban grid system)
8. 5.2-03/079 圣·安东尼奥河上的游船(Tourist boat on San Antonio River)
9. 5.2-04/080 经典的圣·安东尼奥河畔步道(Classic Riverwalk along San Antonio River)
10. 5.2-05/081 云南高原上的抚仙湖(FuXian Lake on YunNan Plato)
11. 5.2-06/082 用于车水捕鱼的丁坝(Extruding dam for puddled fishing port)
12. 5.2-07/083 抚仙湖中特有的抗浪鱼(Endangered small fish：Schizothorax Taliensis)
13. 5.2-08/084 抚仙湖畔的大榕树(Old Banyan Tree along FuXian Lake)
14. 5.2-09/085 抚仙湖畔的古老村子(Old village along FuXian Lake)

第六章

1. 6.0-01/086 人们在富兰克林公园大道上欢庆费城老鹰队夺得NFL冠军(People celebrated Eagle's NFL Champion on Benjamin Franklin Parkway)
2. 6.1-01/087 宾夕法尼亚大学校园中的林地(Campus Woods in University of Pennsylvania)
3. 6.1-02/088 宾夕法尼亚大学校园中树荫下的草坪(Shaded lawn in Penn's campus)
4. 6.1-03/089 洋槐树步道旁的富兰克林雕像(Franklin sculpture on Locust Walk)

第七章

结尾

2. 8.1-01/122 火车站大厅里的年轻务工人群（Young immigrants in the railway station lobby）
3. 8.1-02/123 新加坡玛瑞亚海湾中的金沙赌场（Sands Casino in Singapore Maria Bay）
4. 8.2-01/124 圣·安东尼奥村落中的村镇会议（Townhall in La Vilita of San Antonio）
5. 8.2-02/125 刚刚进城的务工者就被手机控制了（New immigrants are sucked into their cells）
6. 8.2-03/126 华尔街的股票交易市场（Stock Exchange Market in Wall Street）
7. 8.2-04/127 佛罗里达州海边社区的步行街区（Neighborhood Path in Seaside community Florida）
8. 8.3-01/128 曼哈顿宾夕法尼亚火车站边的咖啡小铺（Coffee house near Manhattan Pennsylvania Railway Station）

后记

1. 9.0-01/129 厦门渔村祠堂中的老秀才（Old clerk in a fish village clan hall，writing a letter for an old widow）

致谢

这是个漫长的项目。作为规划领域的实践者，本书内容多来自职业旅程的感受。应该感谢我学习和工作的平台：宾夕法尼亚大学（University of Pennsylvania）WRT，HOK，AECOM.和Perkins&Will.

最早的触发点是宾夕法尼亚大学Witold Rybczynski 教授，他的<City Life>让我换了一副眼镜看待城市。Ian McHarg 既是求学时的教授，也我就职事务所WRT Wallace Roberts & Told LLC 华莱士事务所的创始人，他的<Design with Nature>是职业大厦坚实的基石。

Gary Hack是我读书时宾大GSFA的院长。在Delaware Riverfront 的公众工作营中，近距离地了解Hack院长的工作方式。Johnathan Barnett是城市设计课程的教授，后来我在WRT的同事。2007年，我们一起为厦门规划局赵燕菁局长制定了一个紧凑的城市发展方案。Barnett参与了CNU Congress of New Urbanism章程制定，并邀请我翻译了CNU的章程中文版。这段经历加深了我对现代都市实践的理解。

WRT事务所里，我的师傅Richard Huffman带我完成许多宾夕法尼亚和新泽西的社区复兴项目，Nando Fernando 帮助我建立了一套社区设计的工作方法。这两位总监把事务所可持续发展的信念牢牢嵌入我以后每一张设计图中。

随后，几家规划设计机构帮助我的团队走进了三十几个国家的城市和社区。在那里，我们见到的政府、基金机构、土地管理统计机构、社区委员会、市场调研、工程建设和商业开发机构、企业和投资者、公立社会机构、神庙教堂和在地社区居民…… 他们为我展示出一个又一个生机勃勃的社区和多彩斑斓的城市。

清华大学原规划系主任金笠铭教授曾是中国土地协会副理事长，我们曾经共同向中国建设部提交了土地管理建议:《建立国土土地代码制度的建议》。在这本书的写作过程中，感谢金老师的鼓励支持。

感谢Perkins Will 为本书出版提供的支持。

王焱 城市设计师 注册规划师

王焱先生是位城市规划实践者，参与过二十多个国家和地区数百座城市的规划设计工作。他参与的华盛顿国会山街区更新规划、费城特拉华滨水区开发提案、达拉斯垂尼缇河道景观规划等项目赢得了全美规划协会、景观协会和建筑协会多个奖项。

在中国，王焱先生主持了北京金融街拓展、厦门两岸金融中心、黄山谭家桥区域、成都文殊坊历史片区等项目的规划设计工作。

王焱先生拥有清华大学工学士学位，宾夕法尼亚大学城市规划硕士学位，曾任美国WRT公司资深城市设计师、HOK亚太区副总裁、AECOM大中华区副总裁，现任美国Perkins & Will 建筑设计咨询公司董事，规划总监。

王焱先生曾是新华社《财经国家周刊》城市专栏撰稿人，他的设计作品曾被《费城观察家报》《奥马哈先驱报》等媒体刊登，同时，王焱先生是《新都市主义宪章》的中文翻译者。

HOK公司芝加哥、香港、亚特兰大、圣路易斯办公室的同事们Chip Crowford, Monte Wilson, Todd Meyer, Rahul Mittal, Yungwoo Lee，一起完成了在中东、印度、新加坡、东南亚、韩国、中国一个个城市的项目。HOK 北京、上海办公室的伙伴们，李京平、Julian Wei、曹溪、Shawn Lee、任培、宋志生、朱雅琪、Maria、林俊逸、何枫、许晓怡、周因樱以及其他同事合作组成了强大而快乐的团队。

AECOM 的同事们，梁钦东、刘鸿志、郑可，规划团队上海、深圳、广州、成都、重庆的伙伴们，特别是北京办公室刘中强、贾枚、王宁、杨颖、Ada、段凯、闫彬、吴闯、Alley、Phoebe，AECOM广泛的工作平台使得我们的工作几乎覆盖了中国的每个省份。

要感谢Perkins Will 的同事们，James Lu 对我团队的支持，Maggie、Gary 团队的帮助，建筑团队Paul、Chris、徐润超的协作。规划和城市设计团队何枫、刘斌、余炽、Bert、Florencia、徐慧文、Arlifa，以及上海交通大学、同济大学、东南大学、哈佛、浙江大学、宾夕法尼亚大学等学校的实习同学。

过往三十多年合作的团队、竞争的对手、服务的客户和机构，

图书在版编目（CIP）数据

城市·生命力七股力量推动现代城市发展 = Vitality of modern city Seven powers driving city growth / 王焱著 . —北京：中国城市出版社，2022.1
ISBN 978-7-5074-3439-2

Ⅰ. ①城… Ⅱ. ①王… Ⅲ. ①城市规划—建筑设计—研究 Ⅳ. ①TU984

中国版本图书馆 CIP 数据核字（2021）第 267722 号

责任编辑：陈夕涛 吴宇江
书籍设计：张悟静
责任校对：王雪竹

城市·生命力 七股力量推动现代城市发展
Vitality of Modern City Seven powers driving city growth
王 焱 著
*
中国城市出版社出版、发行（北京海淀三里河路 9 号）
各地新华书店、建筑书店经销
逸品书装设计制版
北京中科印刷有限公司印刷
*
开本：880 毫米 × 1230 毫米 1/32 印张：14⅝ 字数：357 千字
2022 年 1 月第一版 2022 年 1 月第一次印刷
定价：**68.00** 元
ISBN 978-7-5074-3439-2
（904374）